2022年度

石　油　資　料

2022年度　石油資料　目　次

Ⅰ　基礎資料……………………………………………………………… 1
1．我が国石油産業の現状 ……………………………………………… 2
2．我が国石油元売企業の販売構成（2021年度実績）……………… 3
3．石油製品のできるまで（精製工程図の一例）…………………… 4
4．我が国石油備蓄の現状 ……………………………………………… 5
5．我が国石油・天然ガス開発の現状………………………………… 6
6．我が国過去の石油危機の概要 ……………………………………… 8
7．主要経済指標………………………………………………………… 12
8．経済指標推移………………………………………………………… 13
9．外国為替TTSレート推移…………………………………………… 14
Ⅱ　石油製品需要見通し…………………………………………………… 17
Ⅲ　液化石油ガス需要見通し …………………………………………… 43
Ⅳ　エネルギー一般………………………………………………………… 63
1．世界の一次エネルギー消費の推移………………………………… 64
2．世界主要地域のエネルギー別消費量（2021年）………………… 66
3．我が国における一次エネルギー供給構成比 ……………………… 68
4．一次エネルギー総供給の推移（2020年度確報）………………… 70
5．部門別最終エネルギー消費の推移（2020年度確報）…………… 72
6．エネルギー源別最終エネルギー消費（2020年度確報）………… 74
7．エネルギー起源CO_2排出量の推移（2020年度確報）………… 76
8．2030年のエネルギーミックス ……………………………………… 78
9．我が国のエネルギー需要関連各種指標
（対人口，国内総生産，鉱工業生産－原単位等）………………… 80
10．家庭用エネルギー需要の推移 ……………………………………… 82
11．業種別エネルギー消費量（事業所ベース）（2021年）………… 84
12．OPEC諸国の石油収入……………………………………………… 88
13．OPEC最近の動き …………………………………………………… 90
Ⅴ　原油・石油製品需給 ………………………………………………… 95
1．IEAによる世界の石油需要見通し………………………………… 96
2．世界主要国（地域）別製油所精製能力（2021年）……………… 98
3．世界主要国（地域）別石油輸出入数量（2021年）……………… 99
4．石油（原油・製品）国際貿易量（2021年）……………………… 100
5．主要石油輸出港からわが国（横浜）までの
距離と基準タンカー運賃 ……………………………………………… 102

6．我が国の原油需給実績の推移 …… 104
7．我が国の石油製品輸出入状況（2021年度）…… 106
8．我が国の地域別国別原油輸入状況 …… 110
9．我が国の産油国からの原油，製品（燃料油）輸入量 …… 114
10. 我が国の総輸入金額に占める石油輸入金額 …… 116
11. 原油・石油製品輸入の通関・価格推移 …… 118
12. 輸入原油のAPI度，硫黄分の推移 …… 120
13. 石油製品の輸入推移 …… 122
14. 石油製品の生産推移 …… 122
15. 石油製品の販売推移 …… 124
16. 石油製品の輸出推移 …… 124
Ⅵ　精製・元売 …… 127
1．石油元売会社の再編動向 …… 128
2．各社別石油精製設備一覧（2022年4月1日現在）…… 130
3．製油所別常圧蒸留装置能力推移 …… 134
4．特定設備等の変更状況（2021年度）…… 136
5．製油所別能力図（2022年４月１日現在）…… 137
6．製油所稼動率の推移 …… 138
7．石油製品生産得率の推移 …… 140
8．都道府県別・油種別販売実績（2021年度）…… 142
9．燃料油油種別販売実績 …… 144
10. 石油業の収益状況の推移 …… 146
11. 石油業の収益・財務比率の推移 …… 148
Ⅶ　流　通 …… 151
1．給油所数の推移 …… 152
2．都道府県別給油所数（2022年3月末現在）…… 153
3．石油各社別給油所数・セルフSS数（2022年3月末）…… 154
4．セルフSS数推移（都道府県別）…… 156
5．揮発油等の品質の確保等に関する法律による
登録状況（2022年３月末現在）…… 158
6．主要国の給油所数の推移 …… 159
7．ガソリン販売数量フロー（2020年度）…… 160
8．軽油販売数量フロー（2020年度）…… 161
9．灯油販売数量フロー（2020年度）…… 162
10. ガソリン供給源別販売シェア推移 …… 164
11. 軽油供給源別販売シェア推移 …… 166
12　灯油供給源別販売シェア推移 …… 168

13. 石油製品卸売物価指数推移……………………………… 170
14. 石油製品価格の推移……………………………………… 172
15. 石油製品消費者物価指数等推移 ………………………… 174
16. 灯油小売価格の推移……………………………………… 176
17. 油種別・経済産業局別貯油設備能力
(2020年3月末現在)……………………………………… 178
Ⅷ LPガス……………………………………………………… 181
1. 各国のLPガス需給(2019年)…………………………… 182
2. 世界のLPガス需給の推移………………………………… 184
3. LPガスCP価格の推移(サウジアラムコ) ……………… 185
4. 各国のLPガスタンカー保有状況(2021年)…………… 186
5. 我が国のLPガス需給実績の推移………………………… 187
6. LPガスの流通概念図(2021年度) ……………………… 188
7. 我が国の製油所LPガス生産量 …………………………… 190
8. 我が国の国別LPガス輸入量・価格推移………………… 194
9. LPガス小売価格の推移 …………………………………… 196
10. LPガス部門別販売量 ……………………………………… 198
11. LPガス輸入基地分布図(2022年4月1日現在) ………… 200
Ⅸ 備 蓄 ………………………………………………………… 201
1. 備蓄日数の推移 …………………………………………… 202
2. 国家備蓄基地一覧 ………………………………………… 204
3. 国家備蓄の備蓄地点……………………………………… 205
4. 備蓄に対する政府助成措置(石油分)………………… 206
5. 備蓄に対する政府助成措置(石油ガス分) …………… 210
Ⅹ 石油・天然ガス開発 ……………………………………… 213
1. 我が国周辺海域における石油・天然ガス探鉱開発
企業一覧 …………………………………………………… 214
2. 我が国主要石油・天然ガス開発企業の海外プロジェクト …… 218
3. 国内石油・天然ガス開発の主要プロジェクト ………… 220
4. 我が国のLNG輸入状況 …………………………………… 221
5. LNG輸入価格推移 ………………………………………… 222
6. 我が国の原油・天然ガスの年度別生産量の推移……… 223
7. 世界の石油と天然ガス産出地帯 ………………………… 224
8. 世界の天然ガス需給……………………………………… 225
9. 世界のLNG輸出入 ………………………………………… 226
Ⅺ 予算・税制 ………………………………………………… 231
1. 2022年度エネルギー対策特別会計……………………… 232

2．2022年度資源・エネルギー関係予算 …………………………… 234
3．石油諸税 ………………………………………………………………… 236
4．石油関税率の推移 ……………………………………………………… 238
5．石油消費税率の推移……………………………………………………… 240
6．石油諸税収入の推移……………………………………………………… 242
7．石油諸税の収入と使途（2022年度予算） …………………………… 244
Ⅻ　その他 ……………………………………………………………………… 247
1．大気汚染に係る環境基準 ……………………………………………… 248
2．ガソリン，軽油，灯油の強制規格……………………………………… 250
3．我が国における年度別太陽電池出荷量推移 ………………………… 251
4．国内の地熱発電所及び地熱開発地点 ………………………………… 252
5．地熱発電所運転状況……………………………………………………… 254
6．2022年3月末燃料別登録自動車台数 ………………………………… 258
7．運転免許保有者数の年別推移 ………………………………………… 260
8．関係団体一覧……………………………………………………………… 262
9．総合資源エネルギー調査会 資源・燃料分科会 委員名簿……… 264
10．総合資源エネルギー調査会資源・燃料分科会報告書（抜粋）… 265

企　業　編（順不同）

ENEOSホールディングス株式会社 …… 328
ENEOS株式会社 …… 329
鹿島石油株式会社 …… 330
出光興産株式会社 …… 331
東亜石油株式会社 …… 332
昭和四日市石油株式会社 …… 333
西部石油株式会社 …… 334
富士石油株式会社 …… 335
コスモエネルギーホールディングス株式会社 …… 336
コスモ石油マーケティング株式会社 …… 337
コスモ石油株式会社 …… 338
コスモエネルギー開発株式会社 …… 339
キグナス石油株式会社 …… 340
太陽石油株式会社 …… 341
石油関係電話番号一覧 …… 342

I　基礎資料

1. 我が国石油産業の現状

(1) 石油産業の特色

① 石油製品がコモディティ商品であること，さらに内需の減退が続いていることで長らく過当競争に陥っていたが，近年では石油元売の再編が進み，元売から流通段階までマージン改善が進んでいる。

② 原油輸入における中東依存度が高く，供給基盤の脆弱性が指摘されている。

(2) 石油精製・元売会社

〈元売・精製兼業〉　4社

〈元売専業〉　2社

〈精製専業〉　6社

(3) 収益動向※

（単位：億円）

年度	2016	2017	2018	2019	2020	2021
経常利益	5,251	7,255	3,939	▲3,335	3,720	1,373

(4) 売上高※　15兆517億円（2021年度）

(5) イ．製油所数　21（2022年4月1日現在）

ロ．精製能力（常圧蒸留装置能力）345万7,800バーレル／日（2022年4月1日現在）

ハ．稼働率　73.4％（2021年度）

※石油通信社調べ

2. 我が国石油元売企業の販売構成（2021年度実績）

（%）

	内需燃料油計	ガソリン
ENEOS	44.3	48.5
出光興産	28.2	27.8
コスモ石油マーケティング	19.0	15.4
キグナス石油	2.8	4.0
太陽石油	5.7	4.4

出所：各社の決算発表資料等により推計。
（注）　四捨五入の関係で合計は100%にならないことがある。

3. 石油製品のできるまで（精製工程図の一例）

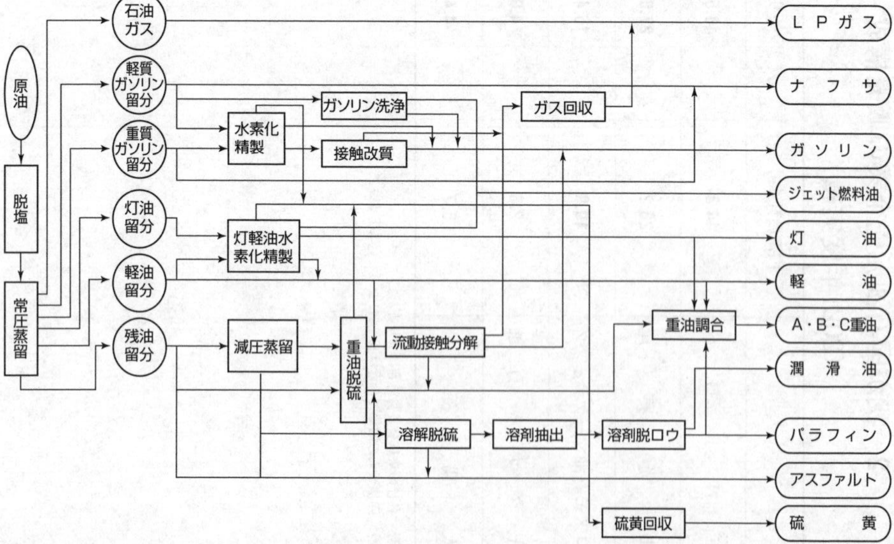

4. 我が国石油備蓄の現状

(1) 原油・石油製品（LPGを除く）

① 目標　民間備蓄　消費量の70日分に相当する量
　　　　国家備蓄　産油国共同備蓄の２分の１と合わせて輸入量の90日分程度に相当する量

② 現状　民間備蓄　81日分（2,490万kℓ）製品換算
　　　　国家備蓄　146日分（4,463万kℓ）製品換算
　　　　産油国共同備蓄　５日分（166万kℓ）製品換算
　　　　合　　計　232日分《2022年３月末現在》

③ 国際比較
　日本　214日（IEA方式で計算）

④ 国備基地
　むつ小川原，福井，上五島，苫小牧東部，久慈，志布志，菊間，串木野，秋田，白島

(2) LPG

① 目標　民間備蓄　輸入量の40日分に相当する量
　　　　国家備蓄　輸入量の50日分程度に相当する量

② 現状　民間備蓄　53.4日分(1,452千t)《2022年３月末現在》
　　　　国家備蓄　51.3日分(1,394千t)

③ 国備基地
　七尾，福島，波方，倉敷，神栖

5. 我が国石油・天然ガス開発の現状

(1) 現状　自主開発原油・天然ガス比率は40.1％〈2021年度〉
(2) 制度　エネルギー・金属鉱物資源機構（JOGMEC）による探鉱等事業に対する出資及び債務保証

① 出資制度

対象事業	・海外及び本邦周辺の海域における石油及び可燃性天然ガス（オイルサンド及びオイルシェールを含む）の探鉱及び採取に必要な資金。 ・海外における石油等の採取をする権利その他これに類する権利に基づく採取及び可燃性天然ガスの液化に必要な資金。 ・石油等に係る権利譲り受け・資産買収事業，石油等の採取をする権利その他これに類する権利を有する者からこれらの権利を譲り受けてその採取を行なう場合の，これらの権利の譲受に必要な資金及びこれらの権利に基づく採取を開始するために必要な資金。 ・海外事業法人買収等・企業買収事業，石油等の探鉱及び採取並びに可燃性天然ガスの液化をするために必要な資金であって，海外事業法人の株式の全部又は一部を取得するために必要な資金及び海外事業法人が事業を実施するにあたり必要不可欠な資金。	
対象地域	海外及び本邦周辺の海域（可燃性天然ガスの液化は海外のみ）	
相手先の要件	対象事業を行う者が，次の何れかの法人であること。①本邦法人，②外国法人（本邦法人が直接出資し，その経営に参加），③外国法人（②の外国法人が出資し，その経営に参加）	
出資比率	石油等の探鉱	必要な資金の２分の１を限度とする。 ただし，探鉱につき特に必要な場合は４分の３を限度とする。
	石油等の採取及び可燃性天然ガスの液化	必要な資金の２分の１を限度とする。
	石油等に係る権利譲受け（資産買収事業）	必要な資金の２分の１を限度とする。 ただし，産投出費を除き，特に必要な場合は４分の３を限度とする。
	海外事業法人買収等（企業買収事業）	必要な資金の２分の１を限度とする。

② 債務保証制度

対象事業	石油等採取及び可燃性天然ガス，液化資金，石油等に係る権利譲受け資金，海外事業法人買収等資金に係る債務の保証。
保証対象者事業の実施者	対象事業を行う者が，次の何れかの法人であること。①本邦法人，②外国法人（本邦法人が直接出資し，その経営に参加），③外国法人（②の外国法人が出資し，その経営に参加）
債務保証比率	債務保証限度額はその対象事業に必要な資金に係る債務の２分の１の額とする。ただし，石油等採取資金及び可燃性天然ガス液化資金並びに石油等に係る権利譲受け資金であって機構が特に必要と認める場合は，その対象事業に必要な資金に係る債務の４分の３の額を限度とする。

6. 我が国過去の

時　期	第一次石油危機 (1973年10月～1974年8月)	第二次石油危機 (1978年10月～1982年8月)
危機の経緯	第四次中東戦争を契機にアラブ石油輸出諸国の原油供給削減	イラン革命の進展によりイラン原油供給中断と湾岸におけるタンカー輸送の途絶
一次エネルギー供給に占める石油の割合	77.4%（73年度）	71.5%（79年度）
原油価格上昇幅〔危機直前とピーク時の比較（ドル／バレル）〕	アラビアン・ライト公示価格 3.9倍 73年10月 3.0 → 74年1月 11.6	アラビアン・ライト・スポット（当用買い）3.3倍 78年9月 12.8 → 80年11月 42.8
原油輸入価格期中最高値（CIF, 円／ℓ）	21.5円	57.0円
ガソリン小売価格期中最高値（円／ℓ）	114円	177円
備蓄水準	67日分（73年10月末） 民間備蓄：67日分 国家備蓄：ゼロ	92日分（78年12月末） 民間備蓄：85日分 国家備蓄：7日分
原油輸入量	2億8,861万kℓ（73年度）	2億7,714万kℓ（79年度）
わが国総輸入額に占める原油輸入全額のシェア（%）	23%（73年度）	43%（80年度）
原油の中東依存度	77.5%（73年度）	75.9%（79年度）
為替レート（円／ドル）	298円（74年8月）	273円（82年11月）
当時の状況と政府の対応	・トイレットペーパーなどの買いだめ ・行政指導に基づく元売仕切・小売価格設定（74年3月～8月） ・石油業法に基づく標準額の設定（75年12月～76年5月） ・大口電力の使用規制，マイカー使用の自粛 ・緊急時二法の施行（73年12月） ・石油備蓄法の施行（76年4月）	・民間備蓄の一部取り崩し（79年4月～80年8月） ・行政指導に基づく元売仕切価格の設定（79年3月～82年4月） ・官庁の暖房温度19度，冷房温度28度設定など省エネ対策を実施 ・省エネルックが話題に ・省エネ法施行（79年6月） ・代エネ法施行（80年5月）

石油危機の概要（1）

湾岸危機 （1990年8月～1991年2月）	ハリケーン「カトリーナ」被害 （2005年8月～2005年12月）
イラクによるクウェート侵攻 イラクに経済制裁。湾岸戦争へ発展	大型ハリケーン「カトリーナ」による米国メキシコ湾岸エリアの石油関連施設への被害
58.3％（90年度）	50.0％（03年度）※ ※熱量換算による比較
ドバイ・スポット 2.2倍 90年7月 17.1 → 90年9月 37.0	ドバイ・スポット 1.1倍 05年7月 52.83 → 05年9月 56.54
27.6円	42.7円
142円	131円
142日分（90年12月末） 民間備蓄：88日分 国家備蓄：54日分	170日分（05年9月末） 民間備蓄：80日分 国家備蓄：90日分
2億3,848万kℓ（90年度）	2億4,181万kℓ（04年度）
19％（90年度）	20％（05年）
71.5％（90年度）	89.5％（04年度）
128円（90年11月）	113円（05年10月）
・原油の高値買いの自粛要請 ・製品輸入を抑え，国内生産主体の供給体制へ移行 ・行政指導に基づく元売仕切価格の設定／「月決め方式」（90年9月～91年4月） ・民間備蓄の一部取り崩し（4日分） ・官庁，民間の冷房温度28度設定，マイカーの経済運転など省エネ対策を施行	・ガソリン輸入の自粛要請 ・民間備蓄の一部取り崩し（3日分）

6. 我が国過去の

時期	原油価格高騰 (2007年1月～2008年7月)	東日本大震災 (2011年3月～5月)
危機の経緯	原油価格は，新興国の需要増などにより2004年夏ごろから上昇，2007年ごろから投機資金の流入によりさらに高騰した。	3月11日に発生した東日本大震災により，東北地方および関東圏の需給が混乱した。
一次エネルギー供給に占める石油の割合	42.7％（08年度）	40.3％（10年度）
原油価格上昇幅〔危機直前とピーク時の比較（ドル／バレル）〕	NYMEX・WTI 2.5倍 07年1月3日 58.32 → 08年7月11日 147.50	NYMEX・WTI ▲2.9％ 11年3月10日 102.70 → 11年5月20日 99.49
原油輸入価格期中最高値（CIF，円／ℓ）	92.0円	58.4円
ガソリン小売価格期中最高値（円／ℓ）	185円	153円
備蓄水準	182日分（08年8月末） 民間備蓄：85日分 国家備蓄：97日分	193日分（11年3月末） 民間備蓄：79日分 国家備蓄：114日分
原油輸入量	2億2,441万kℓ（08年度）	2億1,436万kℓ（10年度）
わが国総輸入額に占める原油輸入全額のシェア（％）	21.8％（08年度）	18.4％（10年度）
為替レート（円／ドル）	107円（08年7月）	82円（11年3月）
当時の状況と政府の対応	・原油価格の上昇にともない小売価格が上昇 ・ユーザーの買い控え，車離れが進む ・原油価格および小売価格を下げるため，国家備蓄および民間備蓄の要望が高まるも対応は行われず ・08年9月のリーマンショック前後から原油価格が急落し，小売価格も下落した ・急激な国内需要の低下は，原油価格が下落しても回復せず，エネルギー供給高度化法（09年8月施行）など過剰精製設備の見直しに向けた動きに繋がる	・地震により東北・関東地方の製油所，油槽所の多くが停止，一時的に供給量が激減 ・被災地では道路が寸断，多くのSSが被害を受け，製品供給が困難に ・東北地方は物資輸送や移動，暖房用の石油製品需要が高まる ・関東圏ユーザーの買い占め行動 ・西日本の製油所の能力引き上げ・東日本への製品転送などでバックアップ ・3月14日に民間備蓄の一部取り崩し（3日分），続いて3月21日に追加取り崩し（22日分），民間備蓄の取り崩し措置は，5月20日で終了

石油危機の概要（2）

コロナ危機
（2020年2月～）

新型コロナウイルス（COVID-19）の世界的な感染拡大で石油需要が激減。これにOPECとロシアなどを含めた産油国の一時的なシェア争いが重なり原油価格が急落した。

37.6％（**18**年度）

NYMEX・WTI

20年**2**月**17**日 **52.1** → **20**年**4**月**20**日 **▲37.6**

16.5円（**20**年**6**月，期中最安値）

125円
（消費税**10**％）

244日分（**20**年**5**月末）
民間備蓄：**99**日分
国家備蓄：**140**日分，産油国共同備蓄**5**日分

1億**7,304**kℓ（**19**年度）

10.3％（**19**年度）

109円（**20**年**5**月）

- **2019**年末頃に中国・武漢でウイルスが確認。**20**年に入り世界的に感染が拡大し各地で都市封鎖（ロックダウン）が行われた
- **3**月**11**日に**WHO**がパンデミック宣言
- 日本国内では**4**月**7**日に緊急事態宣言が発令され人々が外出を自粛（**5**月**25**日までに解除）
- 世界的に人の移動が制限されたことで，ジェット燃料の需要が激減。ガソリンや軽油の需要も落ちたが，巣ごもり需要で灯油やプロパンガスの需要は比較的底堅かった

7. 主要経済指標

年　度	2017	2018	2019	2020	2021
	兆円	兆円	兆円	兆円	兆円
1. 国内総生産	（名目）	（名目）	（名目）	（名目）	（名目）
国内総生産	**555.7**	**556.7**	**556.6**	**534.7**	**541.6**
民間最終消費支出	**303.0**	**304.9**	**303.6**	**287.0**	**293.8**
民間住宅	**21.2**	**20.5**	**21.4**	**19.8**	**20.9**
民間企業設備	**90.1**	**92.4**	**91.2**	**83.7**	**86.3**
	万人	万人	万人	万人	万人
2. 雇用					
労働力人口	**6,720**	**6,830**	**6,886**	**6,868**	**6,897**
就業者総数	**6,530**	**6,664**	**6,724**	**6,676**	**6,706**
3. 鉱工業生産					
鉱工業生産指数	**103.5**	**103.8**	**99.9**	**90.3**	**95.5**
4. 物価					
国内企業物価指数	**99.0**	**101.2**	**101.3**	**99.9**	**107.0**
消費者物価指数	**98.9**	**99.6**	**100.1**	**99.9**	**100.0**
	兆円	兆円	兆円	兆円	兆円
5. 国際収支					
経常収支	**22.4**	**19.4**	**18.6**	**16.3**	**12.7**
貿易収支	**4.5**	**0.6**	**0.4**	**3.8**	**▲1.6**
輸出	**78.3**	**80.2**	**74.7**	**68.4**	**85.6**
輸入	**73.7**	**79.7**	**74.3**	**64.5**	**87.2**

出所：国内総生産（内閣府），雇用（総務省），鉱工業生産（経済産業省），物価（国内企業物価指数＝日本銀行，消費者物価指数＝総務省），国際収支（財務省）。

※基準年は国内総生産（2015年），鉱工業生産（2015年），物価（2020年）

8. 経済指標推移

年度	実質国内総生産（支出側）		民間最終消費支出		鉱工業生産指数	
	2015年価格（10億円）	対前年度比（%）	2015年価格（10億円）	対前年度比（%）	2015年＝100	対前年度比（%）
2009	495,877.5		286,678.7		93.0	
2010	512,063.7	103.3	290,497.6	101.3	101.2	108.8
2011	514,679.9	100.5	292,319.9	100.6	100.5	99.3
2012	517,922.8	100.6	297,295.1	101.7	97.5	97.0
2013	532,080.4	102.7	306,003.3	102.9	101.1	103.7
2014	530,191.6	99.6	297,937.4	97.4	100.5	99.4
2015	539,409.3	101.7	299,996.7	100.7	99.8	99.3
2016	543,462.4	100.8	299,122.2	99.7	100.6	100.8
2017	553,191.7	101.8	302,192.1	101.0	103.5	102.9
2018	554,608.5	100.3	302,434.7	100.1	103.8	100.3
2019	549,885.0	99.1	299,306.2	99.0	99.9	96.2
2020	524,859.6	95.4	283,001.7	94.6	90.3	90.4
2021	536,861.6	102.3	290,366.1	102.6	95.5	105.8

出所：内閣府（GDP，PCE），経済産業省（IIP）

9. 外国為替TTS

年月 日	2021年							
	4月	5月	6月	7月	8月	9月	10月	11月
1	111.84		110.41	112.08		111.19	112.43	115.09
2	111.66		110.65	112.66	110.65	111.00		115.11
3			110.59		110.33	110.94		
4			111.28		110.07		111.99	115.14
5	111.64			112.16	110.66		111.91	114.78
6	111.29	110.33		111.87	110.89	110.83	112.63	
7	110.82	110.15	110.57	111.46		110.78	112.40	
8	110.83		110.45	111.58		111.27	112.73	114.62
9	110.31		110.46	110.92		111.23		114.27
10		109.77	110.65		111.36	110.78		113.86
11		109.99	110.46		111.69		113.30	114.96
12	110.75	109.80		111.17	111.37		114.50	115.25
13	110.58	110.63		111.40	111.46	110.98	114.49	
14	109.85	110.63	110.81	111.67		111.05	114.39	
15	109.91		111.11	110.93		110.65	114.89	115.00
16	109.72		111.16	110.91	110.51	110.41		115.21
17		110.45	111.79		110.23	110.81		115.87
18		110.22	111.33		110.55		115.27	115.18
19	109.66	110.00		110.88	110.99		115.20	115.36
20	109.20	110.25		110.57	110.89		115.68	
21	109.08	109.90	111.25	110.98		110.57	115.28	
22	109.05		111.28			110.22	115.03	115.10
23	108.94		111.74		110.85			
24		109.98	112.06		110.77	111.41		116.21
25		109.85	111.99		110.86		114.72	116.33
26	108.89	109.75		111.54	111.07		114.83	115.93
27	109.16	110.16		111.25	111.00	111.75	115.12	
28	109.93	110.97	111.69	110.86		112.04	114.87	
29			111.52	110.73		112.65	114.67	114.77
30	109.93		111.58	110.49	110.74	112.92		114.77
31		110.76			111.90			
平均	110.14	110.20	111.13	111.31	110.90	111.17	114.11	115.14

・三菱UFJ銀行TTSレート

レート推移

日＼年月	2021年	2022年					
	12月	1月	2月	3月	4月	5月	6月
1	**114.26**		**116.16**	**116.28**	**123.20**		**129.93**
2	**113.98**		**115.71**	**116.01**		**131.10**	**131.06**
3	**114.10**		**115.46**	**116.63**			**130.83**
4		**116.44**	**116.01**	**116.42**	**123.42**		
5		**117.21**			**123.56**		
6	**114.08**	**117.05**			**124.90**	**131.52**	**131.84**
7	**114.50**	**116.98**	**116.26**	**116.02**	**124.66**		**133.24**
8	**114.57**		**116.30**	**116.49**	**124.79**		**133.81**
9	**114.82**		**116.56**	**116.89**		**131.78**	**135.46**
10	**114.47**		**116.61**	**117.01**		**131.03**	**135.22**
11		**116.34**		**117.32**	**125.63**	**131.32**	
12		**116.34**			**126.56**	**130.77**	
13	**114.56**	**115.65**			**126.62**	**129.90**	**136.00**
14	**114.68**	**115.11**	**116.43**	**118.61**	**126.58**		**135.13**
15	**114.80**		**116.42**	**119.25**	**127.37**		**136.01**
16	**115.21**		**116.70**	**119.40**		**130.65**	**135.31**
17	**114.87**	**115.34**	**116.48**	**119.99**		**130.29**	**134.23**
18		**115.56**	**115.95**	**119.69**	**127.68**	**130.33**	
19		**115.72**			**128.36**	**129.43**	
20	**114.62**	**115.31**			**130.43**	**128.85**	**136.25**
21	**114.67**	**114.84**	**116.06**		**129.28**		**136.21**
22	**115.18**		**115.79**	**121.04**	**129.65**		**137.49**
23	**115.23**			**122.16**		**128.78**	**137.20**
24	**115.50**	**114.86**	**115.95**	**122.07**		**128.87**	**136.22**
25		**115.01**	**116.57**	**123.07**	**129.81**	**127.98**	
26		**114.84**			**128.60**	**128.51**	
27	**115.42**	**115.64**			**128.66**	**128.03**	**135.61**
28	**115.95**	**116.46**	**116.55**	**123.24**	**129.86**		**136.48**
29	**115.89**			**125.22**			**137.14**
30	**116.02**			**123.48**		**128.02**	**137.68**
31		**116.44**		**123.39**		**129.21**	
平均	**114.88**	**115.85**	**116.22**	**119.53**	**126.98**	**129.81**	**134.93**

Ⅱ　石油製品需要見通し

試算の前提

□経済前提として主に内閣府発表の「令和４年度の経
日閣議決定)」,「中長期の経済財政に関する試算（令
他各シンクタンクの経済見通しも加味。

年度	2022年度	2023年度
実質GDP成長率	3.2%	1.3%

□新型コロナウイルス感染症による影響については,
の影響についても考慮。

□為替，原油価格等の価格要因についても上記の経済
加的に価格要因の考慮はしない。

□カーボンニュートラルに向けた動きについては，電
る影響を個別に考慮。

□電力用Ｃ重油の需要見通しについては，一部電源の

済見通しと経済財政運営の基本的態度（令和４年１月17
和４年１月14日経済財政諮問会議提出）」を採用，その

2024年度	2025年度	2026年度
1.9%	1.6%	1.0%

上記の経済見通しをベースとしつつ，各油種への個別

見通しの前提に含まれており，今回見通しにおいて追

力部門や産業部門での脱炭素化の動きが進むことによ

供給が見通せないことから策定せず。

1. 2022～2026年度石油製品需要見通

	実績	実績見込	見		通
	2020 年度	2021 年度	2022 年度	2023 年度	2024 年度
ガソリン	45,233	45,220 ▲ 0.0%	45,382 ＋ 0.4%	44,391 ▲ 2.2%	43,177 ▲ 2.7%
ナフサ	40,323	42,561 ＋ 5.6%	41,372 ▲ 2.8%	41,615 ＋ 0.6%	41,374 ▲ 0.6%
ジェット燃料油	2,733	3,506 ＋ 28.3%	4,072 ＋ 16.1%	4,321 ＋ 6.1%	4,376 ＋ 1.3%
灯油	14,498	13,933 ▲ 3.9%	13,486 ▲ 3.2%	13,074 ▲ 3.1%	12,669 ▲ 3.1%
軽油	31,869	32,146 ＋ 0.9%	32,650 ＋ 1.6%	32,579 ▲ 0.2%	32,395 ▲ 0.6%
A重油	10,226	10,021 ▲ 2.0%	9,730 ▲ 2.9%	9,400 ▲ 3.4%	9,017 ▲ 4.1%
一般用B・C重油	4,794	5,253 ＋ 9.6%	4,894 ▲ 6.8%	4,672 ▲ 4.5%	4,442 ▲ 4.9%
燃料油計 （電力用C重油を除く）	149,676	152,639 ＋ 2.0%	151,586 ▲ 0.7%	150,052 ▲ 1.0%	147,450 ▲ 1.7%
電力用C重油（参考）	1,864	2,481 ＋ 33.1%	−	−	−
燃料油計（参考） ※上記燃料油計に電力用C重油の2020年度又は2021年度実績見込を加えた数値	151,540	155,121 ＋ 2.4%	−	−	−

（注１）上段の数字は燃料油内需量（千 KL），下段の数字は対前年比（％）

（注２）四捨五入等の関係により数値の合計が合わない場合がある。

し（総括表）

し			年率	全体	構成比（%）	
2025 年度	2026 年度		2021/2026	2021/2026	2021 年度	2026 年度
42,016 ▲ 2.7%	40,808 ▲ 2.9%		▲ 2.0	▲ 9.8	29.6	28.8
40,974 ▲ 1.0%	40,154 ▲ 2.0%		▲ 1.2	▲ 5.7	27.9	28.3
4,433 ＋ 1.3%	4,484 ＋ 1.2%		＋ 5.0	＋ 27.9	2.3	3.2
12,259 ▲ 3.2%	11,957 ▲ 2.5%		▲ 3.0	▲ 14.2	9.1	8.4
32,252 ▲ 0.4%	32,043 ▲ 0.6%		▲ 0.1	▲ 0.3	21.1	22.6
8,680 ▲ 3.7%	8,355 ▲ 3.7%		▲ 3.6	▲ 16.6	6.6	5.9
4,235 ▲ 4.7%	4,045 ▲ 4.5%		▲ 5.1	▲ 23.0	3.4	2.9
144,849 ▲ 1.8%	141,846 ▲ 2.1%		▲ 1.5	▲ 7.1	100.0	100.0
－	－		－	－	1.6	－
－	－		－	－	101.6	－

2. 2022～2026年度石油製品需要見通し

□2022年度は，燃料油全体で１億5,159万KLとなり

□2021～2026年度を総じてみれば，**年平均で▲1.5%,**

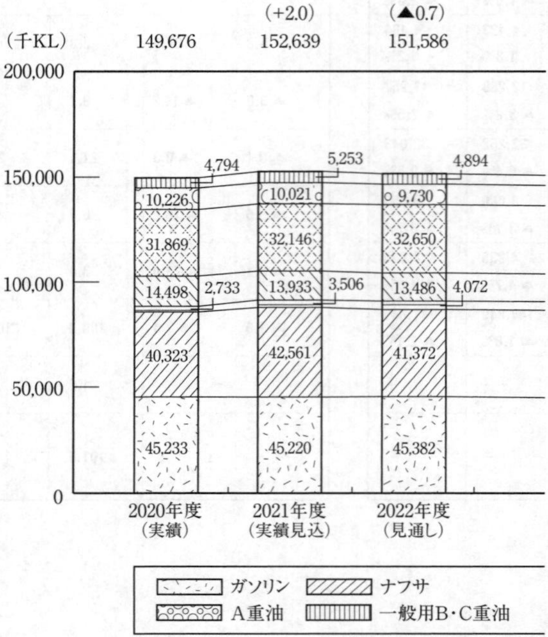

（燃料油全体）【電力用C重油を除く】

前年比▲0.7％と減少の見通し。
全体で▲7.1％の減少の見通し。

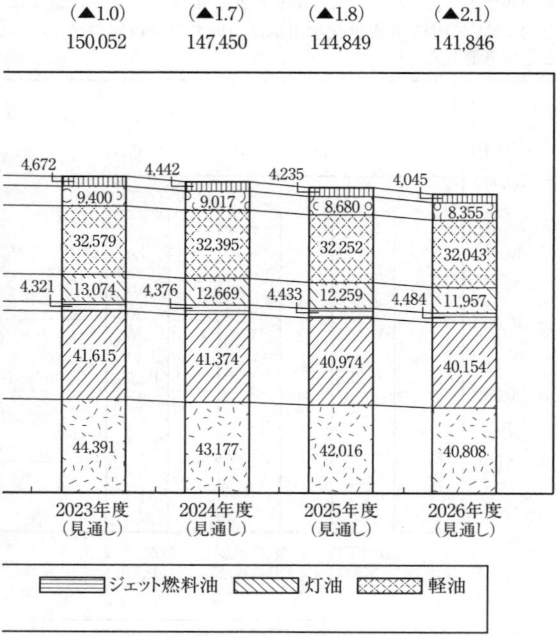

※棒グラフ上段，（　）の数字は前年度比（単位：％）である。

3. ガソリン ⇐ 自動車保有台数に基づく

□2022年度は，4,538万KLとなり**前年度比＋0.4%と**
○前年度までの新型コロナウイルス影響による乗用車走行距離減
微増に留まる見通し。

□2021 ～ 2026年度を総じてみれば，**年平均▲2.0%,**
○乗用車燃費改善等により，2021 ～ 2026年度のガソリン需要は
○なお，EV・PHV等次世代乗用車については，政府のグリーン
として考慮した。

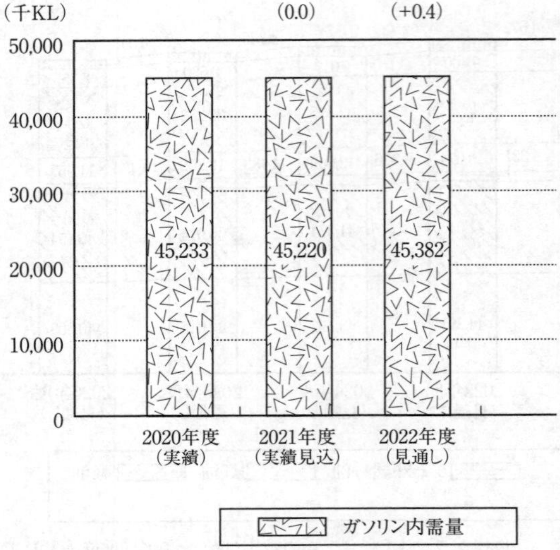

「総走行距離」÷「平均燃費」を基に想定

増加の見通し。
少からの反動が見込まれるものの，乗用車燃費の改善等により，

全体で▲9.8%と減少の見通し
年平均▲2.0%で推移する見通し。
成長戦略等に基づき販売台数を想定し，ガソリン需要の減少要因

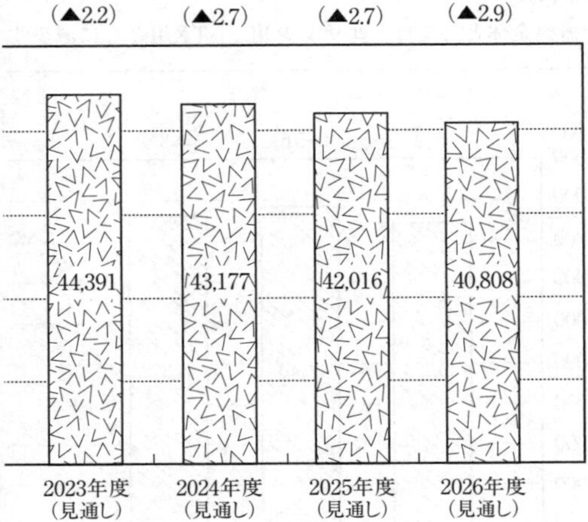

※棒グラフ上段の数字は，前年度比（単位：%）である。

4. ナフサ⇐「エチレン原料需要」＋「BTX

□2022年度は，4,137万KLとなり**前年度比▲2.8%と減**

○エチレンは，内需は経済成長に伴って増加する一方，生産は大
輸出については，中国新規プラントの稼働等により減少，輸入
BTXは，生産は内需減少の影響により減少の見込み。また，
込み。

□2021～2026年度を総じてみれば，**年平均▲1.2%,**

○エチレンについて，内需は経済成長に伴い増加する一方，中国
輸出が減少し，エチレン生産は大規模定修戻り影響（2023年度）

○BTXについて，内需は減少で推移する見込み。輸出，輸入に
移する見込み。

○ナフサ需要全体としては，エチレン用，BTX用ともに減少す

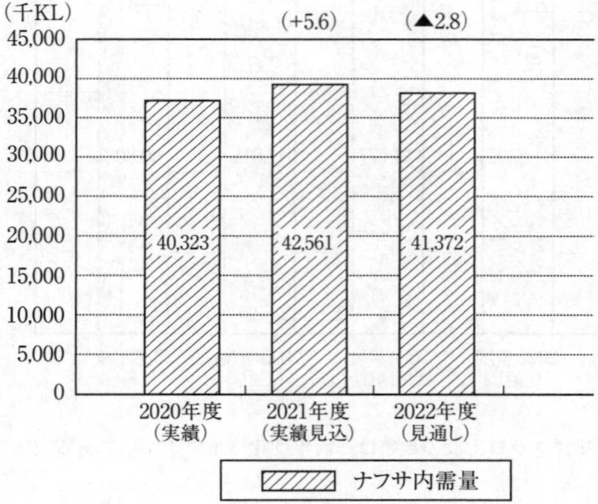

（ベンゼン，トルエン，キシレン）原料需要」を基に想定

少の見通し。
規模定修の影響により減少の見込み。
は増加の見込み。
世界的な需要増加の影響により，輸出は増加，輸入は横ばいの見

全体で▲5.7%と減少の見通し。
新規プラントの稼働や米国品のアジア市場への流入等の影響から
を除けば緩やかに減少する見込み。
ついては，ほぼ横ばいの見込みであることから，生産は微減で推

ることから，減少で推移する見込み。

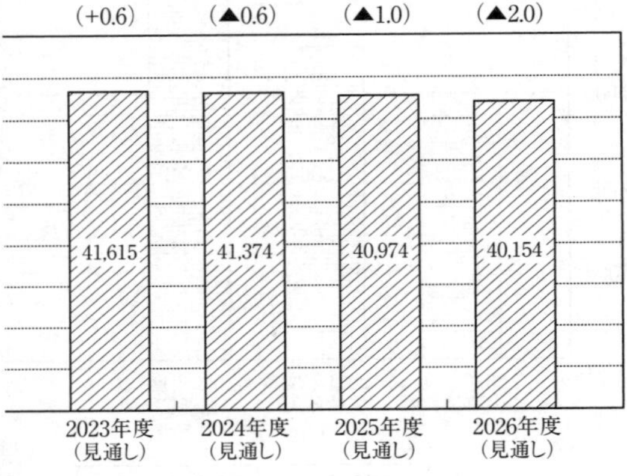

※棒グラフ上段の数字は，対前年度比（単位：%）である。

5. ジェット燃料油 ⟸ 経済動向, 機体効

□2022年度は407万KLとなり**前年比＋16.1％と増加**

○民航消費量については省エネ機材への更新による燃費改善の影より座席キロ，民航用消費量ともに増加となる見込み。

□2021 ～ 2026年度を総じてみれば，**年平均＋5.0％,**

○航空需要は，新型コロナウイルス影響の反動や経済成長により

○民航消費量については，引き続き省エネ機材への更新による燃動や経済成長等の増加要因が見込まれることから微増傾向で推

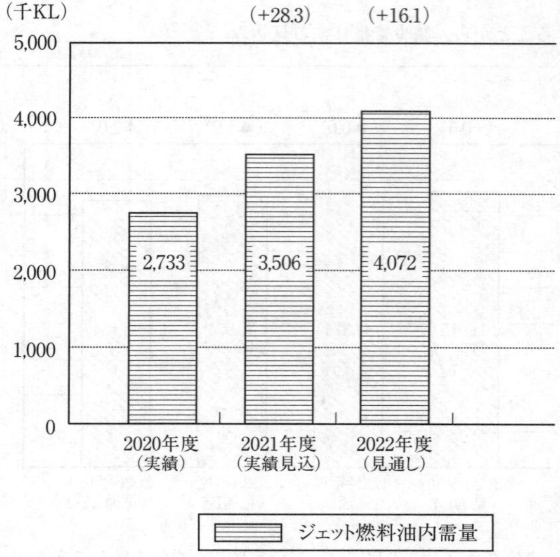

率改善を加味した「民間航空需要」等を基に想定

※内需のみ想定対象とする

の見通し。
響から減少要因はあるものの，新型コロナウイルス影響の反動に

全体で＋27.9％と増加の見通し。
微増で推移する見込み。
費改善の進展が見込まれるものの，新型コロナウイルス影響の反
移する見込み。

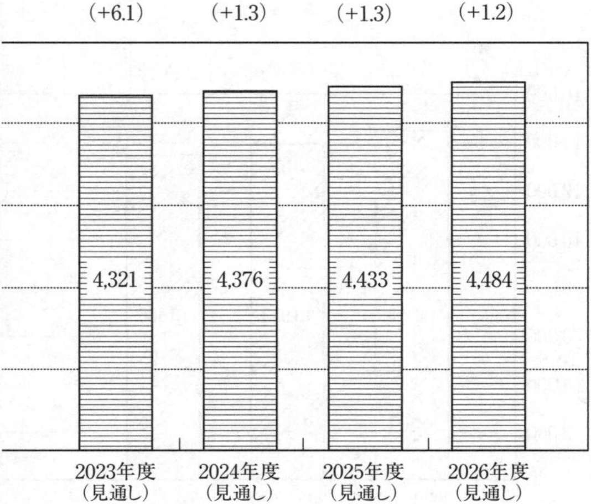

※棒グラフ上段の数字は，対前年度比（単位：％）である。

6. 灯油 ⇐ 過去5年の気温平均をベー
需要」＋電化，ガス化を

□2022年度は，1,349万KLとなり**前年度比▲3.2％と**

○気温の推移は例年並みが見込まれる中，燃料転換が継続すると

□2021～2026年度を総じてみれば，**年平均▲3.0％,**

○生産活動に関しては緩やかに回復が見込まれるものの，各産業
とから産業用の需要は減少の見通し。

○民生用は，家庭用を中心とした暖房・給湯エネルギー源の転換
少の見通し。

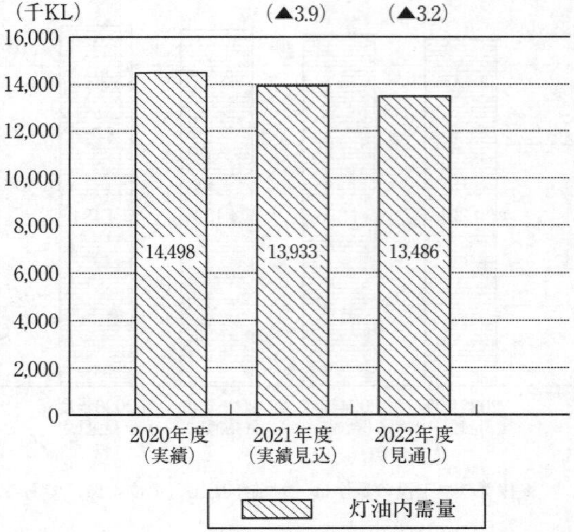

スに，経済動向，燃転を加味した「産業用
加味した「民生用需要」を基に想定

減少の見通し。

見込まれることから減少の見通し。

全体で▲14.2%と減少の見通し。

における燃料転換や効率改善に加え温暖化の進展が見込まれるこ

の継続に加え，気温は穏やかな上昇傾向が見込まれることから減

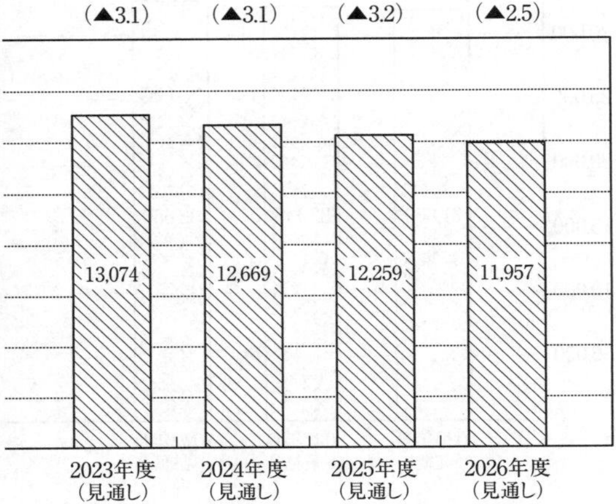

※棒グラフ上段の数字は，前年度比（単位：%）である。

7. 軽油 ⇐「経済動向」及び「トラッ

□2022年度は，3,265万KLとなり**前年比＋1.6％と増**
○貨物輸送量の戻りが見込まれ増加の見込み。

□2021 ～ 2026年度を総じてみれば，**年平均▲0.1％,**
○貨物輸送量は微減傾向での推移が見込まれ，また，トラック燃
見通し。

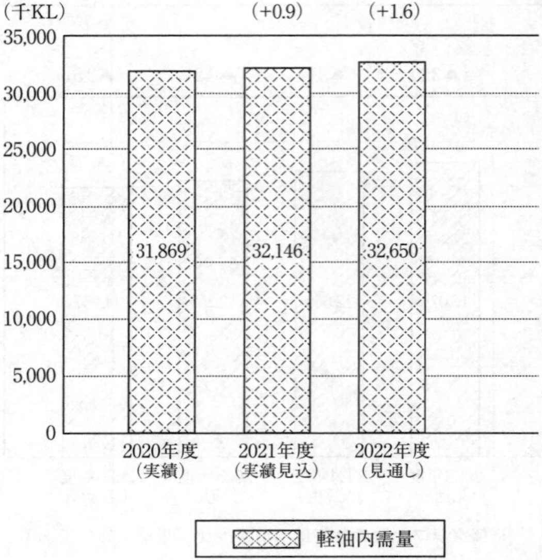

ク等保有台数」を基に想定

加の見通し。

全体で▲0.3%の減少の見通し。
費の着実な改善等もあり，2021 ～ 2026年度の年率では▲0.1%の

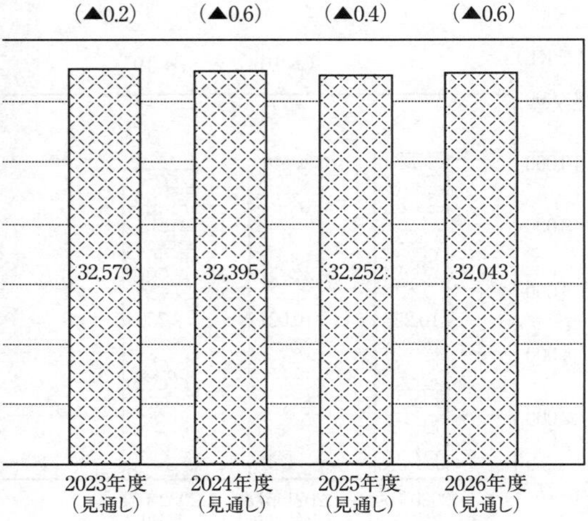

※棒グラフ上段の数字は，前年度比（単位：%）である。

8. A重油 ⇐ 主要業種の「経済動向」

□2022年度は，973万KLとなり**前年度比▲2.9％と減**

○鉱工業全体において，燃料転換が進行し，農業・漁業において減少によって需要が減少する見込み。

□2021～2026年度を総じてみれば，**年平均▲3.6％,**

○下記の要因により，全体としては需要が減少を続けていく見通

- 鉱工業における環境対策による燃料転換の進展。
- 農林水産における高齢化の進行や就業人口の減少に伴う生産
- 水運における内航船隻数の減少等。

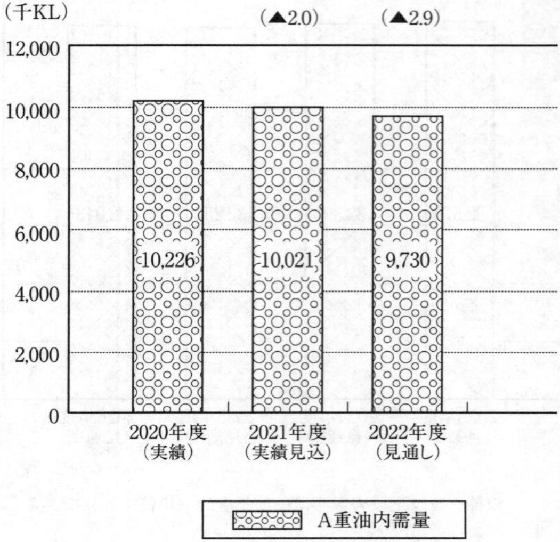

及び「消費原単位」等を基に想定

少の見通し。
は，就労人口減少等を背景に作付・耕地面積の減少や出漁機会の

全体で▲16.6%と減少の見通し。
し。

活動の低下。

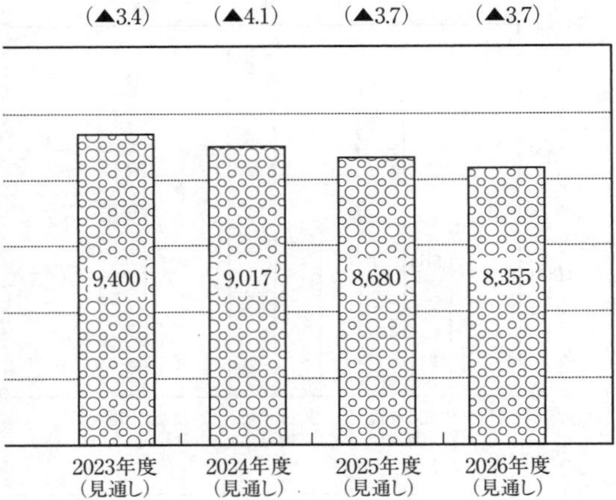

※棒グラフ上段の数字は，前年度比（単位：%）である。

9. B･C重油 ⇐ 主要業種の「経済動向」

□一般用B・C重油については，2022年度は，489万
○鉱工業では，ガス，廃棄物，バイオマス等への燃料転換の動き
□一般用B・C重油については，2021 ～ 2026年度を総
減少の見通し。
○2021年度以降も，鉱工業における燃料転換の進展によって需要
が進むことにより，需要が減少していく見通し。
□電力用C重油については，2021年度は248万KLの実

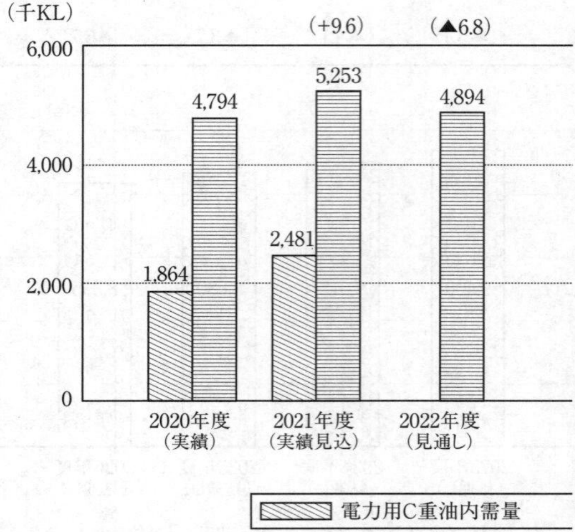

及び「消費原単位」を基に想定

KLとなり**前年度比▲6.8%と減少**の見通し。
が継続。水運では，内航船の隻数減少により需要も減少の見込み。
じてみれば，**年平均▲5.1%，全体として▲23.0%と**

の減少が継続。水運では引き続き内航貨物輸送量・船舶数の減少

績見込み。その後の見通しについては，策定しない。

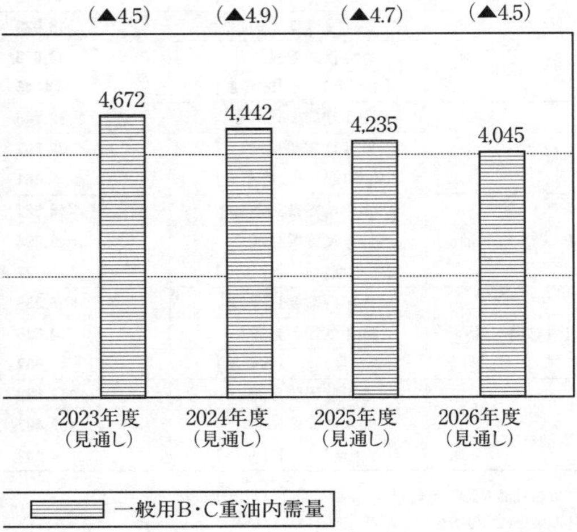

※グラフ上部の数字は，一般用B・C重油需要量の前年度比（単位：%）である。

【参考】前回想定（2021～2025年度）

		実績見込（昨年度は見通し）
		2021 年度
ガソリン	本年度需要見通し	45,220
	昨年度需要見通し	46,427
	【本年度】－【昨年度】	▲ 1,207
ナフサ	本年度需要見通し	42,561
	昨年度需要見通し	40,550
	【本年度】－【昨年度】	＋ 2,011
ジェット燃料油	本年度需要見通し	3,506
	昨年度需要見通し	4,255
	【本年度】－【昨年度】	▲ 749
灯油	本年度需要見通し	13,933
	昨年度需要見通し	13,978
	【本年度】－【昨年度】	▲ 45
軽油	本年度需要見通し	32,146
	昨年度需要見通し	32,607
	【本年度】－【昨年度】	▲ 461
A重油	本年度需要見通し	10,021
	昨年度需要見通し	9,994
	【本年度】－【昨年度】	＋ 27
一般用B・C重油	本年度需要見通し	5,253
	昨年度需要見通し	4,686
	【本年度】－【昨年度】	＋ 567
燃料油計（電力用C重油を除く）	本年度需要見通し	152,639
	昨年度需要見通し	152,497
	【本年度】－【昨年度】	＋ 142

（注１）上段の数字は燃料油内需量（千KL），下段の数字は対前回差。
（注２）四捨五入等の関係により数値の合計が合わない場合がある。

との比較

見通し				
2022 年度	2023 年度	2024 年度	2025 年度	2026 年度
45,382	44,391	43,177	42,016	40,808
45,348	44,424	43,218	42,104	
+ 34	▲ 33	▲ 41	▲ 88	
41,372	41,615	41,374	40,974	40,154
40,275	39,970	39,622	39,231	
+ 1,097	+ 1,645	+ 1,752	+ 1,743	
4,072	4,321	4,376	4,433	4,484
4,749	4,952	5,037	5,015	
▲ 677	▲ 631	▲ 661	▲ 582	
13,486	13,074	12,669	12,259	11,957
13,710	13,394	13,073	12,743	
▲ 224	▲ 320	▲ 404	▲ 484	
32,650	32,579	32,395	32,252	32,043
32,563	32,561	32,317	32,114	
+ 87	+ 18	+ 78	+ 138	
9,730	9,400	9,017	8,680	8,355
9,676	9,467	9,115	8,821	
+ 54	▲ 67	▲ 98	▲ 141	
4,894	4,672	4,442	4,235	4,045
4,425	4,208	3,987	3,793	
+ 469	+ 464	+ 455	+ 442	
151,586	150,052	147,450	144,849	141,846
150,746	148,976	146,369	143,821	
+ 840	+ 1,076	+ 1,081	+ 1,028	

【参考】中長期の需給動向に影響しうる事項

□カーボンニュートラルに向けた動向

○2050年カーボンニュートラルの実現に向け，各分野で電化や脱炭
○電動車の普及については，昨年６月に策定された2050年カーボン
車新車販売で電動車100％を実現できるよう，包括的な措置を講
までに，新車販売で電動車20～30％，2040年までに，新車販売
て100％を目指し，車両の導入やインフラ整備の促進等の包括的
○水素やアンモニア等の新燃料についても，自動車，製鉄，電力業

□IMO（国際海事機関）による硫黄分規制の強化

○2020年１月より導入されている硫黄分規制強化を踏まえ，内航海
②高硫黄C重油を使いつつ，脱硫装置（スクラバー）を使用，③
○中長期的には，LNG・LPGを動力とした船舶の導入も一定程度進

□物流構造の変化（物流合理化・モーダルシフト等）

○貨物輸送需要は微減傾向で推移する一方，小型トラック保有台数
の進展が継続。

○鉄道・航空輸送への転換を指すモーダルシフトについては，ヒア
かったが，今後の動向については要注視。（現時点の輸送量全体

□海洋プラスチック問題の影響

○マイクロプラスチックによる海洋汚染問題等を背景に，外食産業
に向けた動きが見られるも，現状ではプラスチック製品全体に占
限定的。

□ジェット燃料の国際線需要（※外需については試算

○新型コロナウイルス感染症影響からの反動等を背景に，国際線の
○ジェット燃料の国際線需要は増加が見通されることから，国内線・
見通し。

素化が進展する見通し。
ニュートラルに伴うグリーン成長戦略では，「2035年までに，乗用
じる。商用車については，８トン以下の小型の車について，2030年
で，電動車と合成燃料等の脱炭素燃料の利用に適した車両で合わせ
な措置を講じる。」とされている。
界等での活用がさらに推進される見通し。

運・旅客船等においても①高硫黄C重油から低硫黄油種への切替え，
LNG等の代替燃料への切替え，のいずれかの対応が求められる。
むことが予想される。

は減少傾向，普通トラックは微増傾向で推移しており，物流合理化

リングを通じて需要構造に大きな影響をもたらす動きは確認できな
に占める鉄道・航空輸送の分担率は合計約１％）

等を中心に，プラスチック製品を廃止するなどの「脱プラスチック」
める割合は少ないことから，現時点においてナフサ需要への影響は

の対象外であり，需要想定には含まれない。）
発着回数・利用客数は全国的に増加する見通し。
国際線合計としてのジェット燃料需要は今後も増加傾向で推移する

Ⅲ　液化石油ガス需要見通し

1. 2022～2026年度石油製品需要見通

部門＼年度		実績 2019	実績 2020	実績見込 2021	見通 2022	見通 2023
家庭業務用		5,997	5,927	5,977	6,024	5,985
			▲1.2%	＋0.8%	＋0.8%	▲0.6%
工業用		3,140	3,098	2,623	2,749	2,763
			▲1.3%	▲15.3%	＋4.8%	＋0.5%
都市ガス用		1,100	1,097	1,217	1,244	1,310
			▲0.3%	＋10.9%	＋2.2%	＋5.3%
自動車用		773	529	523	518	513
			▲31.6%	▲1.1%	▲1.0%	▲1.0%
化学原料用		2,840	2,136	2,268	2,736	2,763
			▲24.8%	＋6.2%	＋20.6%	＋1.0%
需要合計（電力用除く）		13,850	12,787	12,608	13,271	13,334
			▲7.7%	▲1.4%	＋5.3%	＋0.5%
参考	電力用	81	0	−	−	−
	需要合計（電力用込み）	13,931	12,787	−	−	−
			▲8.2%			

（注１）上段の数字は液化石油ガス内需量　　単位：千トン
（注２）下段の数字は前年度比　　　　　　　単位：％
（注３）構成比は，小数点以下第２位を四捨五入しているため，各部門を合計しても必ず

し（液化石油ガス総括表）

し			年率	全体	構成比	
2024	2025	2026	2021/2026	2021/2026	2021	2026
5,895	5,803	5,694	▲1.0%	▲4.7%	47.4%	43.3%
▲1.5%	▲1.6%	▲1.9%				
2,780	2,794	2,810	＋1.4%	＋7.1%	20.8%	21.4%
＋0.6%	＋0.5%	＋0.6%				
1,389	1,461	1,521	＋4.6%	＋25.0%	9.7%	11.6%
＋6.0%	＋5.2%	＋4.1%				
508	503	499	▲0.9%	▲4.6%	4.1%	3.8%
▲1.0%	▲1.0%	▲0.8%				
2,712	2,684	2,621	＋2.9%	＋15.6%	18.0%	19.9%
▲1.8%	▲1.0%	▲2.3%				
13,284	13,245	13,145	＋0.8%	＋4.3%	100.0%	100.0%
▲0.4%	▲0.3%	▲0.8%				
－	－	－	－	－	－	－
－	－	－	－	－	－	－

しも100%とはならない。

2. 2022～2026年度石油製品需要見通

□2022年度は，液化石油ガス全体で，約1,327万トン
□2021～2026年度を総じてみれば**年平均で+0.8%,**

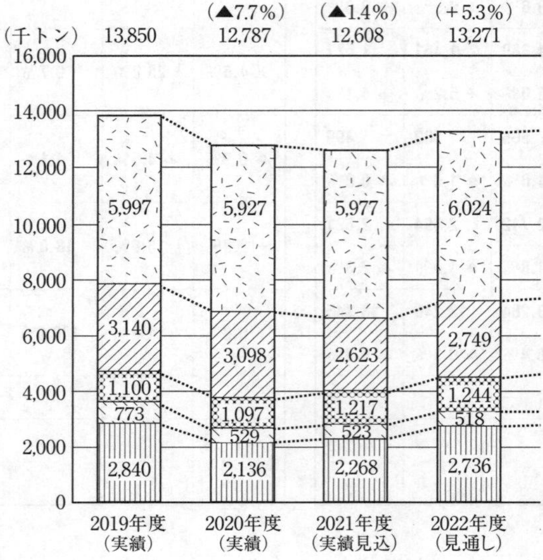

し（液化石油ガス全体）

となり，**対前年度比+5.3%増加**の見通し。
全体で+4.3%増加の見通し。

（ ）内の数字は，対前年度伸び率

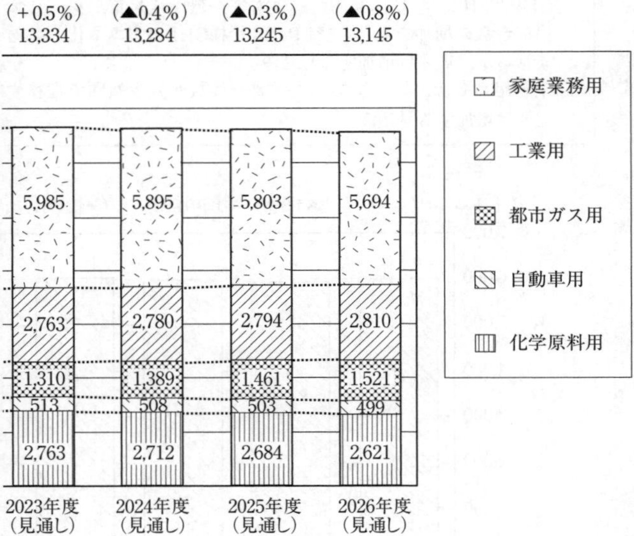

3. 家庭業務用　①LPガス器具普及率を加味し
②出荷台数や馬力数等から算
③外食産業を中心とした「業

□2022年度は602万トンとなり，**対前年度比＋0.8%**
増減に影響を与えるが，2022年度以降は平年並み

□2021～2026年度を総じてみれば，**年平均で▲1.0%,**

○家庭部門は，LPガスを利用する世帯数減少の影響に加え，風
て，需要が減少する見込み。
○GHP部門は，学校体育館，避難所等が熱中症対策，レジリエ
出荷台数の増加を見込む。LPガス仕様GHPの省エネ化，高効
まれるが，需要は増加する見込み。
○業務用需要は，外食産業等の需要家件数が減少傾向で推移す
需要は増加する見込み。

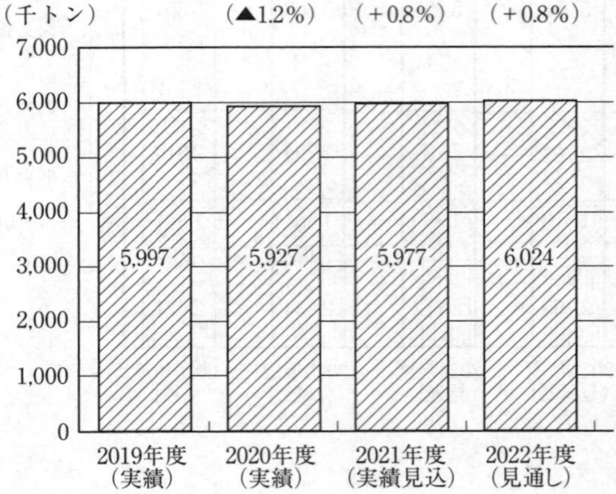

た「LPガス世帯 家庭用需要」＋
出した「GHP（ガスヒートポンプ）需要」＋
務用需要」に基づき想定

増加の見通し。なお当該部門は，気温・水温が需要
で推移するものとして想定を行った。

全体で▲4.7%減少の見通し。
呂釜･給湯器等各種機器の高効率化が進展すること等を背景とし

ンス等への対応策として，LPガス仕様GHPの設置等を見込み，
率化が進展し，LPガスの消費効率は改善されていくことは見込

るが，景気回復とともに消費原単位が改善されることを見込み，

（　）内の数字は，対前年度伸び率

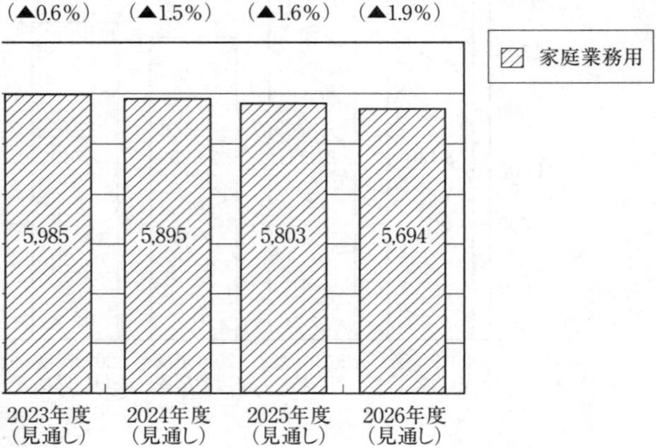

4. 工業用　①鉱工業生産指数をベースに各種
　　　　　　②納入を行う元売会社へのヒアリ

□2022年度は275万トンとなり，**対前年度比＋4.8%**

□2021～2026年度を総じてみれば，**年平均で＋1.4%，**

○一般工業用は，経済状況が好転に転じるとの想定に基づき，
　一部，A重油からLPガスへの燃料転換による増加も見込まれ，
○大口鉄鋼用は，製鉄過程での補助的な用途で用いられ，ほぼ

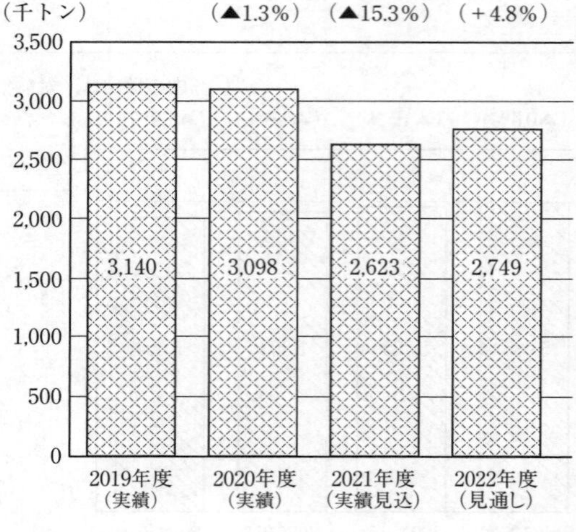

調整を加えた「一般工業用需要」＋
ングによる「大口鉄鋼用需要」に基づき想定

増加の見通し。

全体で＋7.1%増加の見通し。

鉱工業生産指数に連動してLPガス需要が緩やかに増加するほか，
全体として需要は微増で推移する見通し。
横ばいで推移する見通し。

（　）内の数字は，対前年度伸び率

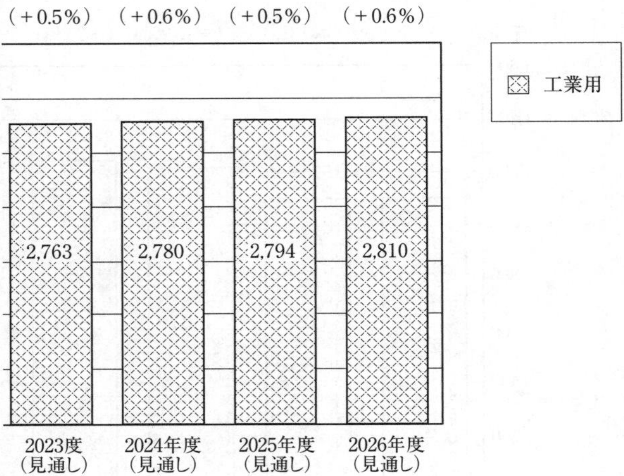

5. 都市ガス用　「ガス事業生産動態統計調査」一定割合混合されるLPガス

□2022年度は124万トンとなり，**対前年度比＋2.2%**

□2021 ～ 2026年度を総じてみれば，**年平均で+4.6%,**

○都市ガスの主原料はLNGであるが，LNGのみでは都市ガスの
されるLPガスを需要量として推計。

○低熱量LNG輸入量の増加※1により，都市ガス用途におけるLP
都市ガスの熱量規格を基準に計算。
一方で二重導管規制※2の緩和による未熱調ガス供給増に伴う

※1　今後米国のシェール由来LNGの輸入量が拡大する見込み。
ため，増熱用LPガスの需要が増加する見通し。

※2　既設のガス導管がある場合に，後からのガス導管敷設を規

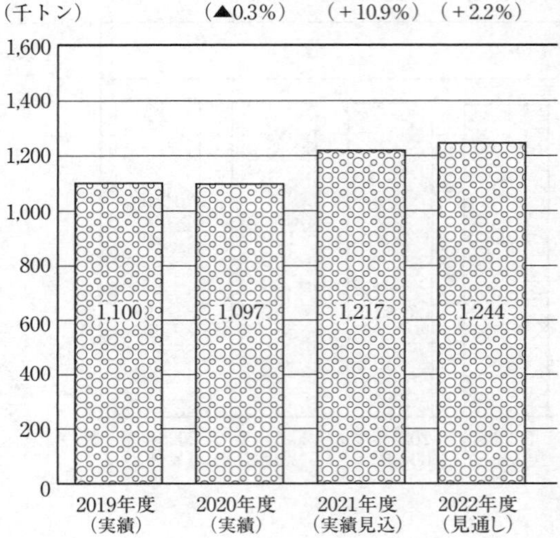

等を踏まえ，都市ガスの熱量規格用として，LNGに
の需要量を想定

増加の見通し。

全体で＋25.0％増加の見通し。

熱量規格を満たすことができないため，LNGに一定割合で混合

ガスの増熱用需要の増加を見込んだ。増熱用需要量は，現状の

増熱用需要減も加味。

これらの成分は低熱量のメタン，エタン留分で組成されている

制。

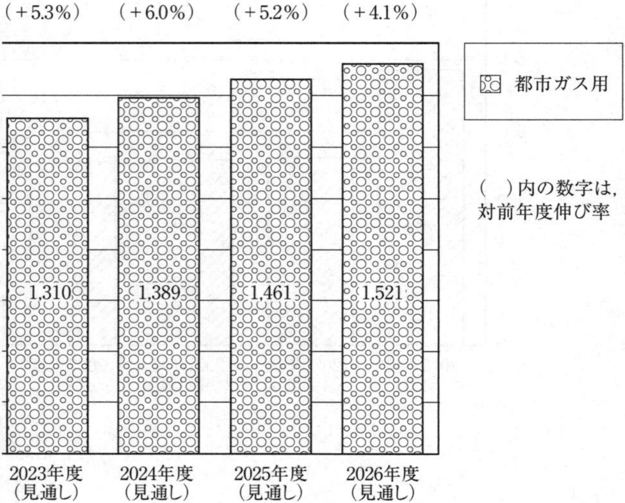

6. 自動車用　「LPガス自動車（タクシー・貨

□2022年度は52万トンとなり，**対前年度比▲1.0%**

□2021～2026年度を総じてみれば，**年平均で▲0.9%，**

○タクシー・貨物車等を中心としたLPガス自動車台数は，継続

○タクシーは，台数が適正水準に近づくことにより，減少率は
　の普及により，車齢の高い車両から徐々に置き換わるものと

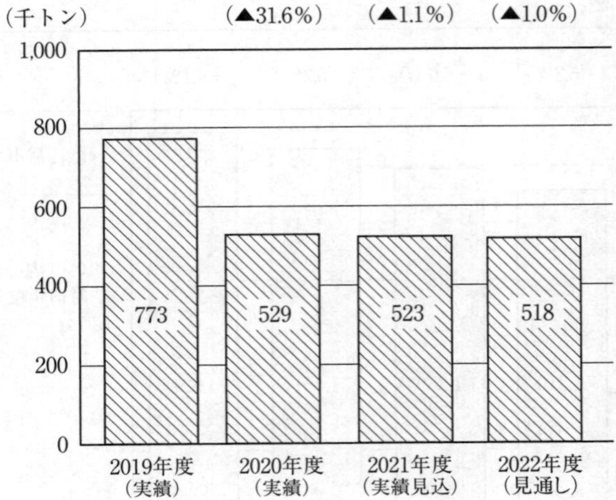

物車等）の台数」×「燃料消費量」に基づき想定

減少の見通し。

全体で▲4.6%減少の見通し。

的に減少することを想定。
鈍化。燃費効率に優れるLPGハイブリッド車やバイフューエル車
想定。車両の燃費改善が継続的に進行していく見込み。

（　）内の数字は，対前年度伸び率

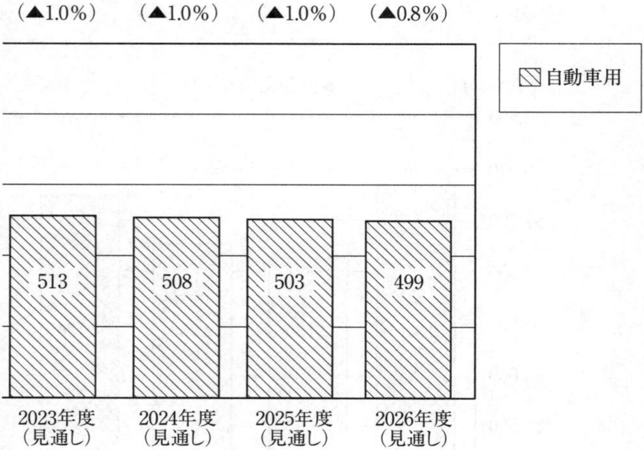

7. 化学原料用 「エチレン用」＋「プロピレン用」

□2022年度は274万トンとなり，**対前年度比＋20.6%**

□2021～2026年度を総じてみれば，**年平均で＋2.9%,**

○エチレン用原料として利用されるLPガスは，国内のエチレン
　として利用されるナフサに比して，LPガス使用割合が増加す

○プロピレン用として利用されるLPガスは，石油の二次装置に
　製品の需要減少に応じて，生産量の減少も見込まれることか

○全体として，LPガスによるエチレン生産割合の増加により需
　LPガス使用割合の限界及びプロピレン用LPガスの需要減少に

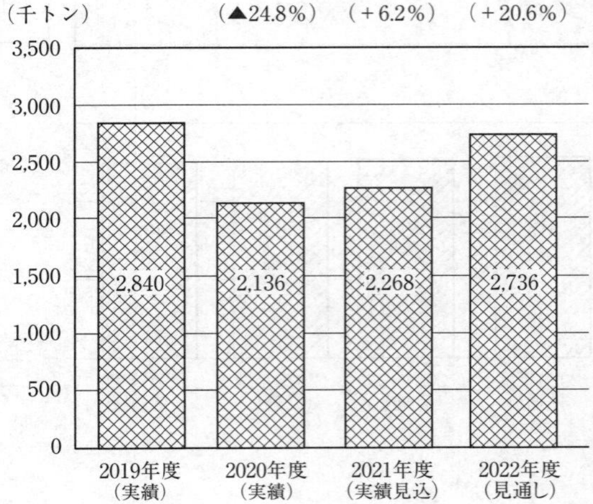

＋「無水マレイン酸用」＋「その他」に基づき想定

増加の見通し。

全体で＋15.6％増加の見通し。

生産量がほぼ横ばい傾向で推移すると見込まれ，エチレン用原料
ることが見込まれるため，需要量は増加する見通し。
おいて生産されるLPガス(FCCプロピレン)が利用されるが，石油
ら，需要量も漸減傾向で推移する見通し。
要量は増加することが見込まれるが，エチレン生産設備における
より，2024年度以降は緩やかに減少傾向で推移する見通し。

（　）内の数字は，対前年度伸び率

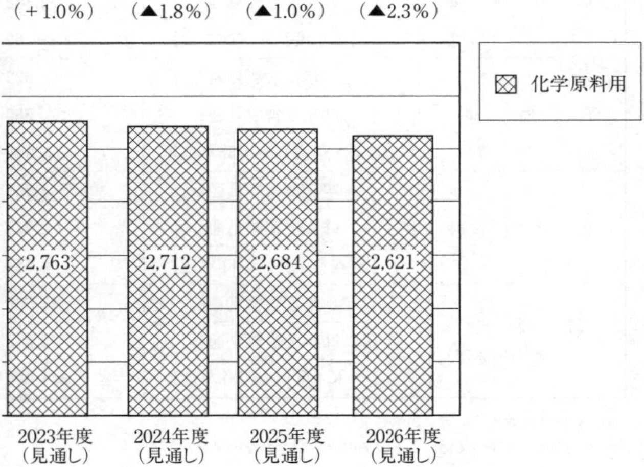

【参考】2021～2026年度需要見通しと

		実績見込
		2021 年度
家庭業務用	本年度需要見通し	5,977
	昨年度需要見通し	5,706
	【本年度】－【昨年度】	＋ 271
工業用	本年度需要見通し	2,623
	昨年度需要見通し	3,170
	【本年度】－【昨年度】	▲ 547
都市ガス用	本年度需要見通し	1,217
	昨年度需要見通し	1,148
	【本年度】－【昨年度】	＋ 69
自動車用	本年度需要見通し	523
	昨年度需要見通し	669
	【本年度】－【昨年度】	▲ 146
化学原料用	本年度需要見通し	2,268
	昨年度需要見通し	2,925
	【本年度】－【昨年度】	▲ 657
需要合計（電力用除く）	本年度需要見通し	12,608
	昨年度需要見通し	13,618
	【本年度】－【昨年度】	▲ 1,010

（注１）数字は液化石油ガス内需量単位：千トン

（注２）四捨五入等の関係により数値の合計が合わない場合がある。

の比較

見通し				
2022年度	2023年度	2024年度	2025年度	2026年度
6,024	5,985	5,895	5,803	5,694
5,726	5,752	5,769	5,781	
＋ 298	＋ 233	＋ 126	＋ 22	
2,749	2,763	2,780	2,794	2,810
3,201	3,211	3,238	3,258	
▲ 452	▲ 448	▲ 458	▲ 464	
1,244	1,310	1,389	1,461	1,521
1,174	1,213	1,265	1,320	
＋ 70	＋ 97	＋ 124	＋ 141	
518	513	508	503	499
579	547	517	499	
▲ 61	▲ 34	▲ 9	＋ 4	
2,736	2,763	2,712	2,684	2,621
3,062	3,207	3,135	3,104	
▲ 326	▲ 444	▲ 423	▲ 420	
13,271	13,334	13,284	13,245	13,145
13,742	13,930	13,924	13,962	
▲ 471	▲ 596	▲ 640	▲ 717	

【参考】中長期の需給動向に影響しうる事項

□IMO（国際海事機関）による硫黄分規制の強化

○2020年1月より導入されている硫黄分規制強化を踏まえ，内航海

②高硫黄C重油を使いつつ，脱硫装置（スクラバー）を使用，③

○中長期的には，LNG・LPGを動力とした船舶の導入も一定程度進

○新規造船や既存船の改造によって，外航船から先行して開発が見
需が見込まれるが現時点において具体化していない。

○同様に将来的にLPG燃料の内航船およびフェリー等が開発・導入
具体化していない。

□二重導管規制の緩和措置

○本年度の需要見通しでは二重導管規制の緩和による未熱調ガス供

○事業者の競争状況によっては，LPガスにて増熱している都市ガス
とで，増熱用（都市ガス用）LPガス需要が減少する可能性がある。

運・旅客船等においても，①高硫黄C重油から低硫黄油種への切替え，
LNG等の代替燃料への切替えのいずれかの対応が求められる。

むことが予想される。

込まれ，竣工後は国内外で給油を行うことから，一定量の内需・外

されれば，こちらは給油全量が内需となるものの，現時点において

給増に伴う増熱需要減は加味されているところ。

の販売量が減少し，増熱していない天然ガスの販売量が増加するこ

Ⅳ　エネルギー一般

1. 世界の一次エネルギー消費の推移

（石油換算百万トン，％）

年	石　油	天然ガス	石　炭	原子力	水　力	再生可能エネルギー	計
2010	4,208.9	2,730.8	3,605.6	626.2	777.5	170.5	12,119.4
2011	4,252.4	2,786.8	3,778.9	600.0	792.7	203.5	12,414.4
2012	4,304.9	2,860.8	3,794.5	559.5	830.7	238.7	12,589.0
2013	4,359.3	2,899.0	3,865.3	563.8	859.4	282.6	12,829.3
2014	4,394.7	2,922.3	3,862.2	575.0	879.7	320.1	12,953.9
2015	4,475.8	2,987.3	3,765.0	582.8	880.5	368.8	13,060.2
2016	4,557.3	3,073.2	3,706.0	591.2	913.3	417.4	13,258.5
2017	4,522.8	3,147.9	3,730.6	567.6	874.5	550.7	12,843.4
2018	4,575.7	3,314.0	3,795.1	577.4	891.9	856.3	13,154.1
2019	4,613.4	3,380.7	3,772.9	595.6	899.6	692.6	13,262.1
2020	4,162.7	3,308.7	3,610.6	584.1	982.1	831.7	13,479.1
2021	4,402.6	3,473.9	3,826.4	604.9	962.2	953.8	14,224.1

（注）四捨五入の関係で端数が合わないことがある。
出所：BP統計

2. 世界主要地域のエネ

国名	エネルギー種別 (単位：E J =10^18 J)					
	石　油	天然ガス	石　炭	原子力	水　力	再生エネ
アフリカ計	7.86	5.92	4.21	0.09	1.45	0.47
カナダ	4.17	4.29	0.48	0.83	3.59	0.58
米国	35.33	29.76	10.57	7.40	2.43	7.48
メキシコ	2.56	3.18	0.23	0.11	0.33	0.39
北米計	42.06	37.23	11.28	8.34	6.34	8.44
ブラジル	4.46	1.46	0.71	0.13	3.42	2.39
中南米計	11.31	5.88	1.46	0.23	6.22	3.35
日本	6.61	3.73	4.80	0.55	0.73	1.32
中国	6.61	13.63	86.17	3.68	12.25	11.32
インド	9.41	2.24	20.09	0.40	1.51	1.79
アジア太平洋計	70.65	33.06	127.63	6.46	17.44	17.22
フランス	2.91	1.55	0.23	3.43	0.55	0.74
ドイツ	4.18	3.26	2.12	0.62	0.18	2.28
イタリア	2.35	2.61	0.23	–	0.41	0.76
英国	2.50	2.77	0.21	0.41	0.05	1.24
ロシア	6.71	17.09	3.41	2.01	2.02	0.06
欧州・ユーラシア計	34.54	42.55	15.18	10.06	8.63	10.24
サウジアラビア	6.59	4.22	※1	–	–	0.01
中東計	16.30	20.72	0.34	0.13	0.18	0.18
世界合計	184.21	145.35	160.10	25.31	40.26	39.91

(注) 四捨五入の関係で端数があわない場合がある。
出所：BP統計
※1. 0.005以下

ルギー別消費量（2021年）

合　計	エネルギー種別シェア　（%）						
	石　油	天然ガス	石　炭	原子力	水　力	再生エネ	合　計
19.99	4.3	4.1	2.6	0.4	3.6	1.2	3.4
13.94	2.3	3.0	0.3	3.3	8.9	1.5	2.3
92.97	19.2	20.5	6.6	29.2	6.0	18.7	15.6
6.79	1.4	2.2	0.1	0.4	0.8	1.0	1.1
113.70	22.8	25.6	7.0	33.0	15.7	21.1	19.1
12.57	2.4	1.0	0.4	0.5	8.5	6.0	2.1
28.46	6.1	4.0	0.9	0.9	15.4	6.5	4.8
17.74	3.6	2.6	3.0	2.2	1.8	3.3	3.0
157.65	3.6	9.4	53.8	14.5	30.4	28.4	26.5
35.43	5.1	1.5	12.5	1.6	3.8	4.5	6.0
272.45	38.4	22.7	79.7	25.5	43.3	43.1	45.8
9.41	1.6	1.1	0.1	13.6	1.4	1.9	1.6
12.64	2.3	2.2	1.3	2.4	0.4	5.7	2.1
6.36	1.3	1.8	0.1	–	1.0	4.6	1.1
7.18	1.4	1.9	0.1	1.6	0.1	3.1	1.2
31.30	3.6	11.8	2.1	7.9	5.0	0.2	5.3
122.70	18.8	29.3	9.5	39.7	21.4	25.7	20.6
10.82	3.6	2.9	0.0	–	–	0.0	1.8
37.84	8.8	14.3	0.2	0.5	0.4	0.5	6.4
595.15	100.0	100.0	100.0	100.0	100.0	100.0	100.0

3. 我が国における一次エネルギー供給構成比

（単位：%）

エネルギー／年度	石油	石炭	天然ガス	原子力	水力	再生可能・未活用エネルギー
1995	53.8	16.6	11.6	12.3	3.5	2.3
1996	52.7	16.7	12.0	12.5	3.3	2.4
1997	50.8	17.0	12.4	12.9	3.6	2.5
1998	50.3	16.3	12.9	13.6	3.8	2.4
1999	50.3	17.1	13.4	12.6	3.4	2.4
2000	49.0	18.4	13.8	12.6	3.4	2.4
2001	48.2	19.1	13.9	12.6	3.3	2.4
2002	48.1	19.6	14.2	11.5	3.2	2.8
2003	48.3	20.3	15.0	9.4	3.7	2.9
2004	46.3	21.8	14.7	10.9	3.6	2.8
2005	49.0	20.3	13.8	11.2	2.8	3.1
2006	47.0	20.5	15.1	11.1	3.2	3.2
2007	47.1	21.3	16.4	9.7	2.7	3.2
2008	46.5	21.5	16.8	9.7	2.9	3.2
2009	45.3	20.3	17.4	11.1	3.0	3.0
2010	43.5	21.5	17.2	10.6	3.0	3.6
2011	45.9	21.3	21.3	4.0	3.2	3.9
2012	47.2	22.6	22.5	0.6	3.0	4.0
2013	45.7	24.2	22.5	0.4	3.1	4.1
2014	44.6	24.4	23.6	0.0	3.3	4.2
2015	44.7	24.2	22.3	0.4	3.4	4.6
2016	41.4	26.5	24.9	0.8	3.4	3.1
2017	37.6	25.1	22.8	2.8	3.5	8.2
2018	37.6	25.1	22.9	2.8	3.5	8.2
2019	37.1	25.3	22.4	2.8	3.5	8.8
2020	36.3	24.9	23.7	1.8	3.7	9.6

出所：総合エネルギー統計（エネルギーバランス表）

4. 一次エネルギー総

年度	1990	2010	2011	2012
一次エネルギー総供給	**20,219**	**23,270**	**22,075**	**21,863**
［前年度比％］		（＋6.3）	（▲5.1）	（▲1.0）
〈2013年度比％〉	〈▲8.7〉	〈＋5.0〉	〈▲0.3〉	〈▲1.3〉
一次エネルギー国内供給	**19,669**	**21,995**	**21,011**	**20,740**
［前年度比％］		（＋5.5）	（▲4.5）	（▲1.3）
〈2013年度比％〉	〈▲6.6〉	〈＋4.5〉	〈▲0.2〉	〈▲1.5〉
化石燃料	**16,382**	**17,849**	**18,450**	**18,974**
［前年度比％］		（＋5.1）	（＋3.4）	（＋2.8）
〈2013年度比％〉	〈▲14.7〉	〈▲7.1〉	〈▲3.9〉	〈▲1.2〉
［シェア％］	[83.3]	[81.2]	[87.8]	[91.5]
石　油	**11,008**	**8,858**	**9,097**	**9,220**
［前年度比％］		（＋0.5）	（＋2.7）	（＋1.3）
［シェア％］	[56.0]	[40.3]	[43.3]	[44.5]
石　炭	**3,318**	**4,997**	**4,672**	**4,883**
［前年度比％］		（＋13.5）	（▲6.5）	（＋4.5）
［シェア％］	[16.9]	[22.7]	[22.2]	[23.5]
天然ガス・都市ガス	**2,056**	**3,995**	**4,681**	**4,871**
［前年度比％］		（＋5.8）	（＋17.2）	（＋4.0）
［シェア％］	[10.5]	[18.2]	[22.3]	[23.5]
非化石燃料	**3,287**	**4,144**	**2,560**	**1,767**
［前年度比％］		（＋7.2）	（▲38.2）	（▲31.0）
〈2013年度比％〉	〈＋77.9〉	〈＋124.2〉	〈＋38.5〉	〈▲4.4〉
［シェア％］	[16.7]	[18.8]	[12.2]	[8.5]
原子力	**1,884**	**2,462**	**873**	**137**
［前年度比％］		（＋2.8）	（▲64.5）	（▲84.3）
［シェア％］	[9.6]	[11.2]	[4.2]	[0.7]
水　力	**819**	**716**	**729**	**657**
［前年度比％］		（＋6.4）	（＋1.8）	（▲9.9）
［シェア％］	[4.2]	[3.3]	[3.5]	[3.2]
再生可能エネルギー（水力を除く）	**267**	**436**	**444**	**455**
［前年度比％］		（＋11.5）	（＋1.7）	（＋2.4）
［シェア％］	[1.4]	[2.0]	[2.1]	[2.2]
未活用エネルギー	**318**	**530**	**514**	**519**
［前年度比％］		（＋30.9）	（▲3.0）	（＋1.0）
［シェア％］	[1.6]	[2.4]	[2.4]	[2.5]

（注1）2018年度からエネルギー源別の標準発熱量の最新の改訂値が適用されている。
（注2）国内供給は，総供給から輸出供給と在庫変動を控除したもの。
（注3）再生可能エネルギー（水力を除く）には，太陽光発電，太陽熱利用，風力発電，バイオマスエネルギー，地熱発電などが含まれる。

供給の推移（2020年度確報）

（単位：10 ^ 15J［PJ］，%）

2013	2014	2015	2016	2017	2018	2019	2020
22,152 （+1.3） 〈0.0〉	21,391 （▲3.4） 〈▲3.4〉	21,294 （▲0.5） 〈▲3.9〉	21,109 （▲0.9） 〈▲4.7〉	21,318 （+1.0） 〈▲3.8〉	21,042 （▲1.3） 〈▲5.0〉	20,520 （▲2.5） 〈▲7.4〉	18,669 （▲9.0） 〈▲15.7〉
21,052 （+1.5） 〈0.0〉	20,263 （▲3.7） 〈▲3.7〉	20,016 （▲1.2） 〈▲4.9〉	19,858 （▲0.8） 〈▲5.7〉	20,098 （+1.2） 〈▲4.5〉	19,720 （▲1.9） 〈▲6.3〉	19,136 （▲3.0） 〈▲9.1〉	17,961 （▲6.1） 〈▲14.7〉
19,204 （+1.2） 〈0.0〉 ［91.2］	18,409 （▲4.1） 〈▲4.1〉 ［90.9］	17,950 （▲2.5） 〈▲6.5〉 ［89.7］	17,651 （▲1.7） 〈▲8.1〉 ［88.9］	17,578 （▲0.4） 〈▲8.5〉 ［87.5］	16,867 （▲4.0） 〈▲12.2〉 ［85.5］	16,230 （▲3.8） 〈▲15.5〉 ［84.8］	15,236 （▲6.1） 〈▲20.7〉 ［84.8］
9,003 （▲2.4） ［42.8］	8,351 （▲7.2） ［41.2］	8,138 （▲2.6） ［40.7］	7,880 （▲3.2） ［39.7］	7,842 （▲0.5） ［39.0］	7,409 （▲5.5） ［37.6］	7,101 （▲4.2） ［37.1］	6,545 （▲7.8） ［36.4］
5,303 （+8.6） ［25.2］	5,097 （▲3.9） ［25.2］	5,154 （+1.1） ［25.8］	5,041 （▲2.2） ［25.4］	5,043 （+0.0） ［25.1］	4,948 （▲1.9） ［25.1］	4,848 （▲2.0） ［25.3］	4,419 （▲8.8） ［24.6］
4,898 （+0.6） ［23.3］	4,961 （+1.3） ［24.5］	4,657 （▲6.1） ［23.3］	4,729 （+1.5） ［23.8］	4,696 （▲0.7） ［23.4］	4,510 （▲4.0） ［22.9］	4,281 （▲5.1） ［22.4］	4,272 （▲0.2） ［23.8］
1,848 （+4.6） 〈0.0〉 ［8.8］	1,854 （+0.3） 〈+0.3〉 ［9.1］	2,067 （+11.5） 〈+11.8〉 ［10.3］	2,208 （+6.8） 〈+19.4〉 ［11.1］	2,517 （+14.0） 〈+36.2〉 ［12.5］	2,853 （+13.4） 〈+54.4〉 ［14.5］	2,906 （+1.9） 〈+57.2〉 ［15.2］	2,725 （▲6.2） 〈+47.4〉 ［15.2］
80 （▲41.8） ［0.4］	0 （▲100.0） ［0.0］	79 ［0.4］	154 （+96.0） ［0.8］	281 （+82.1） ［1.4］	553 （+96.9） ［2.8］	539 （▲2.5） ［2.8］	327 （▲39.4） ［1.8］
679 （+3.4） ［3.2］	702 （+3.3） ［3.5］	726 （+3.5） ［3.6］	678 （▲6.6） ［3.4］	714 （+5.3） ［3.6］	689 （▲3.5） ［3.5］	676 （▲1.9） ［3.5］	664 （▲1.7） ［3.7］
536 （+17.9） ［2.5］	614 （+14.6） ［3.0］	726 （+18.3） ［3.6］	808 （+11.2） ［4.1］	934 （+15.6） ［4.6］	1,025 （+9.8） ［5.2］	1,116 （+8.8） ［5.8］	1,193 （+7.0） ［6.6］
553 （+6.7） ［2.6］	538 （▲2.8） ［2.7］	536 （▲0.4） ［2.7］	568 （+6.0） ［2.9］	588 （+3.6） ［2.9］	586 （▲0.3） ［3.0］	576 （▲1.7） ［3.0］	540 （▲6.1） ［3.0］

（注4）未活用エネルギーには，廃棄物発電，廃タイヤ直接利用，廃プラスチック直接利用の「廃棄物エネルギー回収」，RDF，廃棄物ガス，再生油，RPFの「廃棄物燃料製品」，廃熱利用熱供給，産業蒸気回収，産業電力回収の「廃棄エネルギー直接利用」が含まれる。

5. 部門別最終エネル

年度		1990	2010	2011	2012
最終エネルギー消費		13,553	14,713	14,307	14,155
	[前年度比%]		(+ 3.3)	(▲ 2.8)	(▲ 1.1)
企業・事業所他部門		8,835	9,161	8,910	8,723
	[前年度比%]		(+ 3.6)	(▲ 2.7)	(▲ 2.1)
	[シェア%]	[65.2]	[62.3]	[62.3]	[61.6]
製造業		6,361	6,305	6,118	6,078
	[前年度比%]		(+ 5.2)	(▲ 3.0)	(▲ 0.7)
	[シェア%]	[46.9]	[42.9]	[42.8]	[42.9]
農林水産鉱建設業		711	444	453	436
	[前年度比%]		(▲ 5.3)	(+ 2.0)	(▲ 3.8)
	[シェア%]	[5.2]	[3.0]	[3.2]	[3.1]
業務他		1,763	2,412	2,339	2,209
	[前年度比%]		(+ 1.4)	(▲ 3.0)	(▲ 5.5)
	[シェア%]	[13.0]	[16.4]	[16.3]	[15.6]
家庭部門		1,640	2,165	2,082	2,103
	[前年度比%]		(+ 6.6)	(▲ 3.8)	(+ 1.0)
	[シェア%]	[12.1]	[14.7]	[14.6]	[14.9]
運輸部門		3,078	3,387	3,315	3,329
	[前年度比%]		(+ 0.4)	(▲ 2.1)	(+ 0.4)
	[シェア%]	[22.7]	[23.0]	[23.2]	[23.5]
旅客部門		1,573	2,026	2,002	2,017
	[前年度比%]		(▲ 0.2)	(▲ 1.2)	(+ 0.8)
	[シェア%]	[11.6]	[13.8]	[14.0]	[14.2]
貨物部門		1,505	1,361	1,313	1,312
	[前年度比%]		(+ 1.4)	(▲ 3.5)	(▲ 0.1)
	[シェア%]	[11.1]	[9.2]	[9.2]	[9.3]

(注1) 2018年度からエネルギー源別の標準発熱量の最新の改訂値が適用されている。
(注2) 各部門の最終エネルギー消費には非エネルギー用途消費を含む。

ギー消費の推移（2020年度確報）

（単位：10＾15J［PJ］，％）

2013	2014	2015	2016	2017	2018	2019	2020
14,088	13,692	13,527	13,362	13,499	13,233	12,956	12,087
(▲0.5)	(▲2.8)	(▲1.2)	(▲1.2)	(＋1.0)	(▲2.0)	(▲2.1)	(▲6.7)
8,809	8,566	8,470	8,327	8,409	8,332	8,135	7,488
(＋1.0)	(▲2.8)	(▲1.1)	(▲1.7)	(＋1.0)	(▲0.9)	(▲2.4)	(▲7.9)
[62.5]	[62.6]	[62.6]	[62.3]	[62.3]	[63.0]	[62.8]	[62.0]
6,131	5,938	5,874	5,804	5,845	5,807	5,643	5,101
(＋0.9)	(▲3.1)	(▲1.1)	(▲1.2)	(＋0.7)	(▲0.7)	(▲2.8)	(▲9.6)
[43.5]	[43.4]	[43.4]	[43.4]	[43.3]	[43.9]	[43.6]	[42.2]
388	382	411	427	434	390	392	394
(▲10.8)	(▲1.6)	(＋7.4)	(＋4.1)	(＋1.5)	(▲10.2)	(＋0.7)	(＋0.4)
[2.8]	[2.8]	[3.0]	[3.2]	[3.2]	[2.9]	[3.0]	[3.3]
2,290	2,246	2,186	2,095	2,130	2,135	2,100	1,993
(＋3.7)	(▲1.9)	(▲2.7)	(▲4.2)	(＋1.7)	(＋0.3)	(▲1.7)	(▲5.1)
[16.3]	[16.4]	[16.2]	[15.7]	[15.8]	[16.1]	[16.2]	[16.5]
2,043	1,961	1,908	1,910	1,991	1,835	1,820	1,908
(▲2.9)	(▲4.0)	(▲2.7)	(＋0.1)	(＋4.2)	(▲7.8)	(▲0.8)	(＋4.8)
[14.5]	[14.3]	[14.1]	[14.3]	[14.7]	[13.9]	[14.1]	[15.8]
3,236	3,165	3,148	3,125	3,100	3,066	3,001	2,691
(▲2.8)	(▲2.2)	(▲0.5)	(▲0.8)	(▲0.8)	(▲1.1)	(▲2.1)	(▲10.3)
[23.0]	[23.1]	[23.3]	[23.4]	[23.0]	[23.2]	[23.2]	[22.3]
1,933	1,862	1,855	1,851	1,839	1,817	1,771	1,517
(▲4.1)	(▲3.7)	(▲0.4)	(▲0.2)	(▲0.6)	(▲1.2)	(▲2.6)	(▲14.3)
[13.7]	[13.6]	[13.7]	[13.9]	[13.6]	[13.7]	[13.7]	[12.6]
1,303	1,303	1,293	1,274	1,261	1,249	1,230	1,174
(▲0.7)	(▲0.0)	(▲0.7)	(▲1.5)	(▲1.0)	(▲0.9)	(▲1.5)	(▲4.6)
[9.2]	[9.5]	[9.6]	[9.5]	[9.3]	[9.4]	[9.5]	[9.7]

6. エネルギー源別最終

年度		1990	2010	2011	2012
最終エネルギー消費		13,553	14,713	14,307	14,155
	［前年度比％］		（＋ 3.3）	（▲ 2.8）	（▲ 1.1）
石　炭		1,628	1,447	1,414	1,430
	［前年度比％］		（＋ 12.5）	（▲ 2.2）	（＋ 1.1）
	［シェア％］	［12.0］	［9.8］	［9.9］	［10.1］
石　油		7,525	7,264	7,040	6,951
	［前年度比％］		（＋ 0.3）	（▲ 3.1）	（▲ 1.3）
	［シェア％］	［55.5］	［49.4］	［49.2］	［49.1］
天然ガス		58	68	68	70
	［前年度比％］		（＋ 12.0）	（＋ 0.1）	（＋ 3.3）
	［シェア％］	［0.4］	［0.5］	［0.5］	［0.5］
都市ガス		511	1,089	1,100	1,081
	［前年度比％］		（＋ 1.3）	（＋ 1.0）	（▲ 1.7）
	［シェア％］	［3.8］	［7.4］	［7.7］	［7.6］
電　力		2,753	3,728	3,588	3,569
	［前年度比％］		（＋ 4.7）	（▲ 3.7）	（▲ 0.5）
	［シェア％］	［20.3］	［25.3］	［25.1］	［25.2］
熱		1,022	1,089	1,057	1,015
	［前年度比％］		（＋ 9.2）	（▲ 3.0）	（▲ 4.0）
	［シェア％］	［7.5］	［7.4］	［7.4］	［7.2］
再生可能・未活用エネルギー		56	28	40	38
	［前年度比％］		（＋ 8.5）	（＋ 38.8）	（▲ 4.0）
	［シェア％］	［0.4］	［0.2］	［0.3］	［0.3］

(注1) 2018年度からエネルギー源別の標準発熱量の最新の改訂値が適用されている。
(注2) 各部門の最終エネルギー消費には非エネルギー用途消費を含む。

エネルギー消費（2020年度確報）

（単位：10＾15J［PJ］，％）

2013	2014	2015	2016	2017	2018	2019	2020
14,088	13,692	13,527	13,362	13,499	13,233	12,956	12,087
(▲0.5)	(▲2.8)	(▲1.2)	(▲1.2)	(＋1.0)	(▲2.0)	(▲2.1)	(▲6.7)
1,463	1,441	1,388	1,370	1,366	1,340	1,311	1,118
(＋2.3)	(▲1.5)	(▲3.7)	(▲1.3)	(▲0.4)	(▲1.9)	(▲2.1)	(▲14.7)
[10.4]	[10.5]	[10.3]	[10.3]	[10.1]	[10.1]	[10.1]	[9.3]
6,894	6,627	6,602	6,478	6,504	6,336	6,165	5,734
(▲0.8)	(▲3.9)	(▲0.4)	(▲1.9)	(＋0.4)	(▲2.6)	(▲2.7)	(▲7.0)
[48.9]	[48.4]	[48.8]	[48.5]	[48.2]	[47.9]	[47.6]	[47.4]
69	64	62	63	62	62	59	55
(▲0.9)	(▲8.0)	(▲3.0)	(＋1.3)	(▲0.3)	(▲0.8)	(▲5.0)	(▲6.3)
[0.5]	[0.5]	[0.5]	[0.5]	[0.5]	[0.5]	[0.5]	[0.5]
1,065	1,058	1,072	1,044	1,102	1,073	1,088	992
(▲1.5)	(▲0.7)	(＋1.3)	(▲2.6)	(＋5.5)	(▲2.6)	(＋1.4)	(▲8.8)
[7.6]	[7.7]	[7.9]	[7.8]	[8.2]	[8.1]	[8.4]	[8.2]
3,562	3,505	3,418	3,423	3,473	3,404	3,338	3,289
(▲0.2)	(▲1.6)	(▲2.5)	(＋0.1)	(＋1.5)	(▲2.0)	(▲1.9)	(▲1.5)
[25.3]	[25.6]	[25.3]	[25.6]	[25.7]	[25.7]	[25.8]	[27.2]
993	957	944	943	951	976	952	858
(▲2.2)	(▲3.6)	(▲1.4)	(▲0.2)	(＋0.9)	(＋2.6)	(▲2.5)	(▲9.9)
[7.1]	[7.0]	[7.0]	[7.1]	[7.0]	[7.4]	[7.3]	[7.1]
40	40	40	41	41	42	42	40
(＋4.5)	(▲0.1)	(＋2.0)	(＋2.1)	(＋0.2)	(＋1.9)	(＋0.7)	(▲5.5)
[0.3]	[0.3]	[0.3]	[0.3]	[0.3]	[0.3]	[0.3]	[0.3]

7. エネルギー起源CO_2

年度	1990	2010	2011	2012
エネルギー起源 CO_2 排出量	1,068	1,137	1,188	1,227
[前年度比%]		(+4.6)	(+4.5)	(+3.3)
〈2013年度比%〉	〈▲13.6〉	〈▲8.0〉	〈▲3.8〉	〈▲0.7〉
企業・事業所他部門	634	631	669	685
[前年度比%]		(+5.2)	(+6.0)	(+2.5)
[シェア%]	[59.4]	[55.5]	[56.3]	[55.8]
農林水産鉱業建設業	39	27	29	29
[前年度比%]		(▲2.5)	(+7.8)	(▲1.9)
[シェア%]	[3.7]	[2.4]	[2.5]	[2.3]
製造業	464	404	416	429
[前年度比%]		(+7.5)	(+3.1)	(+2.9)
[シェア%]	[43.5]	[35.5]	[35.1]	[34.9]
業務他	131	200	223	228
[前年度比%]		(+2.0)	(+11.5)	(+2.2)
[シェア%]	[12.3]	[17.6]	[18.8]	[18.6]
家庭部門	129	178	193	211
[前年度比%]		(+10.4)	(+8.4)	(+9.4)
[シェア%]	[12.1]	[15.7]	[16.3]	[17.2]
運輸部門	208	229	225	227
[前年度比%]		(+0.3)	(▲1.6)	(+0.8)
[シェア%]	[19.5]	[20.1]	[19.0]	[18.5]
エネルギー転換部門	96	99	101	104
[前年度比%]		(+1.0)	(+2.0)	(+2.9)
[シェア%]	[9.0]	[8.7]	[8.5]	[8.5]

(注1) 2018年度からエネルギー源別の標準発熱量の最新の改訂値が適用されている。
(注2) 各部門の最終エネルギー消費には非エネルギー用途消費を含む。

排出量の推移（2020年度確報）

（単位：百万ｔ－CO_2，％）

2013	2014	2015	2016	2017	2018	2019	2020
1,235 （＋0.7） 〈0.0〉	1,186 （▲4.0） 〈▲4.0〉	1,146 （▲3.3） 〈▲7.2〉	1,126 （▲1.7） 〈▲8.8〉	1,110 （▲1.5） 〈▲10.1〉	1,065 （▲4.0） 〈▲13.8〉	1,029 （▲3.4） 〈▲16.7〉	968 （▲5.9） 〈▲21.6〉
701 （＋2.3） [56.7]	676 （▲3.5） [57.0]	648 （▲4.1） [56.6]	629 （▲3.0） [55.8]	619 （▲1.5） [55.8]	599 （▲3.2） [56.3]	578 （▲3.6） [56.2]	538 （▲6.9） [55.6]
26 （▲10.4） [2.1]	26 （▲0.6） [2.2]	27 （＋6.7） [2.4]	28 （＋3.7） [2.5]	29 （＋1.9） [2.6]	25 （▲12.3） [2.4]	26 （＋2.8） [2.5]	26 （▲1.7） [2.6]
438 （＋2.2） [35.4]	422 （▲3.7） [35.6]	403 （▲4.4） [35.2]	390 （▲3.2） [34.6]	383 （▲1.7） [34.5]	376 （▲2.0） [35.3]	361 （▲4.0） [35.1]	329 （▲8.8） [34.0]
237 （＋4.2） [19.2]	229 （▲3.4） [19.3]	218 （▲5.0） [19.0]	211 （▲3.3） [18.7]	207 （▲1.7） [18.7]	198 （▲4.2） [18.6]	191 （▲3.7） [18.6]	184 （▲3.9） [19.0]
208 （▲1.8） [16.8]	193 （▲6.8） [16.3]	187 （▲3.5） [16.3]	185 （▲1.0） [16.4]	187 （＋1.0） [16.8]	166 （▲11.1） [15.6]	159 （▲3.9） [15.5]	167 （＋4.5） [17.2]
224 （▲1.2） [18.2]	219 （▲2.4） [18.5]	217 （▲0.7） [19.0]	215 （▲0.9） [19.1]	213 （▲1.0） [19.2]	210 （▲1.3） [19.8]	206 （▲2.2） [20.0]	185 （▲10.2） [19.1]
103 （▲1.2） [8.3]	97 （▲5.6） [8.2]	93 （▲3.5） [8.2]	97 （＋4.1） [8.6]	91 （▲6.6） [8.2]	90 （▲1.4） [8.4]	86 （▲4.3） [8.3]	79 （▲7.8） [8.2]

8. 2030年の

• 2030年に向けた一次エネルギー供給

(%)

	2010年度	2020年度	2030年度
化石エネルギー全体	**82**	**89**	**68**
(L N G)	**(19)**	**(18)**	**(18)**
(石 油)	**(40)**	**(37)**	**(31)**
(石 炭)	**(23)**	**(27)**	**(19)**
原 子 力	**11**	**2**	**9 ～ 10**
再生可能エネルギー	**7**	**9**	**22 ～ 23**

・2010年度, 2030年度は第6次エネルギー基本計画 (2021年10月), 2020年度はエネルギー需給実績 (経済産業省)

• 2030年に向けた取組目標

	2010年度	2020年度	2030年度※
ゼロエミッション電源比率[%]	**36**	**24**	**59**
(再生可能エネルギー)	**(10)**	**(20)**	**36 ～ 38**
(原 子 力)	**(26)**	**(4)**	**20 ～ 22**
原油換算エネルギー消費[億kl]	**3.8**	**3.1**	**2.8**
(産 業 ・ 業 務)	**(2.4)**	**(1.9)**	**(1.9)**
(家 庭)	**(0.6)**	**(0.5)**	**(0.3)**
(運 輸)	**(0.8)**	**(0.7)**	**(0.6)**
エネルギー起源CO_2排出量[t]	**11.4**	**9.7**	**6.7**
1次エネルギーに占める自給率[%]	**20**	**11**	**30**

・2010年度, 2030年度は第6次エネルギー基本計画 (2021年10月), 2020年度はエネルギー需給実績 (経済産業省) および日本の経済・エネルギー需給見通し (日本エネルギー経済研究所)

※ 2030年度の電源構成はさらに水素等が1%示されている。

エネルギーミックス

• 2030年に向けた電源構成

(%)

	2010年度	2020年度	2030年度※
化石エネルギー全体	**64**	**75**	**41**
（LNG）	**(28)**	**(38)**	**(20)**
（石油）	**(9)**	**(6)**	**(2)**
（石炭）	**(27)**	**(31)**	**(19)**
原子力	**26**	**4**	**20～22**
再生可能エネルギー	**10**	**20**	**36～38**

・2010年度，2030年度は第6次エネルギー基本計画（2021年10月），2020年度はエネルギー需給実績（経済産業省）

※これとは別に水素等が1%示されている。

• 2030年に向けたエネルギー源ごとの対策

再生可能エネルギー	原子力	化石エネルギー	水素・アンモニアほか	まとめ
主力電源化を徹底	低炭素の準国産エネルギー源	今後も重要なエネルギー源	カーボンニュートラルに必要不可欠な2次エネルギー	エネルギー源ごとの強みを最大限発揮し，多層的な供給構造を実現
①太陽光（調整力確保，系統ルール見直し） ②風力（適地の確保，地域との調整，コスト低減 ③地熱（投資リスクの低減，送配電網の整備） ④水力（デジタル技術活用，既存設備のリプレース） ⑤バイオマス（燃料の安定供給拡大，コスト低減）	燃料投入量に対するエネルギー出力が圧倒的に大きい。 使用済燃料対策，核燃料サイクル，最終処分，廃炉など様々な課題に対応が必要。	①天然ガス（安定供給，レジリエンス向上，バリューチェーン全体の脱炭素化） ②石油（供給源多角化，災害時に備えたサプライチェーン維持・供給網の強靭化 ③石炭（安定供給の確保を大前提にで電源構成の比率を低減させる）	産業・業務・家庭・運輸・電力部門において，エネルギーを供給することが可能であることから，カーボンニュートラル時代において中心的な役割が期待される。	エネルギーは人間のあらゆる活動を支える基盤であり，エネルギー政策の推進に当たっては，生産・調達から流通，消費までのエネルギーのサプライチェーン全体を俯瞰し，基本的な視点を明確にして中長期に取り組んでいくことが重要である。

9. 我が国のエネルギー需要関連各種指標

年　度	一次エネルギー総供給 10＾15J (A)	人　口 (千人) (B)	国内総生産 (実質価格・億円) (C)	一人当たり一次エネルギー総供給 10＾9J／人 (A／B)
1991	**20,390**	**123,157**	**4,763,694**	**165.6**
1992	**20,876**	**123,587**	**4,809,996**	**168.9**
1993	**21,179**	**123,957**	**4,821,905**	**170.9**
1994	**22,258**	**124,323**	**4,471,674**	**179.0**
1995	**22,685**	**124,655**	**4,590,576**	**182.0**
1996	**22,994**	**124,914**	**4,713,114**	**184.1**
1997	**23,332**	**125,257**	**4,720,055**	**186.3**
1998	**22,722**	**125,568**	**4,649,704**	**181.0**
1999	**22,880**	**125,860**	**4,674,811**	**181.8**
2000	**23,622**	**126,071**	**4,767,233**	**187.4**
2001	**22,875**	**126,285**	**4,746,854**	**181.1**
2002	**22,978**	**127,435**	**4,798,708**	**180.3**
2003	**23,047**	**127,694**	**4,907,559**	**180.5**
2004	**23,664**	**127,787**	**4,979,126**	**185.2**
2005	**23,784**	**127,768**	**5,071,580**	**186.1**
2006	**23,773**	**127,770**	**5,160,382**	**186.1**
2007	**23,795**	**127,771**	**5,254,699**	**186.2**
2008	**23,150**	**127,692**	**5,057,947**	**181.3**
2009	**21,686**	**127,510**	**4,955,589**	**170.1**
2010	**23,200**	**128,057**	**5,127,203**	**181.2**
2011	**22,047**	**127,799**	**5,146,951**	**172.3**
2012	**21,721**	**127,515**	**5,195,472**	**170.3**
2013	**21,980**	**127,298**	**5,297,654**	**172.7**
2014	**21,050**	**127,083**	**5,247,825**	**165.6**
2015	**20,934**	**127,095**	**5,167,859**	**164.7**
2016	**21,292**	**126,933**	**5,234,736**	**167.7**
2017	**21,320**	**126,706**	**5,475,860**	**168.3**
2018	**21,045**	**126,443**	**5,483,670**	**166.4**
2019	**20,508**	**126,167**	**5,256,583**	**162.5**
2020	**18,669**	**126,146**	**5,273,884**	**148.0**

(出所) エネルギー需給実績（経済産業省），人口推計（総務省），国内総生産（内閣府），鉱工業生産指数（経済産業省），各年度で基準率が異なることがある。

(対人口，国内総生産，鉱工業生産－原単位等)

国内総生産当たり一次エネルギー総供給 10＾9J／億円 (A／C)	製造業最終エネルギー消費 10＾15J (D)	製造業鉱工業生産指数 (IIP) 2015年＝100 (E)	IIP当たりの最終エネルギー消費 (D／E)
4,280.2	6,166	101.6	60.7
4,340.1	6,077	95.4	63.7
4,392.2	5,977	91.7	65.2
4,977.6	6,227	92.6	67.2
4,941.6	6,379	95.6	66.7
4,848.7	6,520	97.8	66.7
4,943.2	6,639	101.3	65.5
4,886.8	6,267	93.3	67.2
4,894.3	6,459	95.8	67.4
4,955.1	6,567	99.9	65.7
4,819.0	6,305	90.8	69.4
4,788.4	6,450	93.3	69.1
4,696.2	6,931	95.4	72.7
4,752.6	6,581	99.1	66.4
4,689.7	6,617	100.7	65.7
4,606.8	6,877	105.3	65.3
4,528.3	6,798	108.1	62.9
4,577.0	6,052	101.0	59.9
4,376.1	5,901	91.4	64.6
4,524.9	6,381	99.4	64.2
4,283.5	6,241	98.7	63.2
4,180.8	6,073	95.8	63.4
4,149.0	5,950	98.9	60.2
4,011.2	5,813	98.4	59.1
4,073.2	5,850	99.8	58.6
4,067.4	5,771	100.6	57.4
3,893.4	5,839	103.5	56.4
3,837.7	5,754	103.8	55.4
3,901.4	5,634	99.9	56.4
3,539.9	5,101	90.3	56.5

10. 家庭用エネルギー需要の推移

年度		灯　油	LPガス	都市ガス	電　気
2011	使用量	10,196	3,937	9,519	290,208
	(前年度比%)	(96.5)	(90.3)	(99.9)	(95.1)
	構成比	18.3	9.8	20.8	51.1
2012	使用量	9,746	4,173	9,518	287,343
	(前年度比%)	(95.6)	(106.0)	(100.0)	(99.0)
	構成比	17.6	10.4	21.0	51.0
2013	使用量	9,221	4,422	10,154	285,180
	(前年度比%)	(94.6)	(106.0)	(106.7)	(99.2)
	構成比	17.0	11.0	21.0	51.0
2014	使用量	8,618	4,048	9,820	273,938
	(前年度比%)	(93.5)	(91.5)	(96.7)	(96.1)
	構成比	16.4	10.6	21.7	51.3
2015	使用量	8,013	4,001	9,538	267,638
	(前年度比%)	(92.9)	(98.8)	(97.1)	(97.7)
	構成比	15.7	10.8	21.6	51.8
2016	使用量	9,129	3,902	9,896	269,279
	(前年度比%)	(113.9)	(97.5)	(103.8)	(100.6)
	構成比	17.5	10.3	21.4	50.8
2017	使用量	9,379	4,165	10,365	273,283
	(前年度比%)	(102.7)	(106.7)	(104.7)	(101.5)
	構成比	18.1	10.5	21.6	49.7
2018	使用量	8,105	3,736	10,168	260,726
	(前年度比%)	(86.4)	(89.7)	(98.1)	(95.4)
	構成比	14.0	8.9	19.7	57.4
2019	使用量	8,064	4,081	10,164	252,062
	(前年度比%)	(99.5)	(109.2)	(100.0)	(96.7)
	構成比	16.2	11.3	22.4	50.1
2020	使用量	8,459	4,105	10,854	264,567
	(前年度比%)	(104.9)	(100.6)	(106.8)	(105.0)
	構成比	16.2	10.8	22.8	50.1

・灯油は千kl，LPガスは千トン，都市ガスは百万m^3，電気は百万kWh。
・構成比はエネルギー原単位での比較。
出所：総合エネルギー統計（経済産業省）

11. 業種別エネルギー消費量

業　　種	注2) 合　計 (原油換算) (kℓ)	うち指定生産品目分 (原油換算) (kℓ)	燃料計 (原油換算) (kℓ)	石油系燃料 (原油換算) (kℓ)	注1) 原油 (kℓ)	ガソリン (kℓ)	ナフサ (kℓ)	改質生成油 (kℓ)
合　　計	197,612,261	145,862,346	185,104,317	74,324,947	123,541	45,784	31,023,551	15,101,547
ネ ッ ト	154,578,589		142,070,645					
重複事業所分補正量	4,239,335	–	3,921,353	128,359	–	1,151	–	–
パルプ･紙･板紙工業	11,689,861	10,207,502	11,195,104	929,290	…	80	–	–
化学工業	75,212,621	60,182,766	71,642,606	56,926,570	123,541	198	30,847,139	15,101,547
化学繊維工業	2,191,262	535,311	1,893,714	426,870	…	56	–	–
石油製品工業	13,654,082	12,051,302	13,139,656	12,615,406	…	186	176,412	–
窯業･土石製品工業	9,559,260	6,438,001	9,122,087	1,742,504	…	348	–	–
ガラス製品工業	498,844	483,448	393,397	49,682	…	–	–	–
鉄　鋼　業	83,745,996	52,050,437	79,142,846	1,262,776	…	1,462	–	–
非鉄金属地金工業	1,082,585	918,925	553,487	241,969	…	52	–	–
機械工業	4,217,087	2,994,655	1,942,773	258,240	…	44,553	–	–

出所：石油等消費動態統計

注1）原油にはNGL・コンデンセートを含む。

注2）合計，化学工業，窯業・土石製品工業，鉄鋼業については，ネットの数値（家電下段）を表示。

1. 本表は，9調査対象業種に属する事業所について，業種別に事業所ベース（事業所全体）のエネルギー消費量を種別ごとに集計した結果である。
2. 業種を積み上げた合計は，本調査対象業種を兼業している事業所があるため事業所の重複排除を行っており，この事業所の重複分は「重複事業所分補正量」としてマイナス計上してある。
3. 「合計」欄は，燃料，購入電力，自家発電力（水力のみ），受入蒸気を合計した値（原油換算）である。

（事業所ベース）（2021年）（1）

灯　油 (kℓ)	軽　油 (kℓ)	重油計 (kℓ)	A重油 (kℓ)	B·C重油 (kℓ)	炭　化水素油 (kℓ)	液化石油ガス (t)	石油系炭化水素ガス (1000m³)	オイルコークス (t)	アスファルト (t)	再生油(石油由来) (kℓ)
948,292	227,186	4,449,319	599,076	3,850,243	1,609,584	5,221,355	12,289,031	3,562,542	350,543	389,967
9,237	5,070	54,458	7,861	46,597	–	6,590	–	54,521	–	–
6,430	3,755	667,731	66,403	601,328	45,392	22,938	–	114,585	–	26,946
679,022	156,956	1,106,941	53,839	1,053,102	1,129,924	4,554,098	5,173,740	1,430,985	–	22,093
2,156	159	192,317	24,727	167,590	336	4,234	–	247,464	–	–
118,127	2,987	1,584,851	152,706	1,432,145	89,493	297,116	7,115,245	502,762	350,543	–
16,696	12,969	411,218	31,549	379,669	219,965	20,576	–	818,264	–	302,113
107	33	41,011	3,337	37,674	–	561	–	–	–	4,598
84,342	25,112	317,885	161,852	156,033	82,668	239,043	46	499,213	–	1,438
15,675	3,426	129,288	59,996	69,292	41,798	6,264	–	3,790	–	32,779
34,954	26,859	52,535	52,528	7	8	83,115	–	–	–	–

4. 指定生産品目分のエネルギー消費量は，調査対象事業所が利用上の注意の第１表の「指定生産品目」欄に掲げる品目の生産のために消費した一次投入のエネルギー消費量を集計した結果である。
5. 「…」は非調査項目または不詳，「－」は実績なし。
6. 燃料種別ごとの消費量（原料用消費を含む）は調査対象事業所において他の事業所から受け入れた分と事業所内で他の燃料から転換した分の消費量の合計である。
7. 原油換算値は38,721kJ/lである。
8. 原油には天然ガス液（NGL）を含む。
9. 石炭にはコークス製造用炭（原料炭）を含む。
10. 石炭コークスにはピッチコークスを含む。
11. 都市ガスは41,860kJ/m³換算値である。
12. 電力の換算値は3,600kJ/kWhである。

11. 業種別エネルギー消費量

業種	注2) 合計 (原油換算) (kℓ)	うち指定生産品目分 (原油換算) (kℓ)	燃料計 (原油換算) (kℓ)	石油系燃料 (原油換算) (kℓ)	注1) 原油 (kℓ)	ガソリン (kℓ)	ナフサ (kℓ)	改質生成油 (kℓ)
合計	7,647,594,696	5,644,872,924	7,163,537,271	2,876,375,640	4,299,227	1,529,208	1,033,084,248	508,922,134
ネット	5,982,191,586		5,498,134,161		–		–	–
重複事業所分補正量	164,062,281	–	151,756,351	4,967,510	…	38,443	–	–
パルプ・紙・板紙工業	452,397,636	395,030,360	433,250,545	35,963,539	4,299,227	2,672	1,027,209,729	508,922,134
化学工業	2,910,728,458	2,329,073,045	2,772,568,886	2,203,058,283	…	6,613	–	–
	2,646,466,052		2,508,306,480					
化学繊維工業	84,801,834	20,716,533	73,286,753	16,519,863	…	1,870	5,874,520	–
石油製品工業	528,412,983	466,385,373	508,504,681	488,216,219	…	6,212	–	–
窯業・土石製品工業	369,943,364	249,150,632	353,024,782	67,434,937	…	11,623	–	–
	369,943,364		353,024,782					
ガラス製品工業	19,305,279	18,709,445	15,224,474	1,922,688	…	–	–	–
鉄鋼業	3,240,970,062	2,014,351,920	3,062,828,162	48,869,462	…	48,831	–	–
	1,839,829,358		1,661,687,458					
非鉄金属地金工業	41,896,025	35,562,407	21,419,950	9,364,190	…	1,737	–	–
機械工業	163,201,335	115,893,209	75,185,389	9,993,968		1,488,093	–	–

（事業所ベース）（2021年）（2）

灯　油 (kℓ)	軽　油 (kℓ)	重油計 (kℓ)	A重油 (kℓ)	B·C 重油 (kℓ)	炭　化 水素油 (kℓ)	液化 石油ガス (t)	石油系 炭化水素ガス (1000m³)	オイル コークス (t)	アス ファルト (t)	再生油 (石油由来) (kℓ)
34,612,245	8,633,031	184,246,589	23,305,117	160,941,472	64,384,014	261,593,321	626,740,581	118,632,649	14,021,720	15,676,673
337,151	192,660	2,253,548	305,793	1,947,755	–	330,159	–	1,815,549	–	–
234,696	142,690	27,719,044	2,583,496	25,135,547	1,816,334	1,149,194	–	3,815,681	–	1,083,229
24,784,303	5,964,328	46,114,001	2,094,337	44,019,664	45,196,960	228,160,310	263,860,740	47,651,801	–	888,139
78,694	6,042	7,967,142	961,880	7,005,262	13,440	212,123	–	8,240,551	–	–
4,311,636	113,506	65,803,924	5,940,263	59,863,661	3,579,720	14,885,512	362,877,495	16,741,975	14,021,720	–
609,404	492,822	17,098,497	1,227,256	15,871,241	8,798,600	1,030,858	–	27,248,191	–	12,144,943
3,906	1,254	1,704,583	129,809	1,574,773	–	28,106	–	–	–	184,840
3,078,502	954,252	12,818,477	6,296,096	6,522,381	3,306,720	11,978,734	2,346	16,623,793	–	57,808
572,138	130,166	5,230,480	2,334,075	2,896,406	1,671,920	313,826	–	126,207	–	1,317,716
1,276,117	1,020,630	2,043,990	2,043,697	293	320	4,164,818	–	–	–	–

12. OPEC諸国の石油収入

（単位：百万USドル）

年	2016	2017	2018	2019	2020
アルジェリア	18,638	22,353	26,092	22,674	13,169
アンゴラ	25,935	31,550	36,323	32,246	18,704
コンゴ	−	−	4,455	7,072	3,687
エクアドル	5,442	6,914	9,832	−	−
赤道ギニア※	−	4,689	5,353	2,644	1,769
ガボン	4,198	3,695	4,218	4,767	2,875
イラン	41,123	52,728	60,198	19,233	7,656
イラク	43,753	59,730	68,192	80,027	44,287
クウェート	41,461	50,683	58,393	52,433	35,231
リビア	9,313	15,014	17,141	24,188	5,711
ナイジェリア	27,788	38,607	54,513	45,106	27,730
サウジアラビア	134,373	159,742	194,358	202,370	119,369
UAE	45,559	65,641	74,940	49,636	32,943
ベネズエラ	25,142	31,449	34,674	22,492	7,960
OPEC合計	445,683	578,293	644,227	564,889	321,091

出所：OPEC統計

※赤道ギニアは2017年加盟，コンゴは2018年加盟，エクアドルは2020年脱退。

13. OPEC

2016年6月2日	OPEC定例総会（第169回） ①生産目標決められず閉会，イランが国別生産枠を提案，了承得られず。 ②次回定例総会は2016年11月30日にウィーンで開催する。
9月28日	OPEC臨時総会（第170回） ①OPEC14カ国の生産目標を3,250万～3,300万BDの間とし，減産に合意。11月のOPEC総会で正式決定。 ②次回定例総会は2016年11月3日にウィーンで開催する。
11月30日	OPEC定例総会（第171回） ①2017年1月1日より原油生産を約120万BD減産し，生産枠を3,250万BDを上限とすることで決定。 ②上記の合意はロシアを含む非OPEC諸国が60万BD削減する協議と理解のもとに合意された。 ③次回定例総会は2017年5月25日にウィーンで開催する。
2017年5月25日	OPEC定例総会（第172回） ①第171回定例総会で決めた減産を2017年7月からさらに9カ月延長することを決定。 ②次回の定例総会は2017年11月30日にウィーンで開催する。
11月30日	OPEC定例総会（第173回） ①現在の生産枠を2018年12月まで延長。 ②次回定例総会は2018年6月22日にウィーンで開催する。
2018年6月22日	OPEC定例総会（第174回） ①減産超過の状態を是正し現在の生産枠を遵守することを決議。 ②ロシアなど非OPEC加盟国も減産超過の状態を是正。 ③次回定例総会は2018年12月3日にウィーンで開催。
9月23日	OPEC加盟国・非加盟国会合（アルジェリア） ①11月5日に米国が発動するイラン制裁にともなうイラン原油の供給減について協議。 ②追加増産を見送り2018年6月の減産水準を遵守する。
12月6日	OPEC定例総会（第175回） ①2019年1月から6月まで，80万BD追加減産する。 ②次回定例総会は2019年4月にウィーンで開催（その後開催見送り）。

最 近 の 動 き

2018年12月 7 日	OPEC加盟国・非加盟国会合（アルジェリア） ①2019年 1 月から 6 月まで，OPECに協調して40万BD追加減産する。 ②次回会合は2019年 4 月にウィーンで開催（その後開催見送り）。
2019年 7 月 1 日	OPEC定例総会（第176回） ①現在の生産枠を2020年3月末まで延長する。 ②モハメド・サヌシ・バーキンド事務総長を再任。 ③次回定例総会は2019年12月 5 日，ウィーンで開催する。
7 月 2 日	OPEC加盟国・非加盟国会合（オーストリア・ウィーン） ①協調減産を2020年 3 月末まで延長する。 ②追加増産を見送り2018年 6 月の減産水準を遵守する。 ③12月 6 日にウィーンで会合を開く。
12月 6 日	OPEC定例総会（第177回） ①2020年 1 月からOPEC・非OPEC合計で50万BDの追加減産を実施する。 ②2020年 3 月 5 日に臨時総会，6 月 9 日に定例総会をウィーンで開催する。
12月 7 日	OPEC加盟国・非加盟国会合（オーストリア・ウィーン） ①2020年 1 月からOPEC・非OPEC合計で50万BDの追加減産を実施する。 ②次回会合は2020年 3 月 6 日，ウィーンで開催する。
2020年 3 月 5 日	OPEC臨時総会（第178回） ①2020年 1 月からOPEC・非OPEC合計で150万BDの追加減産に合意。 ②追加減産は，ロシアなどOPEC非加盟国の同意が条件。
3 月 6 日	OPEC加盟国・非加盟国会合（オーストリア・ウィーン） ①ロシアが前日のOPEC加盟国の合意に難色を示し交渉が決裂。 ②2020年 3 月末でOPEC・非OPECの協調減産を解消。
4 月 9 ～12日	OPEC加盟国・非加盟国会合 （新型コロナ感染防止対策のためテレビ会議で開催） ①2020年 5 月から 6 月まで，OPEC・非OPEC合計で970万BDを減産する。 ②2020年 7 月から12月まで，合計で770万BDを減産する。

	③2021年1月から2022年4月まで，合計770万BDを減産する。 ④協調減産のベースは，サウジとロシアを除き2018年10月の生産水準。 ⑤サウジとロシアは1100万BDがベースとなる。 ⑥4月10日にG20エネルギー大臣会合をテレビ会議で開催。 ⑦次回会合は6月10日にテレビ会議で開催する。
2020年6月6日	OPEC加盟国・非加盟国会合 （新型コロナ感染防止対策のためテレビ会議で開催） ①2020年5月から6月まで実施している協調減産を7月まで延長する。 ②減産未達の国々は7～9月で追加減産し対応する。 ③共同閣僚監視委員会を2020年12月まで毎月開催し減産順守状況を確認する。 ④協調減産とは別に追加減産（サウジ100万BD，UAE10万BD，クウェート8万BD，オマーン1～1.5万BD）のほか，ノルウェーやカナダなどの追加減産状況を確認。 ⑤次回会合は12月1日にウィーンで開催する。
12月3日	OPEC加盟国・非加盟国会合 （新型コロナ感染防止対策のためテレビ会議で開催） ①2021年1月から協調減産を50万BD緩和する。
2021年1月5日	OPEC加盟国・非加盟国会合 （新型コロナ感染防止対策のためテレビ会議で開催） ①OPEC加盟国・非加盟国で2月は7.5万BD，3月は7.5万BD緩和する。 ②サウジアラビアは別枠で2月から3月にかけて100万BD自主減産する。
4月1日	OPEC加盟国・非加盟国会合 （新型コロナ感染防止対策のためテレビ会議で開催） ①OPEC加盟国・非加盟国で5月から7月まで毎月30～50万BD協調減産を緩和（合計110万BD）する。 ②サウジアラビアは4月以降も別枠での100万BDの自主減産を継続するが，段階的に縮小し7月までにゼロにする。 ③ロシアに13万BD，カザフスタンに2万BDの減産緩和を認める。
6日1日	OPEC加盟国・非加盟国会合 （新型コロナ感染防止対策のためテレビ会議で開催） ①OPEC加盟国・非加盟国で現行の協調減産方針を継続する。

2021年7月18日	OPEC加盟国・非加盟国会合 （新型コロナ感染防止対策のためテレビ会議で開催） ①OPEC加盟国・非加盟国で8月以降は毎月40万BDずつ協調減産を緩和する。 ②2022年5月にUAEの基準生産量を163万BD引き上げる。
9月1日	OPEC加盟国・非加盟国会合 （新型コロナ感染防止対策のためテレビ会議で開催） ①OPEC加盟国・非加盟国で10月も現行の協調減産方針（前月比40万BD緩和）を継続する。
10月4日	OPEC加盟国・非加盟国会合 （新型コロナ感染防止対策のためテレビ会議で開催） ①OPEC加盟国・非加盟国で11月も現行の協調減産方針（前月比40万BD緩和）を継続する。
11月4日	OPEC加盟国・非加盟国会合 （新型コロナ感染防止対策のためテレビ会議で開催） ①OPEC加盟国・非加盟国で12月も現行の協調減産方針（前月比40万BD緩和）を継続する。
12月2日	OPEC加盟国・非加盟国会合 （新型コロナ感染防止対策のためテレビ会議で開催） ①OPEC加盟国・非加盟国で2022年1月も現行の協調減産方針（前月比40万BD緩和）を継続する。
2022年1月4日	OPEC加盟国・非加盟国会合 （新型コロナ感染防止対策のためテレビ会議で開催） ①OPEC加盟国・非加盟国で2月も現行の協調減産方針（前月比40万BD緩和）を継続する。 ②1月3日の特別会合で2022年7月31日にバーキンド現事務総長の後任にクウェートのアルガイス元OPEC理事を次期事務局長に選出した。
2月2日	OPEC加盟国・非加盟国会合 （新型コロナ感染防止対策のためテレビ会議で開催） ①OPEC加盟国・非加盟国で3月も現行の協調減産方針（前月比40万BD緩和）を継続する。
3月2日	OPEC加盟国・非加盟国会合 （新型コロナ感染防止対策のためテレビ会議で開催） ①OPEC加盟国・非加盟国で4月も現行の協調減産方針（前月比40万BD緩和）を継続する。

2022年3月31日	OPEC加盟国・非加盟国会合 (新型コロナ感染防止対策のためテレビ会議で開催) ①OPEC加盟国・非加盟国で5月の協調減産について前月比43.2万BD緩和する。 ②減産目標未達成国は6月末までに追加減産を実施する。
5月5日	OPEC加盟国・非加盟国会合 (新型コロナ感染防止対策のためテレビ会議で開催) ①OPEC加盟国・非加盟国で6月の協調減産について前月比43.2万BD緩和する。
6月2日	OPEC加盟国・非加盟国会合 (新型コロナ感染防止対策のためテレビ会議で開催) ①OPEC加盟国・非加盟国で7月の協調減産について前月比64.8万BD緩和する。
6月30日	OPEC加盟国・非加盟国会合 (新型コロナ感染防止対策のためテレビ会議で開催) ①OPEC加盟国・非加盟国で8月の協調減産について前月比64.8万BD緩和する。
8月3日	OPEC加盟国・非加盟国会合 (新型コロナ感染防止対策のためテレビ会議で開催) ①OPEC加盟国・非加盟国で9月の協調減産について前月比10万BD減産する。
9月5日	OPEC加盟国・非加盟国会合 (新型コロナ感染防止対策のためテレビ会議で開催) ①OPEC加盟国・非加盟国で10月の協調減産について前月比10万BD緩和する。
10月5日	OPEC加盟国・非加盟国会合 (対面式で開催) ①OPEC加盟国・非加盟国で11～12月の協調減産について前月比200万BD減産する。
12月4日	OPEC加盟国・非加盟国会合 (テレビ会議で開催) ①OPEC加盟国・非加盟国で2023年1月以降の協調減産について現行の減産水準を維持する。 ②次回会合は2023年6月4日に開催する。 ③次回会合までの間，必要があれば追加の措置をとることを確認する。

V　原油・石油製品需給

1. IEAによる世界の石油需要見通し

（単位：百万バレル／日）

	2010	2020	(A) 現行政策		(B) 新政策シナリオ		持続可能な開発シナリオ	
			2030	2050	2030	2050	2030	2050
北米	22.2	20.1	21.3	16.7	18.0	7.7	17.7	6.8
（米国）	17.8	16.4	17.4	13.4	14.7	5.4	14.6	5.4
中南米	5.5	5.0	5.4	6.0	4.8	4.0	4.5	2.4
（ブラジル）	2.3	2.3	2.4	2.5	1.9	1.1	1.9	1.0
欧州	13.9	11.9	10.4	6.4	9.0	3.6	8.7	2.2
（EU）	10.6	8.9	7.4	4.1	6.2	1.4	6.2	1.3
アフリカ	3.3	3.6	5.1	8.4	5.0	7.9	4.6	4.3
中東	6.6	6.7	8.2	10.2	8.2	10.2	7.2	6.1
ユーラシア	3.2	3.7	4.4	4.5	4.4	4.5	4.0	2.6
（ロシア）	2.6	3.0	3.5	3.1	3.5	3.1	3.2	2.0
アジア太平洋	25.0	30.8	38.5	38.8	37.8	30.1	33.0	17.2
（中国）	8.8	13.3	15.7	13.4	15.7	6.4	13.6	5.9
（インド）	3.3	4.4	7.2	9.2	7.2	9.2	6.0	4.1
（日本）	4.2	3.1	2.8	1.8	2.4	0.8	2.4	0.8
（東南アジア）	4.0	4.7	6.6	7.7	6.6	7.6	5.6	3.2
バンカー	7.0	6.1	9.6	11.9	8.9	8.8	7.9	5.4
世界合計 ※1	86.7	87.9	103.0	103.0	96.1	76.7	87.6	47.0

※1　持続可能なシナリオ：パリ協定に基づくシナリオ。
出所：IEA WORLD ENERGY OUTLOOK
四捨五入の関係で合計が合わないことがある。

2. 世界主要国(地域)別製油所精製能力(2021年)

	2020年	2021年	前年比	構成比		2020年	2021年	前年比	構成比
米　国	14,212	15,148	106.6	19.1	ロシア	5,504	5,723	104.0	7.2
カナダ	1,585	1,653	104.3	2.1	その他CIS	990	1,036	104.6	1.3
メキシコ	591	712	120.6	0.9	CIS 計	6,494	6,759	104.1	8..5
北　米　計	16,387	17,513	106.9	22.1	イラン	2,193	2,344	106.9	3.0
アルゼンチン	417	472	113.1	0.6	イラク	536	616	115.0	0.8
ブラジル	1,769	1,818	102.8	2.3	クウェート	539	643	119.1	0.8
コロンビア	330	364	110.3	0.5	サウジアラビア	2,397	2,766	115.4	3.5
ベネズエラ	123	169	136.8	0.2	UAE	936	939	100.4	1.2
その他中南米	638	742	116.3	0.9	その他中東	1,213	1,242	109.4	1.6
中南米計	3,277	3,565	108.8	4.5	中　東　計	7,814	8,550	109.4	10.8
ベルギー	545	577	106.0	0.7	アフリカ計	1,793	1,801	100.5	2.3
フランス	665	686	103.2	0.9	オーストラリア	388	286	73.7	0.4
ドイツ	1,685	1,691	100.4	2.1	中　国	13,824	14,461	104.6	18.3
ギリシャ	445	474	106.4	0.6	インド	4,493	4,792	106.6	6.0
イタリア	1,105	1,223	110.7	1.5	インドネシア	826	824	99.8	1.0
オランダ	1,134	1,195	105.3	1.5	日　本	2,492	2,488	99.8	3.1
ノルウェー	237	235	99.1	0.3	シンガポール	798	816	102.3	1.0
ポーランド	516	497	96.4	0.6	韓　国	2,679	2,634	98.3	3.3
スペイン	1,105	1,143	103.5	1.4	台　湾	726	770	106.1	1.0
スウェーデン	349	366	105.1	0.5	タ　イ	982	976	99.4	1.2
英　国	880	879	99.8	1.1	その他アジア太平洋	1,427	1,540	107.9	1.9
その他欧州	2,525	2,487	98.5	3.1	アジア太平洋計	28,635	29,587	103.3	37.3
欧　州　計	11,191	11,453	102.3	14.5	合　　計	75,591	79,229	104.8	100.0

出所：BP統計

3. 世界主要国(地域)別石油輸出入数量(2021年)

(1,000B/D)

国・地域	輸入			輸出		
	原油(A)	製品(B)	(A)+(B)	原油(A)	製品(B)	(A)+(B)
米国	6,118	2,359	8,477	2,782	5,110	7,892
カナダ	480	640	1,120	3,965	701	4,666
メキシコ	※1	1,232	1,232	1,062	172	1,234
中南米	438	2,211	2,649	2,493	494	2,987
欧州	9,393	4,129	13,522	731	2,310	3,041
ロシア	※1	39	39	5,293	2,941	8,234
その他CIS	320	144	464	1,750	370	2,120
イラク	※1	174	174	3,586	257	3,843
クウェート	※1	20	20	1,775	507	2,282
サウジアラビア	※1	337	337	6,491	1,205	7,696
UAE	64	664	728	2,933	1,813	4,746
その他中東	375	411	786	1,947	1,305	3,252
北アフリカ	187	645	832	1,715	949	2,664
西アフリカ	9	962	971	3,763	179	3,942
東南アフリカ	248	858	1,106	97	57	154
大洋州	299	547	846	185	112	297
中国	10,562	2,162	12,724	31	1,266	1,257
インド	4,203	1,032	5,235	1	1,449	1,450
日本	2,451	899	3,350	8	229	237
シンガポール	944	1,920	2,864	20	1,441	1,461
その他アジア太平洋	5,163	4,224	9,387	767	2,742	3,509
輸入合計	41,346	25,612	66,958	41,346	25,612	66,958

出所：BP統計
(注)：域内の移動は含まない。
※1．50B/D以下
その他CIS＝独立国家共同体（旧ソ連からロシアを除いた数値）。

4. 石油（原油・製品）

	カナダ	メキシコ	米国	中南米	欧州	ロシア	その他CIS
カナダ	–	–	187.1	0.7	4.1	–	–
メキシコ	–	–	29.0	0.1	7.6	–	–
米国	15.5	–	–	8.3	51.4	※1	※1
中南米	0.6	※1	29.2	–	11.2	※1	–
欧州	0.1	–	4.4	0.5	–	※1	0.1
ロシア	–	–	9.9	0.7	138.7	–	15.7
その他CIS	0.6	–	0.9	0.1	67.0	※1	–
イラク	–	–	7.6	0.7	47.5	※1	※1
クウェート	–	–	1.0	–	※1	–	–
サウジアラビア	3.5	–	17.7	3.2	28.5	–	0.1
UAE	–	–	0.8	※1	0.1	※1	–
その他中東	–	–	0.1	※1	1.0	–	※1
北アフリカ	0.1	–	5.4	1.6	57.8	–	0.1
西アフリカ	3.5	–	9.7	5.6	51.7	※1	※1
東南アフリカ	※1	–	0.4	0.1	0.9	※1	–
南洋州	※1	–	–	※1	※1	–	–
中国	–	–	–	–	–	–	–
インド	–	–	–	※1	※1	–	–
日本	※1	–	–	※1	※1	–	–
シンガポール	–	–	–	※1	※1	–	–
その他アジア大洋州	※1	–	1.2	※1	0.1	–	–
輸入合計	23.9	※1	304.7	21.8	467.7	※1	15.9

出所：BP統計
※1．0.05以下
その他CIS＝独立国家共同体（旧ソ連からロシアを除いた数値）。

国際貿易量（2021年）

（単位：100万トン）

中　東	アフリカ	南洋州	中　国	インド	日　本	シンガポール	その他アジア大洋州	輸　出合　計
※1	※1	−	3.9	0.6	−	※1	1.0	197.4
0.1	−	−	0.4	7.9	0.1	−	7.7	52.9
0.4	0.4	0.6	11.5	20.5	0.9	3.9	25.1	138.5
1.1	0.4	−	57.6	10.5	2.5	6.0	5.0	124.1
0.2	0.2	※1	21.2	3.6	0.2	0.3	5.6	36.4
−	−	0.3	79.6	4.5	4.4	0.6	9.1	263.6
3.5	1.0	0.2	4.8	1.2	0.1	※1	7.7	87.1
0.9	1.3	−	54.1	52.0	0.4	0.8	10.8	176.1
※1	2.6	0.1	30.2	13.6	10.5	0.5	29.8	88.4
10.9	8.9	−	87.6	34.3	48.7	4.7	75.3	323.2
※1	0.5	4.2	31.9	23.0	41.6	13.2	30.6	146.1
※1	※1	※1	53.9	7.4	10.8	7.3	16.4	97.0
0.9	※1	0.4	6.7	4.5	0.5	0.5	7.0	85.4
3.5	6.6	1.5	59.9	24.5	−	3.1	17.6	187.4
※1	※1	−	0.7	1.7	0.2	0.1	0.5	4.8
0.2	※1	−	0.5	−	0.2	2.5	5.7	9.2
−	−	−	−	0.1	−	0.1	1.4	1.6
※1	※1	※1	−	−	−	※1	※1	0.1
−	※1	−	−	0.1	−	−	0.3	0.4
※1	※1	0.6	−	−	−	−	0.4	1.0
0.2	0.1	6.9	21.7	3.7	1.0	3.3	−	38.2
21.8	22.1	14.9	526.0	213.7	122.1	47.0	257.1	2,058.9

5. 主要石油輸出港からわが国（横浜）までの距離と基準タンカー運賃

（単位：ドル／トン）

地域	国名	積出港	距離（海里）	2021.1.1	2022.1.1
中東	サウジアラビア	ラス・タヌラ	6,594	20.46	22.33
	イラン	カーグ島	6,654	21.23	23.11
	イラク	バスラ	6,788	20.67	23.80
	クウェート	ミナ・アル・アマディ	6,718	21.23	23.14
	旧中立地帯	ラス・アル・カフジ	6,685	20.76	22.68
	カタール	メサイード	6,543	20.80	22.68
	アブダビ	ジュベル・ダンナ	6,483	20.58	22.43
東南アジア	インドネシア	デュマイ	3,094	11.58	12.56
	ブルネイ	セリア	2,437	9.52	10.29
	シンガポール	シンガポール	2,892	10.46	11.35
東アジア	ロシア	ナホトカ	905	5.80	6.16
	中国	大連	1,244	6.39	6.89
	韓国	ウルサン	667	4.78	5.11
	台湾	高雄	1,337	6.30	6.76
西アフリカ	ナイジェリア	フォルカドス	11,017	32.73	35.79
北アメリカ	アメリカ	ロサンゼルス	4,840	16.33	17.89
	メキシコ	サリナ・クリス	6,600	20.65	22.59
南アメリカ	ベネズエラ	プエルト・ラ・クルツ	8,361	28.78	31.65
	ペルー	プエルト・バヨバール	8,000	24.86	27.15
大洋州	オーストラリア	ジーロン	4,901	16.95	18.52

※世界の主要石油積出港から日本（横浜）までの基準タンカー運賃。
単位ドル/トン，フォルカドス～横浜はケープタウン経由，プエルト・ラ・クルツ～横浜はパナマ経由。

6. 我が国の原油需

年度		期初在庫	供	
			国産	輸
				精製用
2010	上	16,680	395	99,253
	下	16,134	458	109,363
	計		853	208,616
2011	上	16,468	373	93,988
	下	15,626	452	91,923
	計		824	195,910
2012	上	16,509	367	95,736
	下	16,355	392	99,954
	計		759	195,688
2013	上	15,757	324	95,527
	下	14,283	344	101,857
	計		668	197,384
2014	上	14,382	313	91,382
	下	14,054	313	95,844
	計		626	187,046
2015	上	15,904	284	96,004
	下	14,199	294	98,511
	計		591	194,515
2016	上	14,173	268	94,602
	下	12,525	282	96,446
	計		549	191,047
2017	上	12,924	277	91,368
	下	12,219	269	93,723
	計		546	185,091
2018	上	12,365	235	86,480
	下	12,659	269	89,902
	計		504	176,382
2019	上	12,773	263	86,201
	下	11,977	262	86,637
	計		524	172,838
2020	上	13,029	253	65,682
	下	12,559	259	70,781
	計		512	136,463
2021	上	9,884	239	68,586
	下	9,659	234	78,661
	計		473	147,246

出所:「資源・エネルギー統計年報」などをもとに一部石油通信社推計。非精製用原油については，消費＝輸入。電力用消費は発受電速報（電気事業連合会）を参考にした。
なお，2016年度以降の非精製用原油は10電力会社の消費のみ（在庫を含まない）

給実績の推移

（単位：1,000kℓ）

給		需 要	
入		石油製品生産	非精製用出荷
非精製用	計		電　力　用
3,086	102,339	100,621	2,570
2,656	112,019	107,702	2,181
5,742	214,357	208,323	4,751
4,470	98,458	94,153	3,469
8,792	110,715	102,567	8,076
13,263	209,173	196,720	11,545
7,762	103,498	95,802	6,630
7,575	107,529	101,557	6,840
15,338	211,026	197,359	13,469
6,116	101,643	97,540	5,061
6,845	108,702	102,607	6,495
12,961	210,345	200,148	11,556
3,824	95,026	90,391	3,032
4,299	100,143	98,323	3,724
8,123	195,169	188,714	6,756
3,240	99,244	91,668	2,573
3,411	101,963	97,089	3,127
6,651	201,207	188,757	5,701
1,395	95,997	93,273	1,270
1,520	97,966	97,035	1,430
2,915	193,962	190,308	2,700
620	91,988	90,448	491
1,027	94,751	93,526	1,096
1,648	186,739	183,974	1,587
496	86,976	86,480	432
248	90,150	89,902	155
744	177,126	176,382	587
121	86,322	86,201	121
84	86,722	86,637	84
206	173,043	172,838	206
46	65,385	63,056	−
277	73,665	73,241	216
323	139,050	136,297	216
149	68,585	65,869	52
240	78,661	79,048	178
389	147,246	144,916	230

7. 我が国の石油

◎輸入

	燃料油	ガソリン	ナフサ	ジェット
合計	36,918,645	2,800,701	29,351,002	127,101
アジア	12,161,624	2,800,586	4,594,280	127,101
韓国	8,113,074	2,143,129	2,264,135	92,122
中国	530,111	382,104	–	34,979
タイ	100,376	–	100,376	–
シンガポール	902,880	134,555	320,893	–
マレーシア	975,216	140,798	368,909	–
ブルネイ	140,969	–	140,969	–
インドネシア	–	–	–	–
インド	1,339,458	–	1,339,458	–
パキスタン	47,987	–	47,987	–
スリランカ	11,553	–	11,553	–
中東	17,120,323	–	17,120,323	–
イラク	103,033	–	103,033	–
バーレーン	967,926	–	967,926	–
サウジアラビア	2,413,087	–	2,413,087	–
クウェート	2,198,620	–	2,198,620	–
カタール	4,726,673	–	4,726,673	–
オマーン	552,695	–	552,695	–
UAE	6,158,289	–	6,158,289	–
欧州	2,080,868	–	2,080,684	
ノルウェー	43,547	–	43,547	–
デンマーク	80,648	–	80,648	–
オランダ	119,541	–	119,357	–
スペイン	901,284	–	901,284	–
イタリア	34,699	–	34,699	–
マルタ	45,340	–	45,340	–
ロシア	765,343	–	765,343	–
ギリシャ	90,466	–	90,466	–
キプロス	–	–	–	–
北米	2,105,791	115	2,105,676	–
米国	2,105,791	115	2,105,676	–
南米	1,360,458	–	1,360,458	–
ペルー	1,360,458	–	1,360,458	–
アフリカ	899,820	–	899,820	–
アルジェリア	514,622	–	514,622	–
ガボン	385,198	–	385,198	–
南アフリカ	–	–	–	–
大洋州	1,189,761	–	1,189,761	–
豪州	604,514	–	604,514	–
パプアニューギニア	585,247	–	585,247	–
ニュージーランド	–	–	–	–

製品輸出入状況（2021年度）

（単位：kℓ）

灯　油	軽　油	A 重 油	B・C 重油
1,522,164	1,713,115	143,574	1,260,988
1,522,164	1,712,931	143,574	1,260,988
1,438,803	1,642,009	143,574	389,302
83,361	29,667	–	–
–	–	–	–
–	–	–	447,432
–	41,255	–	424,254
–	–	–	–
–	–	–	–
–	–	–	–
–	–	–	–
–	–	–	–
–	–	–	–
–	–	–	–
–	–	–	–
–	–	–	–
–	–	–	–
–	–	–	–
–	–	–	–
–	–	–	–
–	184	–	–
–	–	–	–
–	–	–	–
–	184	–	–
–	–	–	–
–	–	–	–
–	–	–	–
–	–	–	–
–	–	–	–
–	–	–	–
–	–	–	–
–	–	–	–
–	–	–	–
–	–	–	–
–	–	–	–
–	–	–	–
–	–	–	–
–	–	–	–
–	–	–	–
–	–	–	–
–	–	–	–
–	–	–	–

◎輸出

	燃料油計	ガソリン	ナフサ	ジェット
合計	23,940,994	3,984,149	–	5,713,857
アジア	8,947,826	3,186,153	–	788,004
韓国	3,286,198	1,628,108	–	314,723
中国	311,844	–	–	69,904
台湾	55,900	–	–	–
ベトナム	122,280	122,280	–	–
香港	293,086	–	–	160,014
タイ	50,051	–	–	–
シンガポール	2,450,727	728,828	–	123,352
マレーシア	1,231,439	656,568	–	120,011
フィリピン	842,259	50,368	–	–
バングラデシュ	297,373	–	–	–
インドネシア	6,669	–	–	–
中東	49,300	49,300	–	–
イラク	–	–	–	–
UAE	49,300	49,300	–	–
欧州	–	–	–	–
オランダ	–	–	–	–
北米	1,328,636	361,686	–	630,066
米国	1,279,432	361,686	–	630,066
メキシコ	49,204	–	–	–
南米	1,023,287	–	–	–
エクアドル	181,391	–	–	–
ペルー	97,652	–	–	–
チリ	744,244	–	–	–
アフリカ	170,099	–	–	70,068
南アフリカ	170,099	–	–	70,068
モザンビーク	–	–	–	–
大洋州	2,978,649	361,533	–	196,667
豪州	2,513,050	331,627	–	166,073
ニュージーランド	264,898	–	–	–
グアム	200,701	29,906	–	30,594
マーシャル	–	–	–	–
米軍及びボンド	9,443,197	25,477	–	4,029,052
米軍	127,347	25,477	–	–
ボンド	9,315,850	–	–	4,029,052

出所：経済産業省「資源・エネルギー統計」

(単位：kℓ)

灯　油	軽　油	A 重 油	B・C 重油
384,819	5,938,069	446,974	7,473,126
276,936	2,152,360	408,960	2,135,413
276,936	462,136	128,488	475,807
–	63,435	41,939	136,566
–	–	–	55,900
–	–	–	–
–	133,072	–	–
–	50,051	–	–
–	252,073	143,994	1,202,480
–	102,330	87,870	264,660
–	791,890	–	–
–	297,373	–	–
–	–	6,669	–
–	–	–	–
–	–	–	–
–	–	–	–
–	–	–	–
–	–	–	–
107,739	127,548	–	101,597
107,739	78,344	–	101,597
–	49,204	–	–
–	1,023,287	–	–
–	181,391	–	–
–	97,652	–	–
–	744,244	–	–
–	100,031	–	–
–	100,031	–	–
–	–	–	–
–	2,420,449	–	–
–	2,015,350	–	–
–	264,898	–	–
–	140,201	–	–
–	–	–	–
144	114,394	38,014	5,236,116
144	101,726	–	–
–	12,668	38,014	5,236,116

8. 我が国の地域別

	2017年度		2018年度	
	数量	構成比	数量	構成比
カザフスタン	2,096,781	1.1	1,512,802	0.9
ベトナム	841,786	0.5	471,604	0.3
マレーシア	979,769	0.5	777,150	0.4
ブルネイ	136,533	0.1	170,784	0.1
インドネシア	2,067,676	1.1	1,225,348	0.7
タイ	–	–	–	–
アジア計	6,122,545	3.3	4,157,688	0.9
イラン	9,602,947	5.2	6,664,356	3.8
イラク	3,447,913	1.9	2,595,566	1.5
バーレーン	165,483	0.1	3,356,177	1.9
サウジアラビア	72,942,929	39.4	67,695,379	38.2
クウェート	13,530,531	7.3	13,466,843	7.6
中立地帯	–	–	–	–
カタール	14,094,531	7.6	14,202,518	8.0
オマーン	1,905,495	1.0	3,284,662	1.9
UAE	45,893,537	24.8	44,894,178	25.4
イエメン	–	–	–	–
中東計	161,583,366	87.3	156,243,031	88.3
英国	96,599	0.1	–	–
ノルウェー	–	–	–	–
ロシア	9,728,739	5.3	7,785,624	4.4
欧州計	9,825,338	5.3	7,785,624	4.4

国別原油輸入状況

（単位：kℓ, %）

2019 年度		2020 年度		2021 年度	
数量	構成比	数量	構成比	数量	構成比
1,639,334	0.9	452,031	0.3	338,339	0.2
641,613	0.4	334,350	0.2	367,365	0.2
628,993	0.4	670,441	0.5	485,322	0.3
283,038	0.2	179,826	0.1	187,051	0.1
25,423	0.0	78,056	0.1	95,516	0.1
–	–	25,768	0.0	41,905	0.0
3,243,824	1.9	1,740,472	1.3	1,515,558	1.0
675,915	0.4	–	–	–	–
1,987,092	1.1	788,821	0.6	157,960	0.1
2,435,815	1.4	2,095,727	1.5	2,184,776	1.5
58,969,806	34.1	57,977,159	42.5	55,593,521	37.3
15,433,595	8.9	11,735,979	8.6	12,512,645	8.4
–	–	385,867	0.3	416,928	0.3
16,061,501	9.3	11,315,373	8.3	11,599,693	7.8
2,935,373	1.7	526,674	0.4	1,013,381	0.7
56,523,849	32.7	40,772,976	29.9	54,255,838	36.4
–	–	–	–	–	–
155,022,946	89.6	125,598,576	92.0	137,734,742	92.5
–	–	–	–	10	0.0
–	–	–	–	–	–
8,248,029	4.8	4,884,632	3.6	5,423,596	3.6
8,248,029	4.8	4,884,632	3.6	5,423,696	3.6

	2017年度		2018年度	
	数量	構成比	数量	構成比
米国	1,632,580	0.9	4,176,553	2.4
メキシコ	2,335,551	1.3	1,470,603	0.8
コロンビア	412,083	0.2	265,915	0.2
ベネズエラ	164,054	0.1	–	–
エクアドル	1,738,706	0.9	1,684,704	1.0
米大陸計	6,282,974	3.4	7,597,775	2.4
アルジェリア	26,917	0.0	358,340	0.2
ガーナ	157,618	0.1	–	–
リビア	–	–	–	–
スーダン	–	–	–	–
ナイジェリア	–	–	–	–
チャド	–	–	–	–
ガボン	–	–	–	–
アンゴラ	611,076	0.3	387,291	0.2
カメルーン	–	–	–	–
タンザニア	–	–	11,619	0.0
モザンビーク	18,857	0.0	–	–
アフリカ計	814,468	0.4	757,250	0.4
豪州	418,725	0.2	472,545	0.3
パプアニューギニア	44,031	0.0	28,940	0.0
大洋州計	462,756	0.3	501,485	0.3
合計	185,091,447	100.0	177,042,853	100.0

(注) 四捨五入の関係で合計が合わないことがある。
出所：経済産業省「資源・エネルギー統計」

（単位：千kℓ, %）

2019年度		2020年度		2021年度	
数量	構成比	数量	構成比	数量	構成比
2,700,233	1.6	968,824	0.7	223,941	0.2
400,249	0.2	–	–	361,032	0.2
–	–	–	–	–	–
–	–	–	–	–	–
2,191,028	1.3	2,610,461	1.9	2,393,208	1.6
5,291,510	3.1	3,579,385	2.6	2,754,558	1.8
503,445	0.3	281,132	0.2	497,405	0.3
–	–	–	–	–	–
51,616	0.0	–	–	67,609	0.0
–	–	–	–	248,724	0.2
–	–	–	–	–	–
–	–	–	–	–	–
41,986	0.0	–	–	–	–
142,863	0.0	–	–	–	–
58,730	295.4	–	–	–	–
–	–	–	–	–	–
–	–	–	–	35,007	0.0
798,640	0.5	281,132	0.2	848,745	0.6
397,131	0.2	316,323	0.2	331,954	0.2
19,883	0.0	62,086	0.0	70,549	0.0
417,014	0.2	378,409	0.3	402,503	0.3
173,043,632	100.0	136,462,606	100.0	148,903,593	100.0

9. 我が国の産油国からの原油,

	2018年				2019年		
	原　油	製　品	合　計	シェア	原油	製品	合計
サウジアラビア	67,525	1,905	69,429	32.9	61,968	1,759	63,727
クウェート	13,524	1,982	15,506	7.3	14,693	1,671	16,364
旧中立地帯	–	–	–	–	–	–	–
カタール	14,338	5,730	20,068	9.5	15,567	4,840	20,407
UAE	45,017	6,107	51,124	24.2	52,367	5,266	57,633
オマーン	2,989	–	2,989	1.4	3,353	–	3,353
イラン	7,394	–	7,394	3.5	2,719	–	2,719
イラク	3,254	–	3,254	1.5	2,465	–	2,465
ブルネイ・マレーシア	1,352	1,026	2,378	1.1	1,120	474	1,594
インドネシア	1,455	28	1,483	0.7	121	16	137
シンガポール	0	955	955	0.5	0	336	336
ベトナム	516	–	516	0.2	587	–	587
ベネズエラ	–	–	–	–	–	–	–
メキシコ	1,909	132	2,041	1.0	319	300	619
米国	3,017	1,104	4,121	2.0	3,592	1,505	5,097
ロシア	7,870	2,198	10,067	4.8	8,915	1,507	10,422
中国	–	6,209	6,209	2.8	–	540	540
韓国	–	368	368	0.2	–	7,974	7,974
インド	–	1,878	1,878	0.9	0	1,424	1,424
英国・ノルウェー	–	305	368	0.2	–	422	422
豪州	579	204	783	0.4	416	599	1,016
アルジェリア	202	160	362	0.2	499	346	844
スーダン・南スーダン	–	–	–	–	–	–	–
小計	170,738	21,097	191,835	90.9	168,743	27,218	195,961
その他	6,739	12,414	19,153	9.1	6,746	4,503	11,249
合計	177,477	33,510	210,988	100.0	175,489	31,721	207,210

出所：経済産業省「資源・エネルギー統計」

※四捨五入の関係で合計が100%にならないことがある。

製品（燃料油）輸入量

（単位：千kℓ）

	2020年				2021年			
シェア	原　油	製　品	合　計	シェア	原　油	製　品	合　計	シェア
30.8	56,774	1,222	57,996	32.4	56,526	2,326	58,851	32.0
7.9	13,223	2,045	15,268	8.5	12,106	2,172	14,278	7.8
–	197	–	197	0.1	466	0	466	0.3
9.8	12,372	5,859	18,231	10.2	11,301	5,185	16,487	9.0
27.8	46,299	4,625	50,924	28.5	50,637	5,805	56,442	30.7
1.6	668	32	700	0.4	825	553	1,378	0.7
1.3	–	–	–	–	0	0	0	0.0
1.2	789	92	881	0.5	158	103	261	0.1
0.8	760	637	1,397	0.8	699	1,405	2,104	1.1
0.1	–	–	–	–	174	0	174	0.1
0.2	0	336	336	0.2	0	510	510	0.3
0.3	397	–	397	0.2	322	0	322	0.2
–	–	–	–	–	0	0	0	0.0
0.3	81	242	323	0.2	115	0	49	0.0
2.5	1,095	2,271	3,366	1.9	469	2,584	885	0.5
5.0	4,943	1,359	6,302	3.5	5,183	869	6,052	3.3
0.3	–	520	520	0.3	0	688	688	0.4
3.8	–	8,751	8,751	4.9	0	9,254	9,254	5.0
0.7	0	1,882	1,882	1.1	0	1,563	1,563	0.9
0.2	–	332	332	0.2	0	101	101	0.1
0.5	313	615	928	0.5	260	707	967	0.5
0.4	370	501	871	0.5	499	680	1,179	0.6
–	–	–	–	–	152	0	152	0.1
94.6	138,281	29,103	167,384	93.6	139,890	34,504	174,394	94.9
5.4	5,599	5,853	11,452	6.4	4,773	4,633	9,406	5.1
100.0	143,880	34,956	178,836	100.0	144,663	39,137	183,799	100.0

10. 我が国の総輸入金額

区分＼年	総輸入金額		石油 原油・粗油	
	十億円（A）	百万ドル（B）	十億円	百万ドル
2011 年	68,111	853,070	11,415	142,872
2012 年	70,689	888,584	12,247	153,810
2013 年	81,243	838,889	14,245	147,223
2014 年	85,909	817,103	13,873	132,286
2015 年	78,406	648,347	8,185	67,638
2016 年	66,042	607,016	5,532	50,939
2017 年	75,379	670,971	7,155	63,635
2018 年	78,576	748,108	8,906	80,528
2019 年	78,600	720,764	7,969	73,039
2020 年	68,011	635,697	4,646	43,300
2021 年	84,761	773,408	6,929	63,044
2010年度	62,457	727,576	9,756	113,814
2011年度	69,711	883,341	11,894	150,700
2012年度	72,098	873,669	12,526	153,810
2013年度	84,613	846,197	14,826	148,203
2014年度	83,795	770,371	11,860	110,014
2015年度	75,220	624,536	7,368	61,021
2016年度	67,549	622,878	6,181	56,817
2017年度	76,773	691,341	7,282	65,604
2018年度	82,304	743,503	8,720	78,718
2019年度	77,171	709,534	7,980	73,326
2020年度	68,352	645,082	4,057	38,328
2021年度	91,262	814,090	8,016	71,374

注：1. 輸入数量・金額は関税法に基づき輸入申請書（保税倉庫及び保税工場に3ヶ月を超えて蔵
引取承認申請書）の許可または承認の日に属する月に計上されている。
2. 石油製品は，揮発油・ナフサ・灯油・ジェット燃料油・軽油・重油・潤滑油・グリース等・
出所：「財務省貿易統計」

に占める石油輸入金額

輸入金額				同左構成比(%)	
製品		合計			
十億円	百万ドル	十億円 (C)	百万ドル (D)	(C) / (A)	(D) / (B)
3,115	39,002	14,530	181,875	21.33	21.32
3,480	43,703	15,727	197,512	22.25	22.23
3,776	39,166	18,021	186,389	22.18	22.22
3,794	36,144	17,667	168,431	20.57	20.61
2,472	20,456	10,657	88,094	13.59	13.59
1,521	13,896	7,053	64,835	10.68	10.68
2,146	19,078	9,301	82,713	12.34	12.33
2,762	24,975	11,669	105,503	14.11	14.10
2,068	18,954	10,037	91,993	12.77	12.76
1,675	15,638	6,322	58,938	9.30	12.76
2,875	26,187	9,803	89,231	11.57	11.54
2,535	29,580	12,290	143,394	19.68	19.71
3,272	41,459	15,166	192,158	21.76	21.75
3,667	44,224	16,193	195,388	22.46	22.36
3,830	38,228	18,656	186,431	22.05	22.03
3,357	30,993	15,217	141,004	18.16	18.30
2,222	18,423	9,589	79,444	12.76	12.73
1,652	15,120	7,833	71,937	11.60	11.55
2,286	20,601	9,568	86,205	12.46	12.47
2,601	23,466	11,321	102,185	13.76	13.74
2,096	19,255	10,076	92,581	13.06	13.05
1,699	16,059	5,755	54,388	8.42	8.43
3,146	28,028	11,162	99,402	12.23	12.21

置する場合は，その庫入承認申請書，移入承認申請書，輸入許可前引取りの場合は，輸入許可前

アスファルト等・パラフィン等・LPGの合計である。

11. 原油・石油製品

	換算レート	原　油・粗　油		ガソリン （自動車用）		ナフサ （石化用）	
	円／ドル	ドル／バーレル	円／kℓ	ドル／バーレル	円／kℓ	ドル／バーレル	円／kℓ
2021年　平　均	109.90	69.45	48,013	78.82	54,382	69.70	48,172
2021年　　度	112.31	77.16	54,511	84.78	59,282	76.97	54,230
2021年度上期	109.75	70.31	48,533	80.32	55,437	70.37	48,567
2021年度下期	114.27	83.37	59,920	95.17	68,241	84.15	60,393
2021年 4月	109.57	66.32	45,705	74.27	51,186	66.93	46,126
5月	108.84	65.56	44,883	75.75	51,857	65.35	44,742
6月	109.49	69.14	47,614	79.69	54,879	67.26	46,323
7月	110.56	71.76	49,902	84.82	58,983	71.74	49,892
8月	109.89	73.79	51,002	84.50	58,407	75.99	52,525
9月	109.87	73.86	51,046	83.26	57,541	75.23	51,993
10月	111.40	76.91	53,892	88.40	61,945	76.61	53,684
11月	113.95	82.10	58,848	93.23	66,819	82.94	59,447
12月	113.99	82.31	59,012	88.48	63,442	86.95	62,342
2022年 1月	114.93	79.69	57,609	93.09	67,299	83.82	60,596
2月	114.83	86.75	62,660	102.27	73,868	84.47	61,014
3月	115.85	91.79	66,887	114.81	83,659	93.03	67,791

出所：「財務省貿易統計」

輸入の通関・価格推移

（通関統計によるCIF価格）

灯　油		軽　油		A 重油（農林漁業用）		C 重油（低硫黄）	
ドル／バーレル	円／kℓ	ドル／バーレル	円／kℓ	ドル／バーレル	円／kℓ	ドル／バーレル	円／kℓ
78.62	53,746	80.82	55,812	80.81	55,723	91.97	63,907
96.35	68,670	88.29	62,054	87.27	61,084	110.53	79,481
84.54	58,293	79.66	54,980	78.59	54,147	88.00	60,893
100.39	72,216	100.64	72,181	106.54	76,480	115.28	83,397
79.42	54,737	72.75	50,139	72.02	49,633	–	–
82.87	56,736	76.65	52,476	76.63	52,462	–	–
79.96	55,066	81.86	56,379	81.70	56,264	88.45	60,918
88.77	61,734	83.63	58,157	82.64	57,471	87.63	60,937
90.95	62,864	81.66	56,447	81.53	56,351	87.58	60,535
89.38	61,768	85.24	58,910	85.45	59,055	–	–
99.10	69,438	94.56	66,257	100.07	70,120	107.38	75,245
97.95	70,205	95.99	68,799	100.32	71,907	106.29	76,180
95.49	68,468	92.62	66,405	93.73	67,206	103.77	74,401
96.67	69,884	99.20	71,716	111.48	80,591	105.62	76,357
103.38	74,671	106.69	77,061	–	–	118.63	85,682
122.92	89,574	131.74	96,001	131.21	95,609	127.75	93,094

12. 輸入原油のAPI度，硫黄分の推移

API ＼ 年度	2015	2016	2017	2018	2019	2020	2021
4 月	**35.79**	**35.46**	**35.89**	**35.41**	**35.89**	**36.53**	**36.25**
5 月	**35.50**	**36.06**	**36.01**	**35.48**	**37.34**	**36.16**	**36.06**
6 月	**36.65**	**36.14**	**36.15**	**35.88**	**37.24**	**36.32**	**35.57**
7 月	**36.46**	**35.88**	**35.16**	**35.60**	**36.34**	**35.85**	**36.00**
8 月	**36.39**	**35.91**	**35.69**	**35.95**	**36.09**	**35.59**	**35.88**
9 月	**36.17**	**35.70**	**35.62**	**35.23**	**36.58**	**36.15**	**35.90**
10 月	**36.00**	**36.36**	**35.91**	**35.97**	**36.84**	**35.91**	**35.85**
11 月	**35.41**	**36.32**	**36.01**	**36.34**	**36.99**	**36.40**	**36.01**
12 月	**36.03**	**35.87**	**35.11**	**36.59**	**36.36**	**36.39**	**35.90**
1 月	**35.49**	**36.24**	**35.80**	**36.34**	**36.36**	**36.55**	**35.53**
2 月	**36.16**	**36.06**	**35.81**	**35.93**	**36.46**	**35.94**	**36.08**
3 月	**35.92**	**36.15**	**35.63**	**35.91**	**37.12**	**35.61**	**35.93**

S（%）	2015	2016	2017	2018	2019	2020	2021
4 月	**1.39**	**1.64**	**1.53**	**1.62**	**1.58**	**1.48**	**1.44**
5 月	**1.52**	**1.52**	**1.44**	**1.57**	**1.34**	**1.52**	**1.47**
6 月	**1.41**	**1.50**	**1.47**	**1.54**	**1.31**	**1.55**	**1.52**
7 月	**1.41**	**1.60**	**1.50**	**1.58**	**1.39**	**1.56**	**1.51**
8 月	**1.42**	**1.52**	**1.53**	**1.49**	**1.43**	**1.53**	**1.46**
9 月	**1.47**	**1.52**	**1.52**	**1.54**	**1.38**	**1.46**	**1.49**
10 月	**1.40**	**1.50**	**1.49**	**1.46**	**1.39**	**1.46**	**1.45**
11 月	**1.50**	**1.52**	**1.54**	**1.45**	**1.40**	**1.47**	**1.45**
12 月	**1.47**	**1.55**	**1.62**	**1.46**	**1.47**	**1.44**	**1.51**
1 月	**1.57**	**1.55**	**1.58**	**1.45**	**1.49**	**1.44**	**1.53**
2 月	**1.48**	**1.50**	**1.55**	**1.50**	**1.45**	**1.53**	**1.50**
3 月	**1.55**	**1.58**	**1.59**	**1.51**	**1.41**	**1.55**	**1.49**

出所：経済産業省「資源・エネルギー統計年報」

13. 石　油　製　品

年度＼油種	ガソリン	ナフサ	ジェット燃料油	灯油
2008	**651**	**23,105**	**2**	**497**
2009	**854**	**25,838**	–	**459**
2010	**1,098**	**27,215**	**43**	**1,053**
2011	**2,905**	**24,868**	–	**1,486**
2012	**2,884**	**25,276**	**94**	**1,213**
2013	**1,659**	**25,926**	**77**	**911**
2014	**1,502**	**26,820**	**101**	**1,370**
2015	**1,149**	**28,710**	**314**	**848**
2016	**843**	**28,684**	**228**	**1,187**
2017	**1,224**	**28,392**	**355**	**1,928**
2018	**2,138**	**27,288**	**304**	**1,790**
2019	**2,470**	**26,416**	**209**	**1,561**
2020	**3,014**	**28,853**	**79**	**2,718**
2021	**2,801**	**29,351**	**127**	**1,552**

注：燃料油計：ガソリンからC重油までの合計。
出所：経済産業省「資源エネルギー統計」

14. 石　油　製　品

年度＼油種	ガソリン	ナフサ	ジェット燃料油	灯油
2008	**56,931**	**20,784**	**15,849**	**20,346**
2009	**57,216**	**21,538**	**13,561**	**20,245**
2010	**58,388**	**20,116**	**14,019**	**19,620**
2011	**54,568**	**18,902**	**12,811**	**19,183**
2012	**53,219**	**19,009**	**13,279**	**18,156**
2013	**54,623**	**20,508**	**15,396**	**17,695**
2014	**53,511**	**18,286**	**15,385**	**16,261**
2015	**54,773**	**19,106**	**15,742**	**15,754**
2016	**53,715**	**20,013**	**15,921**	**15,787**
2017	**53,229**	**18,038**	**14,679**	**15,720**
2018	**50,933**	**16,935**	**15,563**	**13,243**
2019	**48,960**	**17,146**	**15,618**	**13,240**
2020	**43,478**	**12,462**	**6,438**	**13,090**
2021	**45,462**	**13,545**	**8,565**	**12,065**

注：燃料油計：ガソリンからB・C重油までの合計。
出所：経済産業省「資源・エネルギー統計」

の 輸 入 推 移

（単位：千kℓ）

軽油	A重油	B・C重油	燃料油計
293	125	4,644	29,315
317	76	2,257	29,801
444	192	3,023	33,068
875	89	7,146	37,368
583	88	9,374	39,512
253	54	6,781	35,661
562	91	4,635	35,083
559	42	3,475	35,098
431	30	2,466	30,869
510	83	2,394	34,887
657	78	1,899	34,154
797	123	457	32,033
1,449	115	606	36,834
1,713	144	1,261	36,919

の 生 産 推 移

（単位：千kℓ）

軽油	A重油	B・C重油	燃料油計
46,214	18,520	30,158	208,803
42,759	16,610	24,446	196,375
42,994	16,200	23,632	194,969
39,194	15,468	25,314	185,440
38,904	14,929	27,787	185,283
43,309	14,292	22,664	188,487
41,043	13,133	20,154	177,773
41,609	12,748	17,658	177,390
41,180	12,892	18,303	177,811
41,608	12,507	17,037	172,818
40,898	11,978	14,871	164,420
41,190	11,345	14,468	161,968
32,671	11,324	13,988	133,451
36,179	10,410	14,375	140,620

15. 石　油　製　品

油種 / 年度	ガソリン	ナフサ	ジェット燃料油	灯油
2008	57,497	42,861	5,676	20,249
2009	57,464	47,320	5,283	20,056
2010	58,197	46,668	5,154	20,332
2011	57,209	43,718	4,199	19,623
2012	56,447	43,172	3,965	18,991
2013	55,477	45,739	5,053	17,910
2014	52,975	43,923	5,340	16,662
2015	53,127	46,234	5,488	15,946
2016	52,508	44,750	5,294	16,235
2017	51,833	45,100	5,002	16,642
2018	50,604	43,910	4,972	14,498
2019	49,107	42,550	5,146	13,621
2020	45,233	40,323	2,733	14,498
2021	44,509	41,660	3,313	13,518

注：燃料油計：ガソリンからC重油までの合計。
出所：経済産業省「資源エネルギー統計」

16. 石　油　製　品

油種 / 年度	ガソリン	ナフサ	ジェット燃料油	灯油
2008	710	38	10,080	444
2009	1,552	−	8,321	357
2010	2,198	−	8,936	198
2011	1,254	51	8,694	600
2012	1,148	58	9,047	144
2013	1,748	17	10,457	732
2014	3,112	14	10,031	711
2015	3,697	17	10,657	491
2016	3,100	99	10,947	573
2017	3,759	67	9,879	517
2018	3,318	−	10,709	697
2019	3,117	32	10,608	996
2020	2,451	−	3,780	1,300
2021	3,984	−	5,714	385

注：燃料油計：ガソリンからC重油までの合計。
出所：経済産業省「資源エネルギー統計」

の 販 売 推 移

（単位：千kℓ）

軽　　油	A　重　油	B・C重油	燃料油計
33,728	17,891	23,159	201,060
32,388	16,043	16,434	194,988
32,864	15,404	17,330	195,949
32,872	14,680	23,743	196,044
33,443	13,759	27,442	197,520
34,089	13,438	21,890	193,596
33,583	12,360	18,108	182,951
33,619	11,871	14,241	180,524
33,326	11,986	12,778	176,877
33,820	11,504	10,846	174,747
33,773	11,070	8,836	167,664
33,657	10,156	7,394	161,631
31,869	10,226	6,658	151,540
32,075	10,135	8,279	153,489

の 輸 出 推 移

（単位：千kℓ）

軽　　油	A　重　油	B・C重油	燃料油計
13,050	561	9,269	34,153
11,319	608	7,774	29,931
11,046	733	7,172	30,283
7,614	342	6,792	25,347
6,410	787	7,141	24,735
10,348	558	6,053	29,912
8,443	676	5,446	28,432
9,389	1,055	6,839	32,416
8,823	1,042	7,966	32,548
9,023	1,244	7,094	31,523
8,413	1,113	7,701	31,952
9,068	1,810	7,984	33,586
2,900	1,292	6,760	18,483
5,938	447	7,473	23,491

Ⅵ　精製・元売

1. 石油元売会社

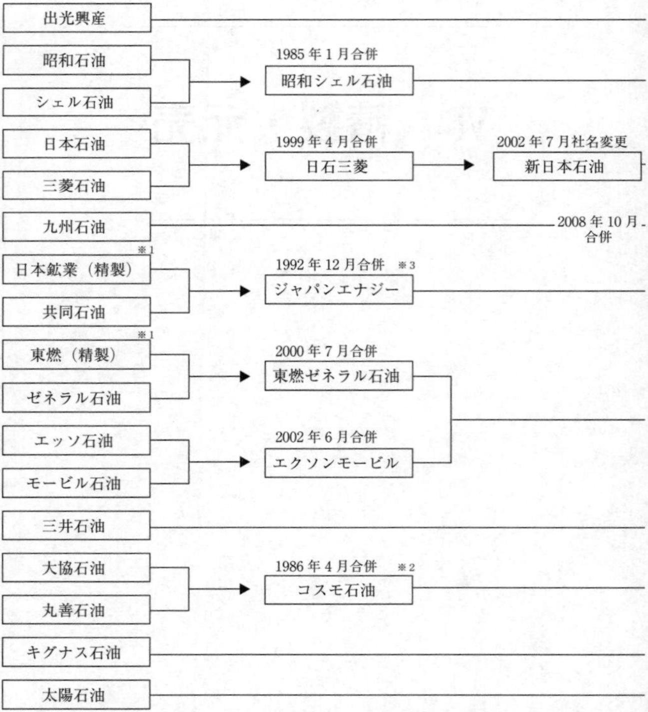

石油元売会社：製油所を所有するか，石油精製会社と密接な資本関係がある等で製品売買契約を結び石油製品を仕入，自ら需要家に売るか特約店に卸売する会社（公式な定義はない）

※1．元売ではなく精製専業会社

※2．1984年4月に2社の精製部門を分社化・統合した旧・コスモ石油を設立

※3．1992年12月合併時の社名は日鉱共石，その他93年12月にジャパンエナジーに社名変更

※4．2012年6月1日に東燃ゼネラル石油を中心とした新体制に移行（エクソンモービルはEMGマーケティングに社名変更）

の再編動向

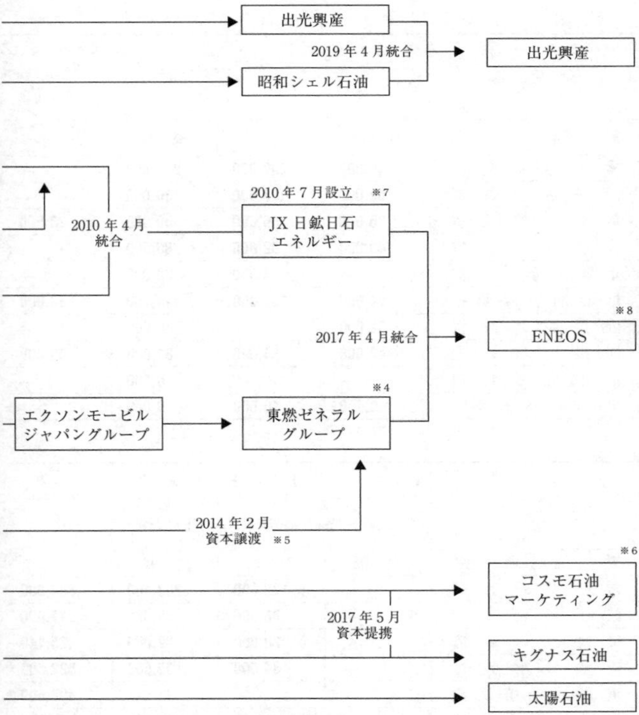

※5．2014年2月4日に三井石油は東燃ゼネラル石油の子会社となりMOCマーケティングに社名変更
※6．2015年10月1日，持株会社制に移行（コスモエネルギーホールディングス）
※7．2016年1月1日，JXエネルギーへ社名変更
※8．2020年6月，JXTGエネルギーからENEOSに社名変更
※9．上図で示した他に，各社間において精製・物流の提携を行っている
出所：石油連盟

2. 各社別石油精製設備一覧

会社名	ENEOS ENE			
製油所名	仙台	川崎	根岸	知多
常圧蒸留装置	145,000	247,000	270,000	—
減圧蒸留装置	60,000	123,000	130,000	—
接触改質装置	36,000	56,000	50,000	23,500
接触分解装置	43,000	92,000	80,000	—
重質油分解装置	—	34,500	20,000	—
灯軽油脱硫装置	34,000	159,000	144,700	48,000
直接脱硫装置	52,000	—	36,000	—
間接脱硫装置	40,000	84,000	81,000	30,000
溶剤脱瀝装置	—	—	5,100	—
アルキレーション装置	9,000	10,000	9,000	—

会社名	ENEOSグループ			
	大阪国際石油精製		鹿島石油	(小　計)
製油所名	大阪	千葉	鹿島	
常圧蒸留装置	—	129,000	203,100	1,868,800
減圧蒸留装置	—	83,000	50,000	917,000
接触改質装置	—	28,000	22,000	425,140
接触分解装置	—	34,000	35,500	522,500
重質油分解装置	—	—	—	106,500
灯軽油脱硫装置	—	83,500	119,000	1,071,700
直接脱硫装置	—	—	30,000	163,000
間接脱硫装置	—	—	25,000	539,000
溶剤脱瀝装置	—	—	18,000	75,200
アルキレーション装置	—	—	—	49,908

(2022年4月1日現在)(1)

グ ル ー プ					
O S					
堺	和歌山	水島A	水島B	麻里布	大 分
141,000	127,500	150,000	200,200	120,000	136,000
70,000	74,000	77,000	109,000	75,000	66,000
34,000	45,000	22,640	49,000	27,000	32,000
46,000	39,000	46,000	49,000	30,000	28,000
—	—	—	30,000	22,000	—
93,200	82,000	93,400	88,900	53,000	73,000
—	—	45,000	—	—	—
44,000	36,000	37,000	70,000	52,000	40,000
—	9,000	27,200	5,900	—	10,000
—	3,600	9,308	9,000	—	—

出 光 グ ル ー プ					
出 光 興 産				東亜石油	昭和四日市石油
北海道	千 葉	愛 知	(徳 山)	京 浜	四日市
150,000	190,000	160,000	—	70,000	255,000
24,000	66,000	16,000	—	58,000	105,000
18,000	17,000	20,000	(22,000)	9,500	70,800
—	45,000	—	—	42,000	—
33,000	—	50,000	—	27,000	61,000
63,500	114,000	83,000	—	39,000	103,500
42,000	40,000	60,000	—	—	48,000
—	40,000	—	—	46,000	40,000
—	17,000	—	—	—	9,800
—	—	10,000	—	—	17,000

2. 各社別石油精製設備一覧

会社名	出光グループ			
	西部石油	富士石油	（小　計）	
製油所名	山口	袖ヶ浦		千葉
常圧蒸留装置	120,000	143,000	1,088,000	177,000
減圧蒸留装置	44,000	65,000	378,000	60,000
接触改質装置	36,800	30,000	202,100	42,500
接触分解装置	30,000	42,000	159,000	40,000
重質油分解装置	—	33,000	204,000	—
灯軽油脱硫装置	63,000	67,500	533,500	139,000
直接脱硫装置	51,500	—	241,500	72,000
間接脱硫装置	—	47,000	173,000	35,000
溶剤脱瀝装置	—	—	26,800	—
アルキレーション装置	—	5,800	32,800	—

・単位BPSD。各資料を基にした石油通信社推計。
・鹿島石油鹿島製油所の常圧蒸留装置能力にはコンデンセートスプリッターの処理能力を含む。
・カッコ内は特定設備の廃止届出後も石化用として現存する推定能力（合計には含まれていない）。

(2022年4月1日現在)（2）

コスモ石油			太陽石油	合計
四日市	堺	（小計）	四国	
86,000	100,000	363,000	138,000	3,457,800
74,000	45,000	179,000	30,000	1,504,000
21,500	9,000	73,000	37,000	737,240
31,000	24,000	95,000	—	776,500
—	31,000	31,000	32,000	373,500
65,000	57,500	261,500	52,000	1,918,700
—	—	72,000	—	476,500
24,000	21,000	80,000	—	792,000
—	—	—	—	102,000
—	8,000	8,000	7,200	97,908

3. 製油所別常圧蒸

会社名	製油所名	2015 度末	2016 度末
ENEOS グループ計	仙台	145,000	145,000
	千葉※	152,000	129,000
	根岸	270,000	270,000
	川崎	258,000	235,000
	和歌山	132,000	127,500
	堺	156,000	135,000
	水島 A	140,000	140,000
	水島 B	240,200	180,200
	麻里布	127,000	120,000
	大分	136,000	136,000
	小計	1,756,200	1,617,700
大阪国際石油精製	大阪	115,000	115,000
鹿島石油	鹿島	252,500	197,100
ENEOS グループ計		2,123,700	1,929,800
出光興産	北海道	160,000	150,000
	千葉	200,000	190,000
	愛知	175,000	160,000
	小計	535,000	500,000
昭和四日市石油	四日市	255,000	255,000
東亜石油	京浜	70,000	70,000
西部石油	山口	120,000	120,000
富士石油	袖ケ浦	143,000	143,000
出光昭和シェルグループ計		1,123,000	1,088,000
コスモ石油	千葉	220,000	177,000
	四日市	132,000	86,000
	境	100,000	100,000
	小計	452,000	363,000
太陽石油	四国	118,000	138,000
合計		3,816,700	3,518,800

・石油各社などのヒアリングに基づく石油通信社推計
※　2020年12月で大阪国際石油精製に移管。

留装置能力推移

（単位：BPSD）

2017 度末	2018 年度末	2019 年度末	2020 年度末	2021 年度末
145,000	**145,000**	**145,000**	**145,000**	**145,000**
129,000	**129,000**	**129,000**	**(129,000)**	**(129,000)**
270,000	**270,000**	**270,000**	**270,000**	**270,000**
235,000	**235,000**	**235,000**	**247,000**	**247,000**
127,500	**127,500**	**127,500**	**127,500**	**127,500**
135,000	**135,000**	**135,000**	**141,000**	**141,000**
140,000	**140,000**	**140,000**	**150,000**	**150,000**
180,200	**180,200**	**180,200**	**200,200**	**200,200**
120,000	**120,000**	**120,000**	**120,000**	**120,000**
136,000	**136,000**	**136,000**	**136,000**	**136,000**
1,617,700	**1,617,700**	**1,617,700**	**1,536,700**	**1,536,700**
115,000	**115,000**	**115,000**	**(129,000)**	**(129,000)**
197,100	**197,100**	**197,100**	**203,100**	**203,100**
1,929,800	**1,929,800**	**1,929,800**	**1,868,800**	**1,868,800**
150,000	**150,000**	**150,000**	**150,000**	**150,000**
190,000	**190,000**	**190,000**	**190,000**	**190,000**
160,000	**160,000**	**160,000**	**160,000**	**160,000**
500,000	**500,000**	**500,000**	**500,000**	**500,000**
255,000	**255,000**	**255,000**	**255,000**	**255,000**
70,000	**70,000**	**70,000**	**70,000**	**70,000**
120,000	**120,000**	**120,000**	**120,000**	**120,000**
143,000	**143,000**	**143,000**	**143,000**	**143,000**
1,088,000	**1,088,000**	**1,088,000**	**1,088,000**	**1,088,000**
177,000	**177,000**	**177,000**	**177,000**	**177,000**
86,000	**86,000**	**86,000**	**86,000**	**86,000**
100,000	**100,000**	**100,000**	**100,000**	**100,000**
363,000	**363,000**	**363,000**	**363,000**	**363,000**
138,000	**138,000**	**138,000**	**138,000**	**138,000**
3,518,800	**3,518,800**	**3,518,800**	**3,457,800**	**3,457,800**

4. 特定設備等の変更状況（2021年度）

○常圧蒸留装置

変更日	会社名	製油所名	装置名	変更後の処理能力（BPSD）	
	該当なし				

○2次装置

変更日	会社名	製油所名	装置名	変更後の処理能力（BPSD）	
2021.7.1	昭和四日市石油	四日市	直接脱硫装置	**48,000**	**（+3,000）**
2022. 3.31	東亜石油	京浜	軽油脱硫装置	**24,000**	**（+4,000）**

※BPSD＝barrel per stream day（設備の設計能力でフル稼動した場合の処理能力），バレル/日。
石油通信社まとめ
・資源エネルギー庁への届出の必要がない２次装置を含む場合がある。

5. 製油所別能力図（2022年4月1日現在）

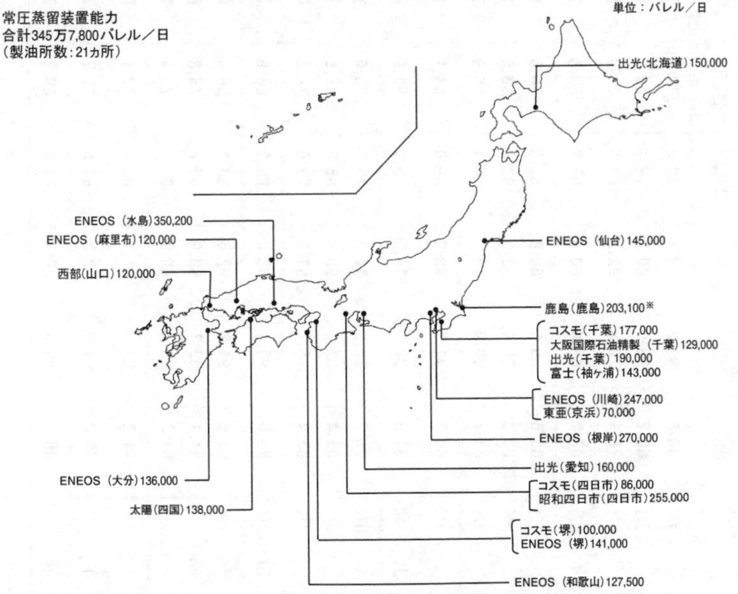

※鹿島石油・鹿島製油所の数字には，コンデンセートスプリッターの処理能力が含まれている。

6. 製油所稼動率の推移

年度	2016	2017	2018	2019	2020	2021
4月	89.5	87.2	90.1	88.8	73.5	70.1
5月	82.2	83.9	80.3	79.1	58.8	61.7
6月	78.1	79.8	72.2	81.9	59.0	60.8
4～6月	83.2	83.6	80.9	83.2	63.8	64.2
7月	83.6	89.5	84.8	85.8	59.6	65.0
8月	88.7	95.4	92.3	90.8	66.6	76.5
9月	81.7	90.2	86.9	84.1	66.0	75.1
7～9月	84.7	91.7	88.0	86.9	64.1	72.2
上期	84.0	87.7	84.5	85.1	63.9	68.2
10月	76.7	82.2	74.5	79.7	66.0	71.7
11月	86.4	92.2	90.8	85.8	65.5	75.3
12月	93.4	96.7	91.5	89.9	72.6	84.2
10～12月	85.5	90.4	85.5	85.1	68.0	77.1
1月	93.5	94.2	92.6	88.1	80.0	81.7
2月	94.1	92.7	90.9	82.6	78.8	80.9
3月	87.2	93.1	89.9	81.4	73.4	78.1
1～3月	91.5	93.3	91.1	84.1	77.4	80.2
下期	88.4	91.9	88.3	84.6	72.7	78.6
年度	86.2	89.8	86.4	84.8	68.3	73.4

出所：石油連盟

7. 石油製品生産

年度	期別＼油種	ガソリン	ナフサ	ジェット燃料油	灯　油	軽　油
2015	上	**29.30**	**9.74**	**9.79**	**5.94**	**23.07**
	下	**28.74**	**10.49**	**6.97**	**10.62**	**21.06**
	計	**29.01**	**10.12**	**8.34**	**8.35**	**22.04**
2016	上	**28.51**	**10.24**	**9.71**	**5.97**	**22.37**
	下	**27.95**	**10.87**	**7.08**	**10.53**	**20.94**
	計	**28.23**	**10.52**	**8.37**	**8.30**	**21.64**
2017	上	**29.33**	**9.84**	**9.47**	**5.96**	**23.45**
	下	**29.52**	**9.77**	**6.54**	**11.04**	**21.81**
	計	**28.93**	**9.80**	**7.98**	**8.54**	**22.62**
2018	上	**29.52**	**8.79**	**10.00**	**5.19**	**23.36**
	下	**28.26**	**10.38**	**7.69**	**9.74**	**23.02**
	計	**28.88**	**9.60**	**8.82**	**7.51**	**23.19**
2019	上	**28.03**	**9.93**	**10.35**	**5.66**	**24.61**
	下	**28.50**	**9.86**	**7.67**	**9.64**	**22.94**
	計	**28.19**	**9.87**	**8.99**	**7.62**	**23.71**
2020	上	**31.32**	**8.79**	**0.02**	**7.65**	**24.72**
	下	**31.22**	**9.12**	**0.09**	**10.98**	**22.41**
	計	**31.27**	**8.96**	**0.06**	**9.41**	**23.50**
2021	上	**30.86**	**8.56**	**6.65**	**5.67**	**25.04**
	下	**30.89**	**9.75**	**5.09**	**10.42**	**24.16**
	計	**30.87**	**9.20**	**5.82**	**8.21**	**24.57**

注１：ここでの得率の計算は次による。　得率（%）＝生産÷精製業者原油処理量×100
　２：半製品生産は考慮されない。
　３：燃料油の生産量は全て精製燃料を除いたもの。
　４：計算に際しては全てklに換算して計算している。ただし，グリースは１t＝１klで換算。
　５：2012年度の数値はパラフィンなどを除いた速報ベースの数値。
・資源エネルギー庁の資料をもとに作成。

得率の推移

（単位：％）

A 重油	B・C 重油	燃料油計	潤滑油	パラフィン	アスファルト
5.99	8.93	92.77	1.30	0.04	2.05
7.48	9.76	95.12	1.21	0.04	2.02
6.74	9.35	93.98	1.25	0.04	2.03
5.86	10.03	92.58	1.36	0.04	2.04
7.66	9.22	93.95	1.24	0.04	1.98
6.97	10.47	94.18	1.30	0.04	2.01
5.79	8.20	92.04	1.11	0.04	1.69
7.77	8.64	94.12	1.27	0.04	1.95
6.80	8.42	93.10	1.19	0.04	1.95
6.07	8.36	91.27	1.50	0.04	1.52
7.49	8.50	95.09	1.28	0.04	1.72
6.79	8.43	93.22	1.39	0.04	1.62
5.85	7.25	91.69	1.29	0.05	1.83
7.25	9.62	95.49	0.66	0.05	1.90
6.53	8.41	93.32	1.30	0.05	1.86
7.28	9.48	94.26	1.49	0.07	1.92
8.91	10.58	97.49	1.43	0.06	1.93
8.14	10.06	95.97	1.46	0.07	1.93
6.60	9.69	89.86	1.43	0.07	1.74
7.48	9.99	91.30	1.25	0.06	1.85
7.07	9.85	90.63	1.34	0.06	1.79

8. 都道府県別・油種

都道府県名	揮発油		灯油		軽油		A 重油		C 重油		燃料油計	
	数量	前年度比	数量	前年度比	数量	前年度比	数量	前年度比	数量	前年度比	数量	前年度比
北海道	2,036,838	100.4	2,374,555	105.1	2,175,026	103.0	954,300	100.0	1,403,881	118.8	9,323,620	105.2
青　森	524,886	103.1	656,176	108.0	473,911	108.4	223,469	100.6	77,421	105.7	2,003,379	105.6
岩　手	528,010	99.8	339,058	98.5	440,594	98.3	198,299	105.6	22,716	82.2	1,534,920	99.6
宮　城	1,102,683	98.4	495,673	101.6	887,127	101.9	405,117	135.6	62,585	147.5	3,008,215	104.8
秋　田	414,175	98.6	443,782	105.3	305,739	104.7	82,345	97.8	79,465	518.3	1,336,825	107.6
山　形	401,511	98.8	303,177	94.5	285,060	102.4	123,028	99.8	936	89.7	1,119,658	98.7
福　島	813,886	98.8	350,391	101.8	693,733	94.9	214,607	101.5	96,029	186.9	2,185,907	100.9
東北計	3,785,151	99.4	2,588,257	102.4	3,086,164	100.9	1,246,865	110.6	339,152	160.7	11,188,904	103.1
茨　城	1,336,565	100.5	306,101	98.8	1,024,221	101.6	270,097	94.4	495,268	85.5	5,393,936	100.0
栃　木	890,281	100.6	228,244	99.9	653,915	102.0	147,537	104.2	469	572.0	1,921,173	101.2
群　馬	815,953	101.7	250,307	101.5	489,363	100.5	142,224	107.3	3,243	87.8	1,703,459	101.7
埼　玉	2,214,648	102.8	313,062	95.0	1,473,632	105.1	97,746	101.1	360	67.9	4,124,251	103.2
千　葉	1,983,227	101.3	318,555	99.7	1,188,522	104.8	357,626	113.1	176,888	124.2	15,540,258	90.5
東　京	4,204,294	108.7	784,514	93.1	2,606,307	105.0	1,010,500	106.8	924,216	100.6	11,896,435	104.0
神奈川	2,074,448	101.6	612,263	166.4	1,409,546	104.6	208,782	86.9	81,285	56.4	9,1426,195	103.7
山　梨	351,461	104.2	109,208	102.0	196,462	105.1	71,450	110.6	—	—	728,581	104.7
長　野	890,140	101.0	504,999	98.5	523,134	102.8	146,535	106.7	—	—	2,067,925	101.2
新　潟	1,029,394	102.7	496,124	103.3	687,565	104.5	138,273	113.4	115,858	106.8	2,483,199	104.1
静　岡	1,511,268	107.3	259,555	101.5	1,130,608	106.3	351,455	100.5	107,065	127.3	3,382,984	106.1
関東計	17,301,679	103.8	4,182,932	104.6	11,383,275	104.3	2,942,225	103.8	1,904,652	96.1	58,368,396	99.4
愛　知	2,663,577	100.8	410,664	97.9	1,682,271	103.3	481,387	105.7	229,449	112.6	5,933,317	98.9
三　重	1,142,579	98.3	288,173	99.7	906,351	102.5	215,042	101.9	256,965	99.3	5,454,252	100.1
岐　阜	765,216	102.8	136,589	103.2	418,187	100.9	71,860	97.5	21,893	114.0	1,426,776	102.2
富　山	402,432	100.7	203,551	109.5	309,400	103.6	112,677	115.4	108,937	153.7	1,140,748	108.1
石　川	515,583	111.0	173,185	106.9	302,435	100.9	162,140	112.6	2,033	58.0	1,235,050	108.2
中部計	5,489,387	101.4	1,212,162	102.0	3,618,644	102.6	1,043,106	106.2	619,277	111.4	15,190,143	101.0
福　井	324,310	106.0	129,816	109.9	245,852	103.4	75,061	123.3	31,553	259.9	806,701	109.8
滋　賀	527,581	99.3	102,659	99.0	347,875	102.7	43,996	114.7	16	80.0	1,023,363	101.1

出所：石油連盟
・単位kℓ，前年度比％。燃料油計には上記の油種のほか，ナフサ，ジェット燃料油を含む。

別販売実績（2021年度）

（単位：kℓ）

都道府県名	揮発油		灯油		軽油		A 重油		C 重油		燃料油計	
	数量	前年度比	数量	前年度比	数量	前年度比	数量	前年度比	数量	前年度比	数量	前年度比
京　都	647,587	96.9	83,137	98.7	339,170	101.6	57,676	108.6	68,572	135.4	1,197,962	100.6
大　阪	2,294,049	105.9	285,319	98.9	1,742,591	102.9	312,721	100.5	277,549	88.6	6,161,214	102.2
兵　庫	1,570,049	103.4	240,656	97.8	1,127,004	101.6	201,320	102.3	89,247	130.8	3,431,102	105.2
奈　良	417,863	99.9	54,822	99.6	174,319	102.8	24,848	123.6	—	—	971,882	101.3
和歌山	280,342	101.8	54,375	99.8	164,690	101.5	89,337	66.8	43,645	400.1	1,280,490	95.5
近畿計	6,061,781	103.0	950,784	100.1	4,141,501	102.4	804,959	98.9	510,582	112.1	14,572,714	102.4
岡　山	867,980	100.8	290,997	98.0	638,931	104.4	270,631	85.0	453,774	125.7	6,098,609	102.9
広　島	1,012,208	100.7	187,289	95.8	764,733	103.8	319,465	95.6	228,862	102.4	2,535,696	100.8
山　口	621,865	101.4	153,608	64.3	527,262	101.7	417,597	93.6	455,328	104.5	7,119,579	114.3
鳥　取	265,160	97.8	72,719	96.8	174,198	102.2	73,165	94.5	57,644	106.3	669,058	98.9
島　根	241,796	102.6	66,222	100.7	164,744	106.1	96,965	125.9	22,459	89.3	600,099	105.5
中国計	3,009,009	100.8	770,835	88.4	2,269,868	103.5	1,177,823	94.0	1,218,067	110.8	17,023,041	107.0
徳　島	279,036	99.8	59,113	101.5	156,520	96.3	47,328	98.0	136,139	245.6	689,611	112.2
香　川	515,272	102.0	118,454	103.9	389,366	102.5	135,309	102.8	87,871	257.2	1,259,859	107.1
愛　媛	428,054	98.2	96,925	99.8	329,432	100.5	196,873	103.2	196,925	88.3	3,795,347	101.2
高　知	265,119	99.6	51,212	107.3	147,091	99.8	104,475	108.9	6,686	128.2	590,139	102.6
四国計	1,487,481	100.0	325,704	102.7	1,022,409	100.5	483,985	103.7	427,621	134.5	6,334,956	103.6
福　岡	1,983,300	106.3	327,575	100.8	1,277,309	104.5	479,987	118.0	119,506	85.6	4,435,559	106.6
佐　賀	327,863	104.7	44,050	108.5	235,832	103.6	81,343	90.0	20,103	103.3	715,800	102.7
長　崎	452,605	104.2	82,316	102.8	276,947	108.7	233,248	109.1	83,658	107.6	1,164,349	107.0
熊　本	543,595	106.3	100,116	102.7	425,451	104.9	189,535	107.6	22,336	98.5	1,315,253	106.1
大　分	468,002	100.5	97,444	102.0	308,947	102.4	157,153	92.2	151,230	93.0	2,520,217	141.3
宮　崎	390,294	98.3	67,591	98.1	276,185	100.4	152,726	91.2	14,664	95.7	991,819	99.3
鹿児島	672,616	100.1	95,265	95.6	442,472	104.8	327,900	99.1	152,849	90.9	1,790,190	100.8
九州計	4,838,275	103.8	814,357	100.9	3,243,143	104.3	1,621,892	104.3	564,346	93.2	12,933,187	110.1
沖　縄	671,464	102.2	57,091	106.2	269,925	100.7	230,021	107.2	321,927	112.9	2,014,262	107.9
合　計	44,681,065	102.5	13,276,677	102.3	31,209,955	103.2	10,505,176	103.0	7,309,505	109.2	146,949,223	102.5

9. 燃料油油種

	ガソリン		ナフサ		ジェット燃料油		灯油	
	数量	前年同期比	数量	前年同期比	数量	前年同期比	数量	前年同期比
2018年度	**50,604**	**97.6**	**43,910**	**97.4**	**4,972**	**99.4**	**14,498**	**87.1**
2019年 4－6月	**11,997**	**96.4**	**10,240**	**82.3**	**1,307**	**112.7**	**2,032**	**110.8**
7－9月	**13,483**	**98.7**	**10,551**	**77.2**	**1,365**	**97.1**	**1,507**	**99.3**
2019年度上期	**25,480**	**97.6**	**20,791**	**79.7**	**2,671**	**104.9**	**3,540**	**105.6**
2019年 10－12月	**12,349**	**97.2**	**11,315**	**89.1**	**1,316**	**110.2**	**4,396**	**92.3**
2020年 1－3月	**11,278**	**95.6**	**10,444**	**88.5**	**1,159**	**95.7**	**5,685**	**89.1**
2019年度下期	**23,627**	**96.4**	**21,759**	**88.8**	**2,475**	**102.9**	**10,082**	**90.5**
2019年度	**50,625**	**100.0**	**43,910**	**100.0**	**4,972**	**100.0**	**14,534**	**100.2**
2020年 4－6月	**9,996**	**83.3**	**9,154**	**89.4**	**209**	**16.0**	**2,227**	**109.6**
7－9月	**12,478**	**92.5**	**9,910**	**93.9**	**876**	**64.2**	**1,400**	**92.9**
2020年度上期	**22,474**	**88.2**	**19,064**	**91.7**	**1,085**	**40.6**	**3,627**	**102.5**
2020年 10－12月	**12,021**	**97.3**	**10,548**	**93.2**	**796**	**60.5**	**4,757**	**108.2**
2020年 1－3月	**10,737**	**95.2**	**10,711**	**102.6**	**652**	**56.3**	**6,114**	**107.5**
2020年度下期	**22,758**	**96.3**	**21,259**	**97.7**	**1,448**	**58.5**	**10,871**	**107.8**
2020年度	**45,233**	**89.3**	**40,323**	**91.8**	**2,733**	**55.0**	**14,998**	**103.2**
2021年 4－6月	**10,978**	**109.8**	**9,926**	**108.4**	**750**	**358.9**	**1,782**	**80.0**
7－9月	**11,942**	**95.7**	**10,364**	**104.6**	**908**	**103.7**	**1,317**	**94.1**
2021年度上期	**22,921**	**102.0**	**20,289**	**106.4**	**1,658**	**152.8**	**3,099**	**85.4**
2021年 10－12月	**11,032**	**91.8**	**11,790**	**111.8**	**864**	**108.5**	**4,295**	**90.3**
2021年 1－3月	**10,556**	**98.3**	**9,581**	**89.5**	**790**	**121.2**	**6,124**	**100.2**
2021年度下期	**21,558**	**94.7**	**21,371**	**100.5**	**1,654**	**114.2**	**10,419**	**95.8**
2021年度	**44,509**	**98.4**	**41,660**	**103.3**	**3,313**	**121.2**	**13,518**	**90.1**

出所：経済産業省「資源エネルギー統計」

別販売実績

（単位：1,000kℓ, %）

軽油		A重油		B・C重油		燃料油計	
数量	前年同期比	数量	前年同期比	数量	前年同期比	数量	前年同期比
33,773	99.9	11,070	96.2	8,836	81.5	167,664	95.9
8,265	101.8	2,392	96.4	1,649	85.7	37,881	100.3
8,609	101.9	2,164	91.4	1,866	75.8	39,545	98.0
16,874	107.7	4,556	94.0	3,515	80.2	77,426	99.1
8,746	98.6	2,743	94.7	2,077	90.3	42,943	96.1
8,037	96.5	2,858	85.9	1,801	83.7	41,262	92.0
16,783	97.6	5,600	90.0	3,879	87.1	84,205	94.0
33,803	100.1	11,067	100.0	8,836	100.0	167,746	100.0
7,521	91.0	2,304	96.3	1,425	86.4	33,037	87.2
7,900	91.8	2,089	96.5	1,270	68.1	35,922	90.8
15,421	91.4	4,393	96.4	2,695	76.7	68,959	89.1
8,431	96.4	2,778	101.3	1,744	84.0	41,074	95.6
8,017	99.8	3,055	106.9	2,220	123.3	41,506	100.6
16,448	98.0	5,833	104.1	3.964	102.2	82,580	98.1
31,869	94.3	10,226	92.4	6,658	75.4	151,540	90.3
7,769	103.3	2,156	93.6	1,465	102.8	34,827	105.4
7,963	100.8	2,045	97.9	1,846	145.4	36,385	101.3
15,732	102.0	4,201	95.6	3,311	122.9	71,212	103.3
8,348	99.0	2,744	98.8	2,338	134.1	41,412	100.8
7,995	99.7	3,189	104.4	2,629	118.4	40,864	98.5
16,343	99.4	5,933	101.7	4,967	125.3	82,276	99.6
32,075	100.6	10,135	99.1	8,279	124.3	153,489	101.3

10. 石油業の収益

年　度	2008	2009	2010
(1) 売上高	281,729	201,844	218,319
(2) 営業利益	▲6,339	▲251	4,711
(3) 経常利益	▲2,707	400	5,115
(4) 売上高経常利益率	%	%	%
(石　油)	▲0.96	0.20	2.34
(製造業)	2.70	2.95	5.00

年　度	2015	2016	2017
(1) 売上高	200,258	182,849	198,670
(2) 営業利益	▲2,541	4,986	6,382
(3) 経常利益	▲1,718	5,251	7,255
(4) 売上高経常利益率	%	%	%
(石　油)	▲0.86	2.87	3.65
(製造業)	8.51	8.85	9.83

・石油連盟会員会社が対象（石油業以外の収益を含む場合がある）
・石油通信社推計

状況の推移

（単位: 億円）

2011	2012	2013	2014
248,805 6,280 6,744	251,820 2,309 2,518	273,870 1,760 2,464	262,716 ▲7,628 ▲6,417
% 2.71 4.68	% 1.00 5.42	% 0.90 7.69	% ▲2.44 8.55

2018	2019	2020	2021
218,329 3,335 3,939	208,928 ▲1,286 ▲1,592	158,994 5,518 4,508	220,768 15,309 14,889
% 1.80 10.00	% ▲0.76 5.66	% 2.84 6.62	% 6.74 8.26

11. 石油業の収益・

年度	業種 ＼ 年度	区　分	2011	2012	2013	2014
収益率指標	総資本経常利益率	石油業	5.68	1.97	1.92	▲5.43
		製造業	3.52	3.96	5.82	6.21
	自己資本経常利益率	石油業	26.94	9.39	9.24	▲26.87
		製造業	7.18	8.14	11.76	12.10
	売上高経常利益率	石油業	2.66	0.96	0.87	▲2.44
		製造業	4.68	5.42	7.69	8.55
資本比率指標	資本構成（自己資本）	石油業	21.57	20.49	21.10	19.14
		製造業	48.43	48.70	50.10	52.04
財務比率指標	流動比率	石油業	106.91	104.88	103.99	90.53
		製造業	131.90	129.11	132.92	138.28
	固定比率	石油業	183.93	193.18	188.29	249.45
		製造業	118.01	120.52	116.65	112.98

出所：石油連盟　※2019年度以降は石油通信社推計

（注）1　石油業については，各社の平均である。

2　製造業ついては，法人企業統計調査（財務省）などを参考にした。

(1)　総資本経常利益率＝ $\dfrac{\text{経常利益}}{\text{前・当期末資産合計}\div 2}\times 100$

(2)　自己資本経常利益率＝ $\dfrac{\text{経常利益}}{\text{前・当期末（純資産－新株予約権）}\div 2}\times 100$

財務比率の推移

（単位：%）

2015	2016	2017	2018	2019	2020	2021
▲1.74	5.56	7.99	4.02	▲0.99	2.29	9.40
5.85	5.79	6.44	6.42	4.33	4.61	6.75
▲8.95	27.64	36.65	17.27	▲4.49	10.06	29.66
11.26	10.91	12.15	11.89	9.72	9.65	6.39
▲0.86	2.87	3.65	1.80	▲0.76	2.84	6.74
8.51	8.85	9.83	10.00	5.66	6.62	8.26
19.39	20.97	23.32	23.22	30.33	28.53	28.60
52.16	53.28	53.56	54.09	44.12	59.89	51.56
82.64	89.20	96.89	94.97	95.53	108.74	116.77
136.16	138.67	135.48	132.36	137.75	150.82	117.71
275.52	239.67	194.76	197.22	237.88	183.49	184.94
111.50	111.88	112.79	114.29	142.57	110.21	104.27

(3) 売上高経常利益率 $= \dfrac{\text{経常利益}}{\text{売上高}} \times 100$

(4) 自己資本比率 $= \dfrac{\text{(純資産－新株予約権)}}{\text{総資本}} \times 100$

(5) 流動比率 $= \dfrac{\text{流動資産}}{\text{流動負債}} \times 100$

(6) 固定比率 $= \dfrac{\text{固定資産}}{\text{自己資本}} \times 100$

Ⅶ 流　　通

1. 給油所数の推移

年度末	フルサービス	セルフ	給油所数	セルフ比率%
2001	**51,239**	**1,353**	**52,592**	**2.6**
2002	**48,771**	**2,523**	**51,294**	**4.9**
2003	**46,644**	**3,423**	**50,067**	**6.8**
2004	**44,568**	**4,104**	**48,672**	**8.4**
2005	**42,628**	**4,956**	**47,584**	**10.4**
2006	**39,630**	**6,162**	**45,792**	**13.5**
2007	**37,034**	**7,023**	**44,057**	**15.9**
2008	**34,316**	**7,774**	**42,090**	**18.5**
2009	**32,061**	**8,296**	**40,357**	**20.6**
2010	**30,328**	**8,449**	**38,777**	**21.8**
2011	**29,147**	**8,596**	**37,743**	**22.8**
2012	**27,487**	**8,862**	**36,349**	**24.4**
2013	**25,431**	**9,275**	**34,706**	**26.7**
2014	**23,980**	**9,530**	**33,510**	**28.4**
2015	**22,605**	**9,728**	**32,333**	**30.1**
2016	**21,611**	**9,856**	**31,467**	**31.3**
2017	**20,759**	**9,988**	**30,747**	**32.5**
2018	**19,970**	**10,100**	**30,070**	**33.6**
2019	**19,317**	**10,320**	**29,637**	**34.8**
2020	**18,538**	**10,467**	**29,005**	**36.1**
2021	**17,867**	**10,608**	**28,475**	**37.3**

・給油所数は資源エネルギー庁発表。セルフSS数は石油情報センターまとめ。
・フルサービスSSは給油所数からセルフSS数を差し引いた数値。

2. 都道府県別給油所数（2022年3月末現在）

	給油所数	登録事業者数		給油所数	登録事業者数
北海道	1,736	736	京都府	407	161
青森県	531	256	大阪府	901	325
岩手県	491	261	兵庫県	969	363
宮城県	611	244	奈良県	253	126
秋田県	442	208	和歌山県	360	212
山形県	423	214	近畿局	3,456	1,447
福島県	789	394	鳥取県	207	80
東北局	3,287	1,577	島根県	306	164
茨城県	980	568	岡山県	564	232
栃木県	626	350	広島県	695	312
群馬県	584	265	山口県	400	166
埼玉県	969	403	中国局	2,172	954
千葉県	1,015	478	徳島県	325	203
東京都	935	428	香川県	343	151
神奈川県	805	268	愛媛県	516	253
新潟県	828	431	高知県	336	189
山梨県	348	207	四国局	1,520	796
長野県	788	312	福岡県	911	317
静岡県	904	436	佐賀県	277	114
関東局	8,782	4,146	長崎県	446	226
富山県	356	151	熊本県	661	314
石川県	326	146	大分県	429	207
岐阜県	670	336	宮崎県	454	217
愛知県	1,335	501	鹿児島県	781	435
三重県	548	254	九州局	3,959	1,830
中部局	3, 235	1,388	沖縄県	328	124
福井県	265	131	全国合計	28,475	13,008
滋賀県	301	139			

・資源エネルギー庁（局は経済産業局）

3. 石油各社別給油所数・

◯給油所総数

	SS総数			
	2022年3月末	前年同月比	SS社有比率	SS総数シェア
ENEOS	12,445 (2,837)	－178 (－24)	22.8 (22.7)	56.3 (56.3)
出光興産	6,216 (1,932)	－95 (－8)	31.1 (30.7)	28.1 (28.1)
(出光系)	3,382 (1,158)	－44 (－3)	34.2 (33.9)	15.3 (15.3)
(シェル系)	2,834 (774)	－51 (－5)	27.3 (27.0)	12.8 (12.9)
コスモ石油マーケティング	2,695 (775)	－34 (0)	28.8 (28.4)	12.2 (12.2)
キグナス石油	452 (78)	－4 (－4)	17.3 (18.0)	2.0 (2.0)
太陽石油	309 (101)	－11 (－1)	32.7 (31.9)	1.4 (1.4)
合計	22,117 (5,723)	－322 (－37)	25.9 (25.7)	100.0 (100.0)

・カッコ内は数字は社有（比率・シェアは前年同月実績），セルフSS数はSS総数の内数。

セルフSS数（2022年3月末）

◯セルフSS

セルフ SS 数					SS 総数に占めるセルフ比率
2022 年 3 月末		前年同月比		セルフ社有比率	
4,545	(2,004)	62	(3)	44.1 (44.6)	36.5 (35.5)
2,478	(1,464)	59	(26)	59.1 (59.4)	39.9 (38.3)
1,392	(905)	43	(17)	65.0 (65.8)	41.2 (39.4)
1,086	(559)	16	(9)	51.5 (51.4)	38.3 (37.1)
1,112	(663)	13	(4)	59.6 (60.0)	41.3 (40.3)
257	(72)	1	(－4)	28.0 (29.7)	56.9 (56.1)
167	(85)	0	(－1)	50.9 (51.5)	54.0 (52.2)
8,559	(4,288)	135	(28)	50.1 (50.6)	38.7 (37.5)

4. セルフSS数推移

	2018年 3月末	2019年 3月末	2020年 3月末	2021年 3月末	2022年 3月末
北海道局	517	529	545	554	562
東北局	1,006	1,020	1,045	1,064	1,086
青森県	146	149	151	155	158
岩手県	139	140	144	142	150
宮城県	254	256	265	270	276
秋田県	96	98	99	102	102
山形県	138	140	145	150	153
福島県	233	237	241	245	247
関東局	3,119	3,191	3,254	3,304	3,334
茨城県	257	265	271	275	276
栃木県	169	174	179	184	187
群馬県	171	180	186	190	195
埼玉県	486	495	501	505	513
千葉県	441	449	454	461	462
東京都	356	363	375	387	391
神奈川県	425	430	434	438	438
山梨県	76	76	79	80	82
長野県	219	223	227	233	234
新潟県	198	201	205	205	208
静岡県	321	335	343	346	348
中部局	1,313	1,335	1,381	1,383	1,396
愛知県	610	620	631	632	637
三重県	598	194	204	206	212
岐阜県	230	232	240	242	244
富山県	133	138	147	147	147
石川県	152	151	159	156	156

・石油情報センター（局は経済産業局）

（都道府県別）

	2018年 3月末	2019年 3月末	2020年 3月末	2021年 3月末	2022年 3月末
近畿局	1,383	1,400	1,400	1,441	1,454
福井県	81	82	82	83	85
滋賀県	120	121	121	125	131
京都府	158	159	159	167	169
大阪府	398	406	406	417	417
兵庫県	423	428	428	436	439
奈良県	104	103	103	107	107
和歌山県	99	101	101	106	106
中国局	780	787	787	813	831
鳥取県	84	85	85	85	86
島根県	81	82	82	84	87
岡山県	223	221	221	225	233
広島県	237	243	243	255	258
山口県	155	156	156	164	167
四国局	447	451	451	463	471
徳島県	91	90	90	90	92
香川県	150	150	150	157	159
愛媛県	123	126	126	130	132
高知県	83	85	85	86	88
九州局	1,268	1,293	1,293	1,334	1,360
福岡県	405	415	415	429	440
佐賀県	103	105	105	106	107
長崎県	117	118	118	124	127
熊本県	199	202	202	209	211
大分県	141	141	141	149	151
宮崎県	113	117	117	120	126
鹿児島県	190	195	195	197	198
沖縄総合事務局	95	94	94	111	114
合　　計	9,928	10,100	10,100	10,467	10,608

5. 揮発油等の品質の確保等に関する法律による登録状況（2022年３月末現在）

局　名	登　録　数			
	事業者数		給油所数	
北海道	736	(740)	1,736	(1,750)
東北	1,577	(1,598)	3,287	(3,328)
関東	4,146	(4,316)	8,782	(9,000)
中部	1,388	(1,416)	3,235	(3,291)
近畿	1,447	(1,482)	3,456	(3,498)
中国	954	(972)	2,172	(2,227)
四国	796	(805)	1,520	(1,547)
九州	1,830	(1,859)	3,959	(4,034)
沖縄	124	(126)	328	(330)
合計	12,998	(13,314)	28,475	(29,005)

（注）１．カッコ内は前年同月。SS数は含可搬式。

6. 主要国の給油所数の推移

年末	日本	米国	英国	ドイツ	フランス	韓国
1980	**59,209**	**(158,540) 214,648**	**25,527**	**25,879**	**41,000**	–
1985	**59,082**	**(124,600) –**	**21,140**	**18,179**	**32,000**	–
1990	**58,614**	**210,120**	**19,465**	**19,317**	**24,500**	–
1994	**60,421**	**195,455**	**16,971**	**18,300**	**19,013**	**7,296**
1995	**59,990**	**190,246**	**16,244**	**17,957**	**18,406**	**8,371**
1996	**59,615**	**187,892**	**14,748**	**17,660**	**17,974**	**9,130**
1997	**58,263**	**182,596**	**14,824**	**17,066**	**17,514**	**9,781**
1998	**56,444**	**180,567**	**13,758**	**16,617**	**17,100**	**10,012**
1999	**55,153**	**175,941**	**13,716**	**16,404**	**16,700**	**10,163**
2000	**53,704**	**172,169**	**13,043**	**16,324**	**16,230**	**11,015**
2001	**52,592**	**170,018**	**12,201**	**16,198**	**15,600**	**11,088**
2002	**51,294**	**167,571**	**11,425**	**16,068**	**14,950**	**10,655**
2003	**50,067**	**167,346**	**10,535**	**15,971**	**14,530**	**10,927**
2004	**48,672**	**168,987**	**10,351**	**15,770**	**13,823**	**11,365**
2005	**47,584**	**167,476**	**9,764**	**15,428**	**13,570**	**11,836**
2006	**45,792**	**164,292**	**9,382**	**15,187**	**13,270**	**12,019**
2007	**44,057**	**161,768**	**9,271**	**15,036**	**13,030**	**12,459**
2008	**42,090**	**162,350**	**9,283**	**14,902**	**12,707**	**12,498**
2009	**40,357**	**159,006**	**9,013**	**14,826**	**12,333**	**12,862**
2010	**38,777**	**157,393**	**8,892**	**14,785**	**12,518**	**13,003**
2011	**37,743**	**156,065**	**8,480**	**14,744**	**12,000**	**13,172**
2012	**36,349**	**152,995**	**8,714**	**14,723**	**11,168**	**13,239**
2013	**34,706**	–	**8,613**	**14,678**	–	**12,931**
2014	**33,510**	–	**8,588**	**14,622**	**11,356**	**12,936**
2015	**32,333**	–	**8,490**	**14,562**	**11,269**	**12,589**
2016	**31,467**	–	**8,459**	**14,531**	**11,194**	**12,307**
2017	**30,747**	–	**8,407**	**14,502**	**11,147**	**12,286**
2018	**30,070**	–	**8,394**	**14,478**	**11,200**	–
2019	**29,637**	–	**8,385**	**14,459**	**11,193**	–
2020	**29,005**	–	**8,380**	**14,449**	**11,160**	–

出所：アメリカ　商務省調査，90年以降はNPN，2013年以降不明。
イギリス　IP Petroleum Review Supplement，2013年以降PRA Market Review。
フランス　フランス石油製品販売業者組合
ド イ ツ　ドイツ石連（MWV）
韓国　韓国石連ほか
日本　資源エネルギー庁（年度末）

7. ガソリン販売数量フロー（2020年度）

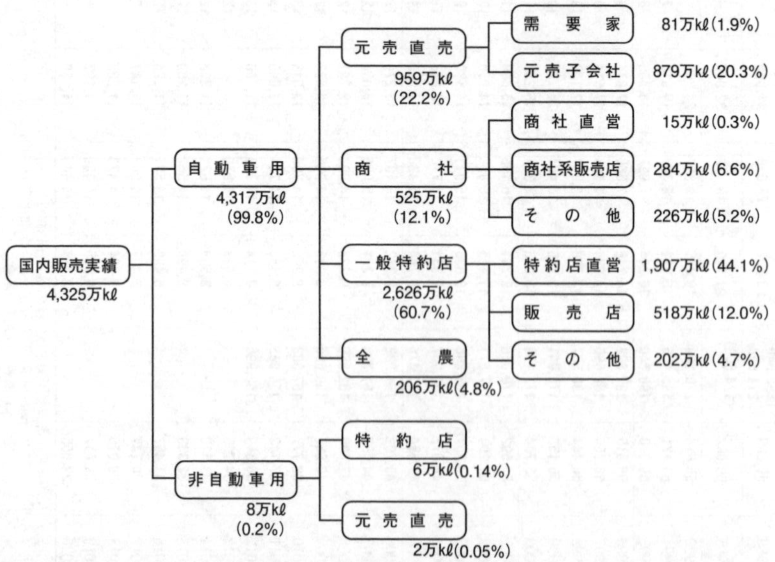

(注）販売数量・構成比（パーセント計算値）が，四捨五入の関係により，項目の和が計の値に合わないことがある。
（出典：資源エネルギー庁調査）

8. 軽油販売数量フロー（2020年度）

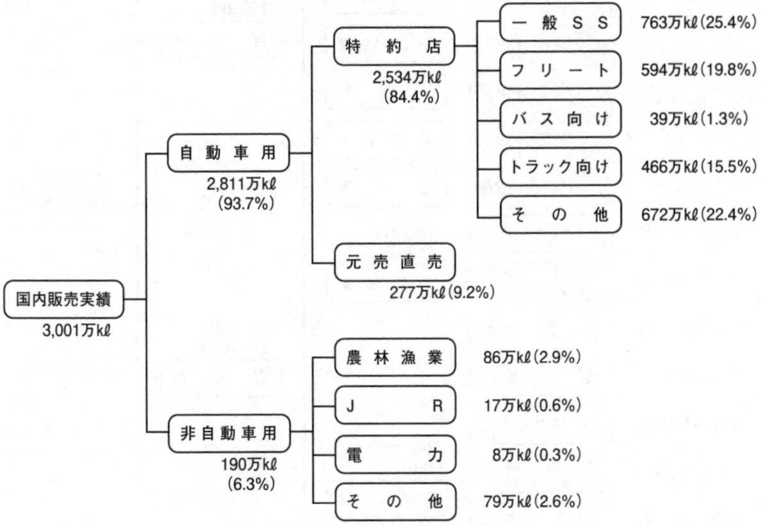

（注）販売数量・構成比（パーセント計算値）が，四捨五入の関係により，項目の和が計の値に合わないことがある。
（出典：資源エネルギー庁調査）

9. 灯油販売数量フロー（2020年度）

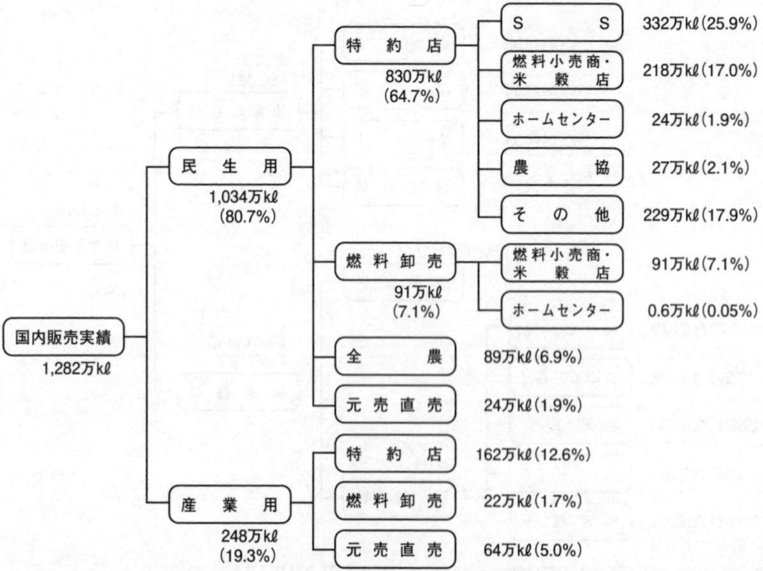

（注）販売数量・構成比（パーセント計算値）が，四捨五入の関係により，項目の和が計の値に合わないことがある。

10. ガソリン供給源別

年度	2010	2011	2012	2013
需要家	2.1	2.6	2.5	2.4
元売販売子会社	17.3	18.7	18.9	19.8
元売直売計	19.4	21.3	21.4	22.2
商社直営	1.8	1.8	2.0	1.9
商社系販売店	5.9	5.6	5.3	5.6
その他	6.5	7.6	7.3	6.6
商社計	14.3	15.0	14.6	14.1
特約店直営	42.6	42.7	43.4	43.5
販売店	11.7	9.3	9.0	8.9
その他	7.2	6.9	6.8	6.3
一般特約店計	61.6	59.0	59.1	58.8
全農	4.5	4.6	4.7	4.8
自動車用合計	99.8	99.8	99.9	99.9
非自動車用合計	0.2	0.2	0.1	0.1
（特約店）	0.1	0.1	0.1	0.1
（元売直売）	0.1	0.0	0.0	0.0
合計	100.0	100.0	100.0	100.0
ガソリン販売量（万kℓ）	5,842	5,774	5,664	5,544

※資源エネルギー庁調査，四捨五入のため項目に対する合計が合わないことがある。

販売シェア推移

（単位：%）

2014	2015	2016	2017	2018	2019	2020
2.4	2.3	2.4	2.4	2.6	1.8	1.9
20.2	20.2	20.2	19.9	20.2	20.4	20.3
22.6	22.7	22.6	22.4	22.7	22.1	22.2
2.0	2.2	2.4	2.7	2.7	0.4	0.3
5.8	6.0	5.9	6.1	6.2	6.6	6.6
5.8	6.2	5.9	4.4	3.5	5.1	5.2
13.6	14.4	14.2	13.1	12.4	12.1	12.1
44.4	44.1	44.9	46.4	46.9	44.4	44.1
8.7	8.5	8.7	9.3	9.6	11.8	12.0
5.7	5.2	4.5	3.6	3.1	4.4	4.7
58.8	57.9	58.1	59.3	59.7	60.7	60.7
4.9	4.9	5.0	5.0	4.9	4.8	4.8
99.8	99.8	99.8	99.7	99.7	99.7	99.8
0.2	0.2	0.2	0.3	0.3	0.3	0.2
0.1	0.1	0.2	0.2	0.2	0.2	0.1
0.0	0.0	0.0	0.1	0.1	0.1	0.1
100.0	100.0	100.0	100.0	100.0	100.0	100.0
5,257	5,314	5,283	5,113	4,942	4,711	4,325

11. 軽油供給源別

年度	2010	2011	2012	2013
一般SS	27.5	27.0	26.2	26.0
フリート	20.0	18.2	17.4	17.4
バス向け	1.7	1.7	1.7	1.8
トラック向け	17.3	17.8	18.1	18.0
その他	18.7	20.9	21.7	22.2
特約店計	85.3	85.7	85.2	85.4
元売直売	8.1	7.8	8.1	8.6
自動車用計	93.4	93.5	93.3	94.0
農林漁業	2.5	2.3	2.3	2.1
JR	0.8	0.7	0.7	0.7
電力	0.6	0.5	1.2	0.6
その他	2.7	2.9	2.5	2.6
非自動車用計	6.6	6.5	6.7	6.0
合計	100	100	100	100.0
軽油国内販売量（万kℓ）	3,250	3,307	3,311	3,406

※資源エネルギー庁調査，四捨五入のため項目に対する合計が合わないことがある。

販売シェア推移

（単位：%）

2014	2015	2016	2017	2018	2019	2020
25.3	25.5	25.6	25.8	26.4	25.5	25.4
18.0	17.8	17.8	18.2	18.4	19.1	19.8
1.8	1.8	1.8	1.7	1.6	1.6	1.3
17.2	17.1	16.8	18.7	16.0	16.1	15.5
22.5	22.5	22.2	21.5	21.6	22.6	22.4
84.9	84.7	84.3	84.0	84.0	84.8	84.4
8.8	9.3	9.7	10.3	10.7	8.9	9.2
93.7	94.0	93.9	94.3	94.7	93.7	93.7
2.3	2.1	2.1	2.1	2.0	2.7	2.9
0.6	0.6	0.6	0.6	0.6	0.6	0.6
0.6	0.3	0.3	0.3	0.2	0.3	0.3
2.8	3.0	3.1	2.7	2.4	2.6	2.6
6.3	6.0	6.1	5.7	5.3	6.3	6.3
100.0	100.0	100.0	100.0	100.0	100.0	100.0
3,263	3,258	3,270	3,266	3,279	3,148	3,001

12. 灯油供給源別

	2010	2011	2012	2013
S　S	23.1	22.8	22.0	21.7
燃料小売商・米殻店	18.5	19.2	20.0	20.0
ホームセンター	1.5	1.5	1.6	1.7
農　協	0.1	0.1	0.4	0.5
そ　の　他	22.3	22.1	22.7	21.2
特約店計	65.5	65.7	65.7	65.1
燃料小売商・米殻店	7.1	7.0	7.3	7.9
ホームセンター	0.1	0.1	0.1	0.1
燃料卸売	7.2	7.1	7.4	8.0
全　農	6.0	6.5	6.1	5.8
元売直売	4.2	3.5	2.3	2.6
民生用計	83.0	82.8	81.5	81.4
特約店	12.0	12.0	12.8	12.6
燃料卸売	0.7	0.6	0.7	0.6
元売直売	4.4	4.5	5.1	5.5
産業用計	17.0	17.2	18.5	18.6
合　計	100.0	100.0	100.0	100.0
灯油販売量（万kℓ）	2,128	2,115	2,039	1,960

販売シェア推移

2014	2015	2016	2017	2018	2019	2020
20.8	20.5	21.5	23.5	23.3	23.9	25.9
20.1	20.6	20.3	20.7	20.8	18.5	17.0
1.7	2.1	2.2	2.1	1.9	1.9	1.9
0.4	0.6	0.8	1.0	0.8	2.2	2.1
19.7	19.0	18.8	15.6	14.3	18.1	17.9
62.8	62.8	63.6	62.8	61.1	64.7	64.7
8.9	8.7	8.5	8.3	8.0	7.6	7.1
0.1	0.1	0.1	0.1	0.1	0.1	0.1
9.0	8.8	8.6	8.4	8.1	7.7	7.1
6.6	6.8	7.0	6.9	7.3	6.1	6.9
2.3	2.3	2.2	2.5	2.3	1.8	1.9
80.7	80.7	81.3	80.6	78.7	80.3	80.7
13.1	13.1	12.8	13.2	14.7	12.7	12.6
0.8	0.6	0.4	0.3	0.3	1.6	1.7
5.4	5.7	5.4	5.9	6.2	5.4	5.0
19.3	19.3	18.7	19.4	21.3	19.7	19.3
100.0	100.0	100.0	100.0	100.0	100.0	100.0
1,730	1,694	1,707	1,694	1,437	1,307	1,282

13. 石油製品卸

年月 ＼ 油種	燃料油	ガソリン	ジェット燃料油	灯油
2020 年 平 均	**100.0**	**100.0**	**100.0**	**100.0**
2021 年 平 均	**129.5**	**119.2**	**132.7**	**138.9**
2021 年 1 月	**108.5**	**105.4**	**105.2**	**111.1**
2	**113.4**	**109.2**	**113.2**	**118.7**
3	**120.6**	**115.0**	**122.6**	**130.2**
4	**123.5**	**114.9**	**125.8**	**130.2**
5	**125.4**	**116.7**	**126.5**	**133.6**
6	**129.3**	**120.3**	**129.7**	**140.1**
7	**134.5**	**122.8**	**137.6**	**145.9**
8	**132.8**	**120.8**	**140.2**	**141.8**
9	**134.0**	**121.9**	**137.1**	**144.2**
10	**144.0**	**128.5**	**142.1**	**159.4**
11	**147.5**	**130.6**	**155.4**	**162.2**
12	**140.8**	**124.6**	**157.1**	**149.3**
2022 年 1 月	**147.2**	**129.4**	**150.0**	**159.8**
2	**151.8**	**133.4**	**161.3**	**168.0**
3	**152.5**	**134.4**	**174.3**	**168.1**

出所：日本銀行（企業物価指数）

売物価指数推移

(2020年＝100)

軽　油	A 重 油	C 重 油	潤 滑 油	アスファルト	LPガス
100.0	100.0	100.0	100.0	100.0	100.0
139.0	141.1	144.8	109.3	136.9	150.4
111.2	111.8	117.5	100.6	103.8	114.1
118.7	120.3	117.5	102.4	105.6	130.4
130.4	132.6	117.5	104.7	118.2	139.8
130.2	132.1	139.9	107.6	131.7	143.1
134.0	136.0	139.9	107.6	134.9	131.0
140.5	142.9	139.9	108.9	137.7	125.2
145.9	148.3	152.1	110.8	144.0	138.2
142.2	144.5	152.1	112.1	147.5	154.2
144.4	146.4	152.1	112.9	148.6	159.3
158.3	161.0	169.7	112.2	152.6	169.8
162.4	165.2	169.7	115.8	159.8	198.3
150.0	151.6	169.7	116.5	158.9	201.4
160.7	163.1	183.9	115.6	159.3	184.3
168.1	171.4	173.6	118.4	166.1	183.7
169.9	172.4	143.8	122.6	182.5	200.0

14. 石油製品

年月＼油種	ハイオク	レギュラー	軽油	SS 灯油（店頭）
2021 年 1 月	**149.8**	**138.9**	**119.4**	**1,487**
2 月	**154.0**	**143.1**	**123.4**	**1,544**
3 月	**161.2**	**150.3**	**130.4**	**1,643**
4 月	**161.3**	**150.5**	**130.7**	**1,654**
5 月	**163.3**	**152.5**	**132.6**	**1,678**
6 月	**167.1**	**156.3**	**136.3**	**1,725**
7 月	**169.2**	**158.4**	**138.3**	**1,756**
8 月	**168.6**	**157.8**	**137.8**	**1,754**
9 月	**169.6**	**158.7**	**138.7**	**1,765**
10 月	**178.2**	**167.3**	**147.1**	**1,910**
11 月	**179.4**	**168.6**	**148.4**	**1,952**
12 月	**175.9**	**165.1**	**145.1**	**1,915**
2022 年 1 月	**181.7**	**170.9**	**150.6**	**1,998**
2 月	**183.6**	**172.8**	**152.5**	**2,033**
3 月	**184.8**	**174.0**	**153.7**	**2,061**

(注) 1．消費税込み全国平均価格（産業用軽油，産業用A重油は消費税抜き）。
2．ハイオク，レギュラー，軽油，A重油は１リットル，灯油は18リットル当たりの価格。
3．大型ローリーは可積載量８kℓ以上，小型ローリーは８kℓ未満。
4．ハイオク，レギュラー，軽油，SS灯油は週次調査のうち各月最終週の数値。それ以外は月次調査。

出所：資源エネルギー庁（石油製品価格調査）

価格の推移

SS 灯油（配達）	民生用灯油（店頭）	民生用灯油（配達）	産業用軽油（インタンク）	産業用 A 重油（大型ローリー）	産業用 A 重油（小型ローリー）
1,646	**1,426**	**1,802**	**96.2**	**62.6**	**71.9**
1,703	**1,508**	**1,859**	**99.9**	**66.3**	**75.4**
1,799	**1,592**	**1,899**	**104.8**	**71.1**	**79.6**
1,812	**1,676**	**1,923**	**105.7**	**71.6**	**80.4**
1,836	**1,675**	**1,920**	**107.6**	**73.3**	**81.8**
1,882	**1,692**	**1,933**	**110.8**	**76.5**	**84.8**
1,915	**1,751**	**1,978**	**113.1**	**78.8**	**86.9**
1,913	**1,744**	**1,979**	**112.0**	**77.9**	**86.6**
1,922	**1,758**	**1,975**	**113.3**	**79.2**	**87.7**
2,065	**1,807**	**2,052**	**119.9**	**85.5**	**93.6**
2,110	**1,982**	**2,181**	**122.2**	**87.4**	**95.6**
2,076	**2,014**	**2,202**	**117.7**	**83.3**	**93.2**
2,157	**1,969**	**2,223**	**122.2**	**87.6**	**96.7**
2,192	**2,038**	**2,309**	**125.8**	**91.5**	**100.2**
2,221	**2,130**	**2,334**	**127.0**	**93.1**	**101.5**

15. 石油製品消費

油種／年月		消費者物価指数※1			小売物価統計（全国平均※2）		
		ガソリン	灯　油	プロパン	ガソリン（円／ℓ）	店頭灯油（円／18ℓ）	プロパン（円／10m³）
2020年（平均）		100.0	100.0	100.0	137.0	1,548.6	7,876.9
2021年（〃）		112.8	114.4	101.9	154.6	1,718.4	8,003.9
2021年	1月	110.9	114.1	100.4	137.4	1,494.8	7,865.2
	2	109.3	114.1	100.5	140.4	1,532.5	7,890.7
	3	106.5	111.4	100.6	147.3	1,607.5	7,917.9
	4	96.8	98.9	100.5	150.6	1,656.6	7,943.7
	5	91.9	93.2	100.0	151.1	1,663.3	7,950.3
	6	95.1	92.4	99.8	153.8	1,684.1	7,966.5
	7	96.8	93.3	99.7	158.8	1,742.4	7,977.6
	8	99.1	97.8	99.7	159.1	1,756.7	7,996.1
	9	99.5	97.4	99.6	159.1	1,761.2	7,855.1
	10	98.3	96.5	99.6	163.6	1,825.2	8,093.3
	11	97.2	95.3	99.8	169.6	1,959.6	8,160.2
	12	98.7	95.6	99.7	165.4	1,936.2	8,260.7
2022年	1月	100.4	97.6	99.9	167.7	1,961.2	8,337.6
	2	102.5	100.9	100.2	171.5	2,019.8	8,350.3
	3	107.4	106.8	100.7	175.6	2,084.6	8,395.3

（出所：総務省（消費者物価指数，小売物価統計，家計調査）

※1．基準年は2020年。

※2．本紙計算による全都市平均価格（消費税込み）。

※3．家計調査による2人以上の世帯の全国平均。

者物価指数等推移

1世帯当たり支出金額※3			1世帯当たり購入数量※3		
ガソリン	灯油	プロパン	ガソリン (ℓ)	灯油 (ℓ)	プロパン (m^3)
52,096	13,640	21,667	407,284	166,471	39,734
59,446	13,347	20,651	406,955	152,609	36,674
4,043	2,530	2,079	31,352	33,254	4,129
4,100	2,154	2,195	30997	27,149	4,400
4,903	1,801	2,310	35,251	21,469	4,767
4,525	1,085	2,018	32,105	12,387	3,793
4,615	589	1,937	32,317	6,653	3,389
4,681	361	1,741	32,097	3,971	3,022
5,321	214	1,447	35,665	2,236	2,353
5,384	169	1,284	36,189	1,792	2,139
4,884	231	1,232	32,624	2,416	1,839
5,599	700	1,261	36,014	7,198	1,900
5,379	1,194	1,427	33,720	11,553	2,185
6,012	2,318	1,719	38,625	22,532	2,758
5,251	3,027	2,099	33,183	29,117	3,733
4,984	3,174	2,343	30,826	29,687	4,120
5,563	2,145	2,176	33,708	19,564	3,729

16. 灯油小売

調査日＼容器別・局別	S S 店 頭 価 格									
	北海道局	東北局	関東局	中部局	近畿局	中国局	四国局	九州局	沖縄局	全国
2021年1月	1,438	1,387	1,505	1,477	1,494	1,516	1,464	1,532	1,802	1,487
2月	1,512	1,453	1,558	1,531	1,547	1,576	1,525	1,589	1,841	1,544
3月	1,608	1,568	1,643	1,628	1,639	1,685	1,636	1,692	1,922	1,643
4月	1,669	1,562	1,657	1,638	1,644	1,677	1,642	1,714	1,937	1,654
5月	1,673	1,592	1,679	1,664	1,664	1,705	1,662	1,743	1,979	1,678
6月	1,687	1,642	1,719	1,713	1,708	1,756	1,712	1,801	2,001	1,725
7月	1,746	1,673	1,750	1,742	1,742	1,778	1,738	1,843	2,055	1,756
8月	1,745	1,671	1,744	1,736	1,742	1,775	1,741	1,849	2,006	1,754
9月	1,748	1,684	1,759	1,750	1,746	1,790	1,749	1,853	2,057	1,765
10月	1,841	1,838	1,909	1,905	1,893	1,934	1,889	1,978	2,215	1,910
11月	2,008	1,867	1,946	1,932	1,938	1,964	1,939	2,026	2,275	1,952
12月	1,997	1,814	1,906	1,892	1,905	1,913	1,933	2,001	2,176	1,915
2022年1月	1,974	1,911	2,003	1,982	1,978	2,016	2,003	2,063	2,324	1,998
2月	2,034	1,943	2,040	2,018	2,009	2,051	2,026	2,097	2,360	2,033
3月	2,142	1,967	2,068	2,043	2,038	2,070	2,046	2,136	2,364	2,061
4月	2,151	1,960	2,044	2,039	2,036	2,057	2,046	2,129	2,377	2,051
5月	2,138	1,895	1,997	1,988	1,997	1,991	2,002	2,083	2,293	2,002
6月	2,151	1,987	2,080	2,067	2,045	2,097	2,062	2,147	2,390	2,076

出所：給油所石油製品市況調査（資源エネルギー庁）
消費税込み価格。
週次調査の各月最終週の価格となる。

価格の推移

（単位：円／18ℓ）

S　S　配　達　価　格									
北海道局	東北局	関東局	中部局	近畿局	中国局	四国局	九州局	沖縄局	全国
1,472	1,508	1,698	1,633	1,682	1,700	1,632	1,689	1,823	1,646
1,544	1,575	1,752	1,688	1,736	1,758	1,691	1,745	1,858	1,703
1,644	1,683	1,835	1,784	1,825	1,860	1,801	1,844	1,937	1,799
1,707	1,678	1,851	1,788	1,814	1,852	1,806	1,866	1,954	1,812
1,713	1,709	1,871	1,814	1,831	1,883	1,830	1,894	1,996	1,836
1,723	1,762	1,913	1,865	1,871	1,928	1,876	1,955	1,999	1,882
1,780	1,792	1,946	1,896	1,905	1,954	1,906	1,993	2,067	1,915
1,784	1,791	1,939	1,893	1,906	1,955	1,908	1,999	2,029	1,913
1,785	1,801	1,951	1,905	1,910	1,967	1,915	2,004	2,079	1,922
1,877	1,952	2,085	2,052	2,073	2,116	2,058	2,131	2,228	2,065
2,046	1,987	2,134	2,083	2,109	2,148	2,106	2,176	2,300	2,110
2,047	1,936	2,093	2,051	2,080	2,101	2,097	2,153	2,210	2,076
2,016	2,040	2,191	2,136	2,150	2,204	2,166	2,208	2,344	2,157
2,082	2,073	2,230	2,170	2,176	2,235	2,195	2,244	2,378	2,192
2,185	2,101	2,260	2,193	2,199	2,258	2,210	2,283	2,379	2,221
2,188	2,093	2,235	2,189	2,202	2,240	2,212	2,274	2,413	2,211
2,184	2,029	2,185	2,144	2,161	2,174	2,169	2,231	2,359	2,163
2,197	2,115	2,270	2,224	2,209	2,280	2,230	2,296	2,403	2,237

17. 油種別・経済産業局別

	全国		北海道		東北		関東	
	基数	容量	基数	容量	基数	容量	基数	容量
原油	512	36,456,304	18	1,163,925	n.a.	n.a.	167	9,433,459
製油所	333	23,397,110	n.a.	n.a.	n.a.	n.a.	142	8,915,962
その他	179	13,059,194	n.a.	n.a.	n.a.	n.a.	25	517,497
半製品計	1,491	19,449,359	n.a.	n.a.	n.a.	n.a.	577	6,595,148
製油所	1,265	16,589,744	n.a.	n.a.	n.a.	n.a.	n.a.	n.a.
その他	226	2,859,615	n.a.	n.a.	n.a.	n.a.	n.a.	n.a.
粗ガソリン	570	6,630,387	n.a.	n.a.	n.a.	n.a.	197	1,667,290
製油所	467	4,898,304	n.a.	n.a.	n.a.	n.a.	n.a.	n.a.
その他	103	1,732,083	n.a.	n.a.	n.a.	n.a.	n.a.	n.a.
粗灯油	116	1,399,212	n.a.	n.a.	n.a.	n.a.	44	442,283
製油所	90	1,129,798	n.a.	n.a.	n.a.	n.a.	n.a.	n.a.
その他	26	269,414	n.a.	n.a.	n.a.	n.a.	n.a.	n.a.
粗軽油	186	2,643,305	n.a.	n.a.	n.a.	n.a.	79	910,595
製油所	163	2,433,930	n.a.	n.a.	n.a.	n.a.	n.a.	n.a.
その他	23	209,375	n.a.	n.a.	n.a.	n.a.	n.a.	n.a.
粗重油	619	8,776,455	n.a.	n.a.	n.a.	n.a.	257	3,574,980
製油所	545	8,127,712	n.a.	n.a.	n.a.	n.a.	n.a.	n.a.
その他	74	648,743	n.a.	n.a.	n.a.	n.a.	n.a.	n.a.
燃料油計	3,976	26,120,206	473	2,345,874	551	2,566,450	1,128	8,731,014
製油所	901	12,669,883	n.a.	n.a.	n.a.	n.a.	406	5,744,472
その他	3,075	13,450,323	n.a.	n.a.	n.a.	n.a.	722	2,986,542
ガソリン	815	4,148,316	74	190,845	102	284,630	234	1,380,997
製油所	186	2,242,071	n.a.	n.a.	n.a.	n.a.	85	952,319
その他	629	1,906,245	n.a.	n.a.	n.a.	n.a.	149	428,678
ナフサ	170	3,647,519	n.a.	n.a.	n.a.	n.a.	77	1,884,073
製油所	104	2,267,811	n.a.	n.a.	n.a.	n.a.	52	1,353,357
その他	66	1,379,708	※	※	※	※	25	530,716
ジェット燃料油	413	2,207,292	n.a.	n.a.	n.a.	n.a.	127	1,084,854
製油所	102	1,246,791	n.a.	n.a.	n.a.	n.a.	40	596,132
その他	311	960,501	n.a.	n.a.	n.a.	n.a.	87	488,722
灯油	857	5,386,155	219	1,434,173	150	652,083	234	1,614,753
製油所	116	2,313,967	n.a.	n.a.	n.a.	n.a.	61	981,534
その他	741	3,072,188	n.a.	n.a.	n.a.	n.a.	173	633,219
軽油	624	4,068,368	49	162,097	75	237,356	199	1,207,061
製油所	138	2,390,594	n.a.	n.a.	n.a.	n.a.	67	915,332
その他	486	1,677,774	n.a.	n.a.	n.a.	n.a.	132	291,729
重油計	1,097	6,662,556	93	462,654	178	1,278,264	257	1,559,276
製油所	255	2,208,649	n.a.	n.a.	n.a.	n.a.	101	945,798
その他	842	4,453,907	n.a.	n.a.	n.a.	n.a.	156	613,478
A重油	770	2,161,311	n.a.	n.a.	144	269,644	179	480,812
製油所	134	695,225	n.a.	n.a.	n.a.	n.a.	52	303,373
その他	636	1,466,086	n.a.	n.a.	n.a.	n.a.	127	177,439
B・C重油	327	4,501,245	n.a.	n.a.	34	1,008,620	78	1,078,464
製油所	121	1,513,424	n.a.	n.a.	n.a.	n.a.	49	642,425
その他	206	2,987,821	n.a.	n.a.	n.a.	n.a.	29	436,039
液化石油ガス計	736	4,596,844	34	37,727	35	252,306	255	1,942,460
製油所	371	1,355,404	n.a.	n.a.	n.a.	n.a.	156	798,323
その他	365	3,241,440	n.a.	n.a.	n.a.	n.a.	99	1,144,137
プロパン	443	2,732,940	n.a.	n.a.	n.a.	n.a.	133	1,196,893
製油所	180	692,608	n.a.	n.a.	n.a.	n.a.	66	427,727
その他	263	2,040,332	n.a.	n.a.	n.a.	n.a.	67	769,166
ブタン	293	1,863,904	n.a.	n.a.	n.a.	n.a.	122	745,567
製油所	191	662,796	n.a.	n.a.	n.a.	n.a.	90	370,596
その他	102	1,201,108	n.a.	n.a.	n.a.	n.a.	32	374,971

(注) 容量（kℓ，液化石油ガスはトン），「－」は未調査。「n.a.」は同一地域内で調査対象が３社以

出所：資源エネルギー庁「石油設備調査」

貯油設備能力（2020年３月末現在）

（単位：kℓ，液化石油ガス：ｔ）

中部		近畿		中国		四国		九州		沖縄	
基数	容量	基数	容量	基数	容量	基数	容量	基数	容量	基数	容量
67	5,201,268	61	4,280,868	75	5,085,948	22	1,421,713	n.a.	n.a.	36	3,529,880
52	4,028,224	n.a.	n.a.	n.a.	n.a.	n.a.	n.a.	n.a.	n.a.	※	※
15	1,173,044	n.a.	n.a.	n.a.	n.a.	n.a.	n.a.	n.a.	n.a.	36	3,529,880
195	3,099,683	159	1,999,847	337	4,482,151	n.a.	n.a.	n.a.	n.a.	n.a.	n.a.
n.a.	n.a.	n.a.	n.a.	n.a.	n.a.	n.a.	n.a.	n.a.	n.a.	※	※
n.a.	n.a.	n.a.	n.a.	n.a.	n.a.	n.a.	n.a.	※	※	n.a.	n.a.
81	1,244,672	79	862,564	126	1,674,895	n.a.	n.a.	n.a.	n.a.	※	※
n.a.	n.a.	79	862,564	n.a.	n.a.	n.a.	n.a.	n.a.	n.a.	※	※
n.a.	n.a.	※	※	n.a.	n.a.	n.a.	n.a.	※	※	※	※
19	219,424	18	437,891	18	133,744	n.a.	n.a.	n.a.	n.a.	※	※
n.a.	n.a.	n.a.	n.a.	n.a.	n.a.	n.a.	n.a.	n.a.	n.a.	※	※
n.a.	n.a.	n.a.	n.a.	n.a.	n.a.	※	※	※	※	※	※
21	478,647	19	207,099	37	489,125	n.a.	n.a.	n.a.	n.a.	n.a.	n.a.
21	478,647	19	207,099	n.a.	n.a.	n.a.	n.a.	n.a.	n.a.	※	※
※	※	※	※	n.a.	n.a.	n.a.	n.a.	※	※	n.a.	n.a.
74	1,156,940	43	492,293	156	2,184,387	n.a.	n.a.	n.a.	n.a.	※	※
n.a.	n.a.	n.a.	n.a.	n.a.	n.a.	n.a.	n.a.	n.a.	n.a.	※	※
n.a.	n.a.	n.a.	n.a.	n.a.	n.a.	n.a.	n.a.	※	※	※	※
357	1,973,347	355	3,136,408	314	3,458,377	195	1,337,243	515	1,812,149	88	759,344
106	929,842	131	2,072,690	n.a.	n.a.	n.a.	n.a.	n.a.	n.a.	※	※
251	1,043,505	224	1,063,718	n.a.	n.a.	n.a.	n.a.	n.a.	n.a.	88	759,344
75	417,976	78	480,522	59	700,513	45	285,052	125	251,893	23	155,888
20	217,553	27	247,901	n.a.	n.a.	n.a.	n.a.	n.a.	n.a.	※	※
55	200,423	51	232,621	n.a.	n.a.	n.a.	n.a.	n.a.	n.a.	23	155,888
21	173,549	19	474,584	21	482,705	n.a.	n.a.	n.a.	n.a.	※	※
n.a.	n.a.	n.a.	n.a.	n.a.	n.a.	n.a.	n.a.	n.a.	n.a.	※	※
n.a.	n.a.	n.a.	n.a.	n.a.	n.a.	n.a.	n.a.	n.a.	n.a.	※	※
37	128,950	51	222,241	39	283,489	n.a.	n.a.	n.a.	n.a.	13	93,478
n.a.	n.a.	n.a.	n.a.	n.a.	n.a.	n.a.	n.a.	n.a.	n.a.	※	※
n.a.	n.a.	n.a.	n.a.	n.a.	n.a.	n.a.	n.a.	n.a.	n.a.	13	93,478
52	375,992	43	378,786	44	562,967	23	103,941	81	198,755	11	64,705
8	119,703	11	216,887	n.a.	n.a.	n.a.	n.a.	n.a.	n.a.	※	※
44	256,289	32	161,899	n.a.	n.a.	n.a.	n.a.	n.a.	n.a.	11	64,705
59	409,086	60	737,022	47	611,007	30	192,650	89	237,472	16	274,617
13	264,069	27	612,655	n.a.	n.a.	n.a.	n.a.	n.a.	n.a.	※	※
46	145,017	33	124,367	n.a.	n.a.	n.a.	n.a.	n.a.	n.a.	16	274,617
113	467,794	104	843,253	104	817,696	62	367,437	161	695,526	25	170,656
34	111,266	43	605,674	n.a.	n.a.	n.a.	n.a.	n.a.	n.a.	※	※
79	356,528	61	237,579	n.a.	n.a.	n.a.	n.a.	n.a.	n.a.	25	170,656
70	217,555	64	226,184	58	285,848	32	98,082	138	252,693	n.a.	n.a.
23	74,176	17	102,860	n.a.	n.a.	n.a.	n.a.	n.a.	n.a.	※	※
47	143,379	47	123,324	n.a.	n.a.	n.a.	n.a.	n.a.	n.a.	n.a.	n.a.
43	250,239	40	617,069	46	531,848	30	269,355	23	442,833	n.a.	n.a.
11	37,090	26	502,814	n.a.	n.a.	n.a.	n.a.	n.a.	n.a.	※	※
32	213,149	14	114,255	n.a.	n.a.	n.a.	n.a.	n.a.	n.a.	n.a.	n.a.
83	627,240	98	595,146	76	205,092	41	353,207	90	568,527	24	15,139
45	239,117	63	179,020	n.a.	n.a.	n.a.	n.a.	n.a.	n.a.	※	–
38	388,123	35	416,126	n.a.	n.a.	n.a.	n.a.	n.a.	n.a.	24	15,139
50	364,881	50	298,713	43	95,867	28	272,614	68	305,775	18	8,588
24	113,412	28	86,889	n.a.	n.a.	n.a.	n.a.	n.a.	n.a.	※	※
26	251,469	22	211,824	n.a.	n.a.	n.a.	n.a.	n.a.	n.a.	18	8,588
33	262,359	48	296,433	33	109,225	13	80,593	22	262,752	6	6,551
21	125,705	35	92,131	n.a.	n.a.	n.a.	n.a.	n.a.	n.a.	※	※
12	136,654	13	204,302	n.a.	n.a.	n.a.	n.a.	n.a.	n.a.	6	6,551

内であるため非公表。

Ⅷ　L P ガ ス

1. 各国のLPガス

地域別・国別 \ 区分		供	給		需	要	
		生産	輸入	合計	輸出	消費	合計
アフリカ	計（49カ国）	13,480	8,257	21,737	7,315	14,604	21,919
	アルジェリア	8,917		8,917	6,260	2,674	8,934
	エジプト	1,764	2,229	3,993		3.993	3,993
	モロッコ		2,729	2,729		2,756	2,756
	アンゴラ	1,085	429	1,514	353	992	1,345
	チュニジア	105	495	600		599	599
	赤道ギニア	512		512	495	22	517
	スーダン	281	163	444		444	444
	その他	816	2,212	3,028	207	3,124	3,331
北中米	計（32カ国）	76,582	16,854	93,436	42,676	49,124	91,800
	アメリカ	71,223	5,818	77,041	41,586	33,910	75,496
	メキシコ	3,270	6,989	10,259	21	10,214	10,235
	カナダ	1,576	391	1,967	187	1,739	1,926
	ドミニカ共和国	27	1,010	1,037		1,033	1,033
	その他	486	2,646	3,132	882	2,228	3,110
南米	計（12カ国）	12,451	4,582	17,033	1,532	15,651	17,183
	ブラジル	5,214	1,918	7,132		7,149	7,149
	アルゼンチン	2,768		2,768	1,224	1,538	2,762
	ペルー	1,476	341	1,817		2,003	2,003
	チリ	543	1,000	1,543	131	1,358	1,489
	エクアドル	267	1,043	1,310		1,311	1,311
	ベネズエラ	835		835	50	785	835
	その他	1,348	280	1,628	127	1,507	1,634
オセアニア	計（16カ国）	2,139	511	2,650	1,616	1,061	2,677
	オーストラリア	1,950	409	2,359	1,616	768	2,384
	ニュージーランド	172	24	196		195	195
	その他	17	78	95	0	98	98

出所：国連統計（Energy Statistics Yearbook）

需給（2019年）

（単位：千トン）

地域別・国別		供給 生産	供給 輸入	供給 合計	需要 輸出	需要 消費	需要 合計
アジア・中東	計（49カ国）	144,566	74,464	219,030	54,822	164,039	218,861
	日本	3,401	10,440	13,841	55	13,643	13,698
	中国	42,100	21,093	63,193	1,409	61,606	63,015
	インド	12,823	14,809	27,632	463	27,169	27,632
	韓国	2,882	7,872	10,754	477	10,213	10,690
	インドネシア	2,001	5,715	7,716		7,716	7,716
	タイ	5,980	550	6,530	299	6,231	6,530
	トルコ	1,082	3,108	4,190	101	4,162	4,263
	マレーシア	2,620	419	3,039	297	2,870	3,167
	サウジアラビア	28,130		28,130	23,534	4,601	28,135
	U．A．E．	11,691	26	11,717	9,774	1,942	11,716
	カタール	8,305		8,305	7,310	995	8,305
	クウェート	6,037		6,037	5,306	731	6,037
	イラン	4,991		4,991	2,691	2,300	4,991
	その他	12,523	10,432	22,955	3,106	19,860	22,966
欧州	計（41カ国）	54,033	24,508	78,541	19,856	59,015	78,871
	ロシア	29,077	122	29,199	4,443	24,945	29,388
	ノルウェー	6,394	228	6,622	6,389	260	6,649
	オランダ	1,566	3,304	4,870	2,099	2,823	4,922
	フランス	1,357	3,326	4,683	902	3,799	4,701
	ドイツ	3,232	1,224	4,456	252	4,202	4,454
	イギリス	3,191	825	4,016	873	3,151	4,024
	イタリア	1,269	2,422	3,691	244	3,407	3,651
	ポーランド	630	2,613	3,243	479	2,765	3,244
	ベルギー	1,069	2,109	3,178	696	2,474	3,170
	スペイン	1,167	1,242	2,409	553	1,871	2,424
	その他	5,081	7,093	12,174	2,926	9,318	12,244
調整			1	1		－1	－1
総合計（199カ国）		303,251	129,177	432,428	127,817	303,493	431,310

2. 世界のLPガス需給の推移

（単位：千トン）

部門／年	供給					需要		
	国内生産			輸入	計	輸出	消費	計
	製油所	プラント	計					
1992	75,800	97,606	173,406	44,915	218,321	40,656	177,428	218,084
1993	77,104	104,952	182,056	46,627	228,683	43,955	182,592	226,547
1994	80,161	110,213	190,374	48,291	238,665	47,258	191,675	238,933
1995	84,076	113,318	197,394	49,692	247,086	51,907	195,990	247,897
1996	85,880	113,504	199,384	54,349	253,733	55,094	197,705	252,799
1997	86,557	116,065	202,622	55,655	258,277	56,863	200,277	257,140
1998	86,184	127,061	213,245	52,243	265,488	60,575	204,558	265,133
1999	89,375	133,167	222,542	54,739	277,281	60,166	219,955	280,121
2000	97,099	139,293	236,392	58,538	294,930	63,497	231,715	295,212
2001	101,243	140,653	241,896	53,674	295,570	56,301	237,543	293,844
2002	102,278	141,689	243,967	56,031	299,998	60,179	241,683	301,862
2003	108,308	142,906	251,214	57,278	308,492	59,743	249,479	309,222
2004	110,714	141,058	251,772	60,104	311,876	65,362	246,329	311,691
2005	111,640	126,740	238,380	62,425	300,805	71,435	228,899	300,334
2006	112,288	124,204	236,492	63,397	299,889	66,443	232,690	299,133
2007	113,204	135,630	248,834	64,217	313,051	66,660	245,978	312,632
2008	112,545	133,762	246,307	64,290	310,597	66,934	242,036	308,970
2009	118,749	140,464	259,213	65,916	325,129	72,517	251,768	324,285
2010	150,134	113,981	264,115	68,860	332,975	75,665	258,275	333,940
2011	116,829	114,016	230,845	76,460	307,305	77,462	228,507	305,969
2012	106,456	120,079	226,535	75,968	302,503	77,148	224,844	301,992
2013	111,888	124,947	236,835	79,533	316,368	75,289	242,824	318,113
2014	116,562	128,388	244,950	86,661	331,611	78,976	251,614	330,590
2015	117,804	146,685	264,489	98,871	363,360	100,858	263,487	364,345
2016	132,306	142,269	274,305	110,529	384,834	121,144	264,985	386,129
2017	137,138	148,024	285,162	114,730	399,892	118,422	280,932	399,354
2018	141,050	153,017	294,067	121,990	416,057	126,663	289,125	415,788
2019	142,440	160,811	303,251	129,177	432,428	127,817	303,493	431,310

資料出所：国連統計

3. LPガスCP価格の推移（サウジアラムコ）

（単位：ドル／トン）

年	2017		2018		2019		2020		2021		2022	
	P	B	P	B	P	B	P	B	P	B	P	B
1月	**435**	**495**	**590**	**570**	**430**	**420**	**565**	**590**	**550**	**530**	**740**	**710**
2月	**510**	**600**	**525**	**505**	**440**	**470**	**505**	**545**	**605**	**585**	**775**	**775**
3月	**480**	**600**	**480**	**465**	**490**	**520**	**430**	**480**	**625**	**595**	**895**	**920**
4月	**430**	**490**	**475**	**470**	**515**	**535**	**230**	**240**	**560**	**530**	**940**	**960**
5月	**385**	**390**	**500**	**505**	**525**	**530**	**340**	**340**	**495**	**475**	**850**	**860**
6月	**385**	**390**	**560**	**560**	**430**	**415**	**350**	**330**	**530**	**525**	**750**	**750**
7月	**345**	**365**	**555**	**570**	**375**	**355**	**360**	**340**	**620**	**620**	**725**	**725**
8月	**420**	**460**	**580**	**595**	**370**	**360**	**365**	**345**	**660**	**655**	**670**	**660**
9月	**480**	**500**	**600**	**635**	**350**	**360**	**365**	**355**	**665**	**665**	**650**	**630**
10月	**575**	**580**	**655**	**655**	**420**	**435**	**375**	**380**	**800**	**795**	**590**	**560**
11月	**575**	**580**	**540**	**525**	**430**	**445**	**430**	**440**	**870**	**830**	**610**	**610**
12月	**590**	**570**	**445**	**415**	**440**	**455**	**450**	**460**	**795**	**750**	**650**	**650**

4. 各国のLPガスタンカー保有状況（2021年）

船籍	隻数	LPガス積載量		シェア（%）
		トン	m³	
リベリア	85	1,962,397	3,567,994	10.79
アルジェリア	4	63,499	115,452	0.35
サントメ・プリンシペ	2	84,531	153,693	0.46
カメルーン	1	43,168	78,488	0.24
ジブチ	1	41,362	75,203	0.23
コモロ	1	12,612	22,931	0.07
パナマ	98	3,879,359	7,053,380	21.32
バハマ	23	1,058,644	1,924,807	5.82
キューバ	1	19,532	35,512	0.11
バミューダ諸島	1	12,695	23,082	0.07
ペルー	2	40,090	72,890	0.22
ブラジル	1	43,154	78,462	0.24
日本	3	134,448	244,450	0.74
シンガポール	59	2,239,374	4,071,589	12.31
香港	35	1,405,295	2,555,082	7.72
インドネシア	22	457,307	831,467	2.51
インド	12	480,514	873,662	2.64
タイ	5	216,825	394,227	1.19
中国	2	58,307	106,012	0.32
バングラデシュ	1	45,210	82,200	0.25
クウェート	5	229,083	416,514	1.26
サウジアラビア	2	38,500	70,000	0.21
カタール	1	12,678	23,051	0.07
ノルウェー	33	1,039,613	1,890,206	5.71
マルタ	25	752,735	1,368,609	4.14
マン島	18	787,587	1,431,977	4.33
ベルギー	17	356,409	648,016	1.96
デンマーク	9	115,519	210,035	0.63
ギリシャ	5	97,517	177,303	0.54
フランス	4	131,523	239,132	0.72
イタリア	4	83,282	151,421	0.46
ドイツ	3	85,605	155,646	0.47
イギリス	1	44,112	80,203	0.24
キプロス	1	12,536	22,792	0.07
マーシャル諸島	53	2,066,730	3,757,690	11.36
その他	1	41,465	75,390	0.23
合計	541	18,193,212	33,078,568	100.00

出典：The Gas Carrier Register 2021
積載能力10,000トン以上のLPG船を対象としている。

5. 我が国のLPガス需給実績の推移

（単位：千トン）

需給区分 年度	生　産	輸　入	計	需　要	期末在庫	期末備蓄	過欠補正
2001	4,836	14,362	19,198	18,574	–	2,641	585
2002	4,452	14,015	18,467	18,734	–	2,218	156
2003	4,155	14,043	18,198	18,050	–	2,163	203
2004	4,186	13,719	17,905	17,904	–	2,000	164
2005	4,749	14,083	18,832	18,405	–	2,278	149
2006	4,608	13,532	18,140	18,172	–	2,242	4
2007	4,557	13,522	18,079	18,308	–	2,005	8
2008	4,328	13,126	17,454	17,261	–	2,184	14
2009	4,719	11,597	16,316	16,797	–	1,690	13
2010	4,466	12,332	16,798	16,466	–	1,831	191
2011	3,655	12,633	16,288	16,354	–	1,769	−4
2012	3,547	13,189	16,736	16,542	–	1,981	−18
2013	3,992	11,408	15,400	15,574	–	1,819	−12
2014	3,539	11,512	15,051	15,081	–	1,806	−17
2015	3,645	10,542	14,187	14,280	–	1,718	−5
2016	3,462	10,496	13,958	14,298	–	1,500	−122
2017	4,098	10,522	14,620	14,779	–	1,373	−32
2018	3,482	10,640	14,122	14,257	–	1,316	−78
2019	3,422	10,717	14,139	14,042	–	1,441	−28
2020	2,632	10,160	12,792	12,857	–	1,428	−52

出所：経済産業省

（注）1：期末在庫には販売業者の在庫量を計上していたが，統計調査表の改正により調査項目が削除されたため，13年度以降はデータの更新ができない。

6. LPガスの流通概念図（2021年度）

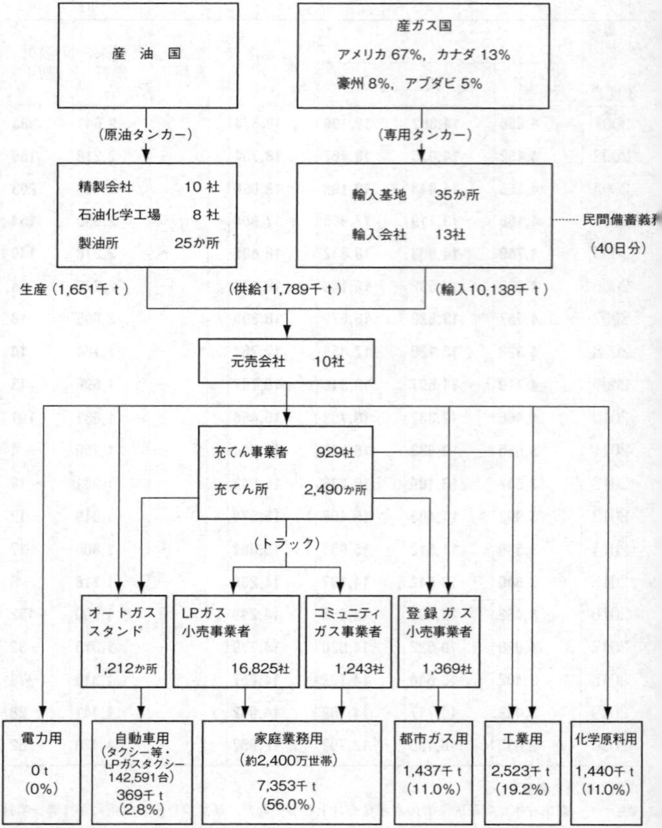

販売計 13,122千t

7. 我が国の製油所

年度			4月	5月	6月
2013	原油処理量	千 kℓ	16,565	15,209	15,057
	LPG生産	千トン	325	311	326
	得率	%	3.56	3.72	3.93
2014	原油処理量	千 kℓ	15,955	14,590	12,513
	LPG生産	千トン	298	295	227
	得率	%	3.40	3.68	3.29
2015	原油処理量	千 kℓ	15,966	14,826	12,752
	LPG生産	千トン	309	281	225
	得率	%	3.52	3.44	3.21
2016	原油処理量	千 kℓ	16,322	15,474	14,241
	LPG生産	千トン	318	302	249
	得率	%	3.55	3.55	3.18
2017	原油処理量	千 kℓ	16,837	13,714	13,391
	LPG生産	千トン	345	328	300
	得率	%	3.73	4.35	4.08
2018	原油処理量	千 kℓ	15,361	14,692	11,426
	LPG生産	千トン	301	287	218
	得率	%	3.57	3.55	3.46
2019	原油処理量	千 kℓ	14,476	15,000	13,250
	LPG生産	千トン	278	280	250
	得率	%	3.49	3.39	3.44
2020	原油処理量	千 kℓ	13,170	11,248	9,115
	LPG生産	千トン	183	164	151
	得率	%	2.53	2.66	3.01
2021	原油処理量	千 kℓ	12,653	11,909	9,245
	LPG生産	千トン	231	218	171
	得率	%	3.32	3.33	3.36

注 1．上記処理量は，輸入，国産分処理量合計（精製業者のみ。）
2．原油処理量は，「エネルギー生産・需給統計」
3．LPG生産は，「日本LPガス協会月報」

LPガス生産量（1）

7　月	8　月	9　月	上　期
16,387 354 3.93	17,660 368 3.79	16,214 338 3.79	97,092 2,022 3.79
15,374 283 3.34	16,297 329 3.68	15,662 308 3.58	90,391 1,741 3.50
15,676 399 4.62	17,256 430 4.53	15,340 337 3.99	91,816 1,979 3.92
15,750 280 3.24	16,707 304 3.31	14,904 261 3.19	93,399 1,715 3.34
16,508 372 4.09	15,795 353 4.06	15,123 340 4.09	91,368 2,038 4.06
14,430 277 3.49	16,722 307 3.34	13,922 269 3.52	86,551 1,659 3.48
15,112 301 3.62	15,289 342 4.07	13,186 314 4.33	86,312 1,765 3.72
10,302 213 3.77	11,637 234 3.66	10,210 215 3.83	65,682 1,162 3.22
10,267 180 3.20	13,442 215 2.91	11,769 193 2.99	69,285 1,209 3.17

年度			10月	11月	12月
2013	原油処理量	千 kℓ	15,098	16,736	18,218
	LPG生産	千トン	212	261	335
	得率	%	2.55	2.84	3.34
2014	原油処理量	千 kℓ	14,853	15,753	17,305
	LPG生産	千トン	245	230	262
	得率	%	3.00	2.65	2.76
2015	原油処理量	千 kℓ	15,048	15,219	16,783
	LPG生産	千トン	228	219	243
	得率	%	2.75	2.62	2.64
2016	原油処理量	千 kℓ	14,424	14,977	17,809
	LPG生産	千トン	168	205	242
	得率	%	2.11	2.49	2.47
2017	原油処理量	千 kℓ	14,429	15,863	17,376
	LPG生産	千トン	226	275	292
	得率	%	2.85	3.15	3.05
2018	原油処理量	千 kℓ	15,224	14,834	14,763
	LPG生産	千トン	170	256	253
	得率	%	2.03	3.14	3.11
2019	原油処理量	千 kℓ	13,624	14,033	15,889
	LPG生産	千トン	214	205	201
	得率	%	2.86	2.66	2.30
2020	原油処理量	千 kℓ	11,153	10,993	12,876
	LPG生産	千トン	140	170	224
	得率	%	2.28	2.81	3.17
2021	原油処理量	千 kℓ	11,601	13,385	14,633
	LPG生産	千トン	135	129	151
	得率	%	2.11	1.75	1,88

出典：［原油処理量］資源エネルギー庁 石油統計速報
［LPガス生産量］日本LPガス協会 需給月報

LPガス生産量 (2)

1　月	2　月	3　月	下　期	年　度
18,279 328 3.27	16,538 275 3.03	17,738 315 3.23	102,607 1,727 3.06	199,699 3,748 3.41
17,574 249 2.58	16,081 272 3.08	16,757 280 3.04	98,323 1,539 2.85	188,714 3,280 3.16
17,186 262 2.77	16,010 235 2.66	16,988 287 3.07	97,234 1,473 2.75	189,050 3,452 3.32
17,057 282 3.01	15,755 255 2.94	15,791 306 3.52	95,812 1,457 2.76	189,211 3,172 3.05
16,864 310 3.34	13,328 255 3.48	15,791 281 3.24	93,651 1,639 3.18	185,019 3,678 3.61
16,020 284 3.22	13,770 237 3.12	15,831 238 2.73	90,442 1,437 2.89	176,993 3,096 3.18
14,534 197 2.47	13,243 215 2.95	15,399 196 2.32	86,722 1,228 2.58	173,034 2,993 3.15
12,720 224 3.21	11,485 195 3.09	11,553 213 3.35	70,781 1,166 3.00	136,463 2,328 3.10
13,384 164 2.23	12,463 126 1.84	14,152 135 1.73	79,619 840 1.92	148,904 2,049 2.50

8. 我が国の国別LP

相手国輸入	年度	2018	2019 上期	2019 下期	2019 年度
サウジアラビア	輸入数量	677,079	23,500	176,954	200,454
	CIF単価	63,233	47,953	56,912	55,862
クウェート	輸入数量	395,295	241,875	20,737	262,612
	CIF単価	59,046	56,978	64,557	57,576
東ティモール	輸入数量	−	23,523		23,523
	CIF単価	−	44,771		44,771
カタール	輸入数量	589,379	194,255	74,598	268,853
	CIF単価	62,668	54,602	55,299	54,795
UAE	輸入数量	926,748	453,797	309,811	763,608
	CIF単価	63,558	51,536	53,665	52,400
オーストラリア	輸入数量	581,613	309,889	471,103	780,992
	CIF単価	60,593	49,624	51,466	50,735
中国	輸入数量	59	26	12	38
	CIF単価	601,780	620,269	1,031,167	750,026
韓国	輸入数量	23,938	10,604	16,663	27,267
	CIF単価	197,449	185,015	194,569	190,853
インドネシア	輸入数量	−	−	−	−
	CIF単価	−	−	−	−
アルジェリア	輸入数量	46,484	−	−	−
	CIF単価	65,400	−	−	−
ナイジェリア	輸入数量	−	−	−	−
	CIF単価	−	−	−	−
アンゴラ	輸入数量	−	−	−	−
	CIF単価	−	−	−	−
アメリカ	輸入数量	7,273,943	3,546,733	4,032,372	7,579,106
	CIF単価	60,652	49,585	48,905	49,223
カナダ	輸入数量	−	175,257	286,144	461,401
	CIF単価	−	42,093	49,984	46,987
ノルウェー	輸入数量	−	−	−	−
	CIF単価	−	−	−	−
その他	輸入数量	93,557	37,195	35,260	72,455
	CIF単価	59,963	47,753	51,293	49,476
合計	輸入数量	10,608,095	5,016,654	5,423,654	10,440,308
	CIF単価	61,446	50,298	50,331	50,315

出所：貿易統計（電力除く）

ガス輸入量・価格推移

（単位：トン，円／トン）

2020			2021		
上　期	下　期	年　度	上　期	下　期	年　度
10,017 64,212	183,508 51,659	193,525 52,309	– –	– –	– –
220,478 40,758	337,018 62,295	557,496 53,777	246,862 64,339	240,958 102,738	487,820 83,306
42,385 40,017	3,523 40,313	45,908 40,040	73,878 62,652	64,196 92,064	138,074 76,327
171,189 39,075	51,166 41,116	222,355 39,545	113,846 67,268	88,964 94,739	202,810 79,318
123,007 40,597	169,188 48,775	292,195 45,332	57,882 71,669	202,509 94,646	260,391 89,539
502,137 36,247	513,264 51,798	1,015,401 44,108	322,148 69,163	605,356 92,823	927,504 84,606
24 1,224,125	16 1,899,750	40 1,494,375	132 288,530	30 1,285,900	162 473,228
9,035 215,580	11,636 219,399	20,671 217,730	7,700 224,194	11,195 258,399	18,895 244,460
– –	– –	– –	– –	– –	– –
– –	– –	– –	– –	– –	– –
– –	– –	– –	– –	– –	– –
– –	– –	– –	– –	– –	– –
3,048,684 38,156	3,723,396 55,077	6,772,080 47,460	2,936,566 68,648	3,768,460 91,621	6,705,026 81,559
454,494 34,362	524,315 51,402	978,809 43,490	607,068 67,413	673,719 91,523	1,280,787 80,096
– –	– –	– –	– –	– –	– –
7 3,811,429	323 165,146	330 242,491	14 1,621,357	46,864 95,268	46,878 95,724
4,581,457 38,232	5,517,353 54,776	10,098,810 47,271	4,366,096 68,459	5,702,251 92,731	10,068,347 82,206

9. LPガス

年月＼局区	北海道	東北	関東	中部	近畿
2018年 2	9,745	8,408	7,167	7,449	7,548
4	9,783	8,389	7,164	7,451	7,488
6	9,770	8,387	7,154	7,421	7,517
8	9,788	8,404	7,163	7,447	7,550
10	9,812	8,436	7,209	7,482	7,574
12	9,861	8,526	7,283	7,605	7,608
2019年 2	9,850	8,540	7,279	7,583	7,583
4	9,811	8,536	7,265	7,552	7,546
6	9,835	8,541	7,264	7,550	7,569
8	9,794	8,497	7,256	7,515	7,530
10	9,858	8,523	7,275	7,520	7,564
12	9,971	8,687	7,377	7,619	7,681
2020年 2	9,948	8,723	7,372	7,656	7,701
4	9,892	8,717	7,368	7,679	7,674
6	9,823	8,707	7,312	7,604	7,611
8	9,856	8,696	7,314	7,595	7,617
10	9,892	8,687	7,301	7,591	7,618
12	9,919	8,705	7,309	7,600	7,638
2021年 2	9,931	8,715	7,319	7,624	7,678
4	10,036	8,772	7,365	7,724	7,780
6	10,006	8,796	7,380	7,719	7,765
8	10,137	8,812	7,397	7,748	7,822
10	10,199	8,956	7,504	7,900	7,926
12	10,340	9,158	7,719	8,186	8,155
2022年 2	10,585	9,296	7,861	8,302	8,201
4	10,715	9,372	7,965	8,470	8,355

(注)「液化石油ガス市況調査」(石油情報センター) による価格

小売価格の推移

（単位：円／10m³）

中　国	四　国	九　州	沖　縄	全国平均
8,031	7,592	7,801	7,886	7,707
8,056	7,627	7,753	7,907	7,686
8,045	7,631	7,754	7,912	7,682
8,080	7,636	7,781	7,870	7,702
8,135	7,658	7,823	7,915	7,739
8,190	7,667	7,862	8,049	7,805
8,209	7,649	7,809	8,044	7,792
8,159	7,645	7,778	8,015	7,771
8,154	7,663	7,804	8,032	7,779
8,127	7,650	7,739	8,005	7,749
8,144	7,641	7,743	8,022	7,771
8,238	7,782	7,869	8,183	7,884
8,243	7,777	7,908	8,157	7,900
8,248	7,771	7,910	8,151	7,904
8,234	7,737	7,874	8,210	7,857
8,193	7,751	7,873	8,118	7,857
8,194	7,717	7,892	8,202	7,847
8,216	7,730	7,892	8,248	7,857
8,240	7,771	7,976	8,241	7,889
8,306	7,838	8,042	8,265	7,962
8,343	7,818	8,026	8,395	7,967
8,369	7,853	8,078	8,411	7,996
8,481	7,944	8,210	8,490	8,113
8,741	8,147	8,450	8,685	8,335
8,887	8,258	8,478	8,783	8,450
9,000	8,387	8,651	8,826	8,572

10. LPガス部門

年度＼部門	家庭業務用		工業用		自動車用	
	プロパン	ブタン	プロパン	ブタン	プロパン	ブタン
2008	8,975,119	10,447	923,926	2,120,539	69,695	1,223,285
2009	8,663,551	7,613	826,283	1,879,852	61,985	1,160,530
2010	8,847,472	7,464	903,854	1,923,577	62,509	1,125,153
2011	8,616,308	3,741	993,250	1,950,485	87,803	1,033,776
2012	8,265,711	2,294	1,027,134	1,891,052	83,941	935,162
2013	8,044,399	1,982	1,042,004	1,699,141	79,257	886,828
2014	7,901,476	481	1,158,375	1,637,901	71,451	826,042
2015	7,634,988	8	1,183,063	1,655,597	71,437	749,727
2016	7,591,013	8	1,226,577	1,563,521	70,353	708,287
2017	7,723,440	0	1,296,024	1,481,504	65,409	650,749
2018	7,381,449	51	1,288,055	1,398,066	54,165	581,885
2019	7,258,521	569	1,262,701	1,486,218	49,632	516,891
2020	7,159,568	104	1,216,257	1,347,028	37,658	344,622
2021	7,353,031	382	1,255,888	1,266,951	35,781	332,894

出所：日本LPガス協会

別販売量

（単位：トン）

都市ガス用		化学原料用		電力用		合計	
プロパン	ブタン	プロパン	ブタン	プロパン	ブタン	プロパン	ブタン
571,904	298,037	1,082,199	1,425,670	410,088	221,945	12,032,931	5,299,923
517,615	249,084	1,250,995	1,491,627	195,536	116,263	11,515,965	4,904,969
713,022	238,266	1,217,497	1,101,383	176,825	128,511	11,921,179	4,524,354
688,555	296,914	667,771	712,932	562,492	395,887	11,616,179	4,393,735
836,533	291,815	1,003,820	1,054,202	920,669	625,072	12,137,808	4,799,597
929,392	248,206	800,166	1,118,082	394,606	260,129	11,289,824	4,214,368
1,225,234	206,825	832,782	1,233,206	241,651	58,646	11,430,969	3,963,101
1,180,623	158,249	959,684	933,926	119,821	50,186	11,149,616	3,547,693
1,070,216	142,423	921,199	819,431	225,516	75,449	11,104,874	3,309,119
1,270,334	151,706	1,047,752	940,300	107,884	73,759	11,510,843	3,298,018
1,169,371	190,442	1,130,983	862,333	120,479	24,873	11,144,502	3,057,650
1,184,823	159,233	945,469	1,187,266	60,381	20,466	10,761,527	3,370,643
1,066,098	143,000	806,292	822,685	0	0	10,285,873	2,657,439
1,306,247	130,645	569,814	870,164	0	0	10,520,761	2,601,036

11. LPガス輸入基地分布図
(2022年4月1日現在)

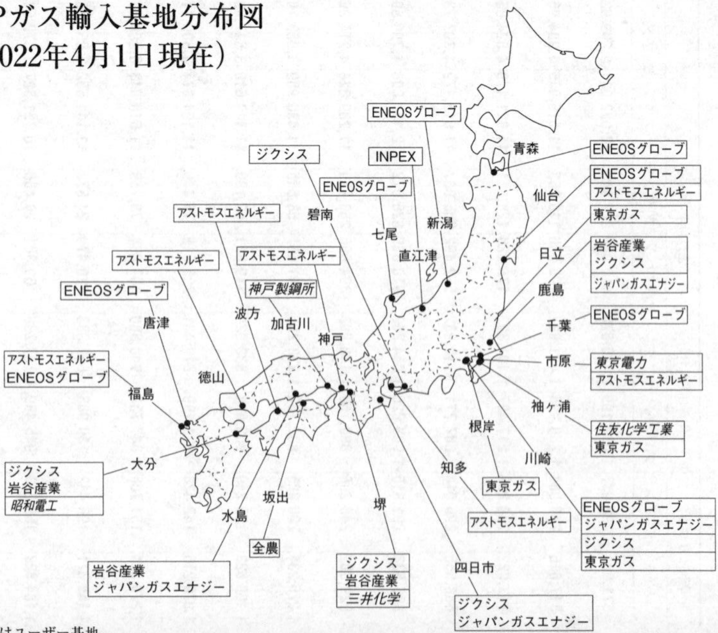

・斜字はユーザー基地。

Ⅸ 備　　　蓄

1. 備　蓄　日　数

年月	民間石油備蓄				国家石油備蓄			
	製品換算ベース	原油	製品・半製品	備蓄日数	製品換算ベース	原油	製品・半製品	備蓄日数
2003. 3	4,116	2,264	1,966	78	4,843	5,098	－	91
2004. 3	4,087	2,279	1,923	74	4,843	5,098	－	88
2005. 3	3,899	2,126	1,879	74	4,844	5,099	－	92
2006. 3	4,210	2,270	2,053	78	4,833	5,087	－	90
2007. 3	3,839	1,988	1,950	78	4,842	5,097	－	99
2008. 3	3,772	1,864	2,002	77	4,842	5,097	－	99
2009. 3	3,839	1,962	1,975	81	4,831	5,085	－	102
2010. 3	3,494	1,808	1,776	84	4,807	5,047	13	115
2011. 3	3,302	1,623	1,760	79	4,773	5,011	13	114
2012. 3	3,569	1,879	1,784	84	4,774	5,012	13	113
2013. 3	3,842	1,977	1,963	83	4,749	4,949	46	102
2014. 3	3,610	1,990	1,719	83	4,796	4,911	130	110
2015. 3	3,288	1,689	1,684	80	4,782	4,890	137	117
2016. 3	3,254	1,576	1,725	82	4,734	4,838	138	121
2017. 3	2,910	1,466	1,517	78	4,713	4,811	143	126
2018. 3	2,825	1,393	1,502	79	4,683	4,779	143	131
2019. 3	2,953	1,522	1,507	85	4,609	4,701	143	132
2020. 3	2,846	1,373	1,542	86	4,584	4,675	143	138
2021. 3	2,635	1,280	1,418	88	4,538	4,627	143	149
4	2,854	1,377	1,546	93	4,538	4,627	143	149
5	2,955	1,419	1,607	96	4,538	4,626	143	148
6	2,822	1,328	1,560	93	4,537	4,626	143	149
7	2,763	1,260	1,566	91	4,528	4.616	143	149
8	2,828	1,214	1,674	92	4,488	4,574	143	147
9	2,773	1,142	1,688	90	4,461	4,545	143	145
10	2,875	1,206	1,729	94	4,462	4,546	143	145
11	2,987	1,345	1,709	97	4,463	4,547	143	145
12	2,819	1,245	1,636	92	4,463	4,547	143	146
2022. 1	2,672	1,177	1,554	87	4,463	4,547	143	146
2	2,606	1,245	1,424	85	4,463	4,548	143	146
3	2,490	1,256	1,297	81	4,463	4,548	143	146
4	2,693	1,340	1,420	88	4,454	4,538	143	145
5	2,683	1,253	1,493	87	4,454	4,538	143	145
6	2,589	1,171	1,477	84	4,440	4,523	143	144

・2010年10月から製品国家備蓄がスタートした。
・民間備蓄義務日数は，70日分となっているが，2005年９月７日から2006年１月４日まで３日分を引き下げる措置を実施し，67日とした。
・東日本大震災の影響により，民間備蓄義務日数は，2011年３月14日から３日分を引き下げ，３月21日には更に22日分を引き下げる措置を実施し，45日とした（５月20日まで）。
・民間備蓄義務日数は，1993年度以降，70日分となっているが，2022年3月10日から4日分を引き下げ，4月16日には更に3日分を引き下げる措置を実施し，63日となっている。
出所：資源エネルギー庁

の 推 移

（単位：万kℓ）

産油国共同石油備蓄			合計日数	LP ガス民間備蓄		LP ガス国家備蓄	
原油	製品・半製品	備蓄日数		保有量	日数	保有量	日数
−	−	−	169	2,245	62.0	−	−
−	−	−	163	2,118	55.5	−	−
−	−	−	166	2,146	58.3	−	−
−	−	−	168	2,353	66.7	218	6.2
−	−	−	177	2,143	58.8	392	10.8
−	−	−	177	2,003	59.9	608	18.2
−	−	−	184	2,148	63.0	636	18.6
−	−	−	199	1,673	57.0	636	21.7
−	−	−	193	1,744	60.3	636	22.0
−	−	−	197	1,772	56.0	635	20.1
−	−	−	185	2,036	58.5	683	19.6
−	−	−	193	1,870	62.0	842	27.9
75	80	2	199	1,880	62.7	952	31.7
144	152	4	207	1,738	61.7	1,150	40.8
167	158	4	208	1,508	55.3	1,347	49.4
218	208	6	215	1,399	50.0	1,396	50.0
193	183	5	222	1,410	50.8	1,396	50.3
194	184	6	229	1,425	50.4	1,396	50.4
187	177	7	244	1,469	56.6	1,394	53.7
138	131	4	246	1,352	51.3	1,394	52.9
170	161	5	250	1,426	52.6	1,394	51.4
170	161	5	247	1,382	51.2	1,394	51.6
202	192	6	245	1,469	54.8	1,394	52.0
186	176	6	245	1,678	64.5	1,394	53.6
201	191	6	242	1,758	67.0	1,394	53.2
172	164	5	244	1,847	70.2	1,394	53.0
149	141	5	247	1,747	66.1	1,394	52.7
124	117	4	241	1,494	56.1	1,394	52.3
100	95	3	236	1,508	55.8	1,394	51.6
100	95	3	234	1,318	49.0	1,394	51.8
175	166	5	232	1,452	53.4	1,394	51.3
139	132	4	237	1,433	52.8	1,394	51.3
139	132	4	237	1,516	57.0	1,394	52.4
161	152	5	233	1,534	56.8	1,394	51.6

2. 国家備蓄基地一覧

	プロジェクト名	位　　置	用地面積	タンク容量	備蓄方式
石油	むつ小川原	青森県上北郡六ヶ所村	約269ha	約570万kℓ	地上方式
	苫小牧東部	北海道苫小牧市及び厚真町	約274ha	約640万kℓ	地上方式
	白　島	福岡県北九州市若松区白島（海域）	陸域　約14ha 海域　約60ha	約560万kℓ	洋上方式
	福　井	福井県福井市及び坂井市	約150ha	約340万kℓ	地上方式
	上五島	長崎県南松浦郡新上五島町（海域）	陸域　約26ha 海域　約40ha	約440万kℓ	洋上方式
	秋　田	秋田県男鹿市船川	約110ha	約450万kℓ	半地下方式
	志布志	鹿児島県肝属郡東串良町及び肝付町	約196ha	約500万kℓ	地上方式
	久　慈	岩手県久慈市	地上施設 約6ha 貯油施設 約26ha	約175万kℓ	地下方式
	菊　間	愛媛県今治市菊間町	地上施設 約10ha 貯油施設 約15ha	約150万kℓ	地下方式
	串木野	鹿児島県いちき串木野市	地上施設 約5ha 貯油施設 約26ha	約175万kℓ	地下方式
石油ガス	七　尾	石川県七尾市	約25ha	約25万トン	地上方式
	福　島	長崎県松浦市福島町	約16ha	約20万トン	地上方式
	波　方	愛媛県今治市波方町	約6ha	約45万トン	地下方式
	倉　敷	岡山県倉敷市	約3ha	約40万トン	地下方式
	神　栖	茨城県神栖市	約12ha	約20万トン	地上方式

3. 国家備蓄の備蓄地点

2022年3月

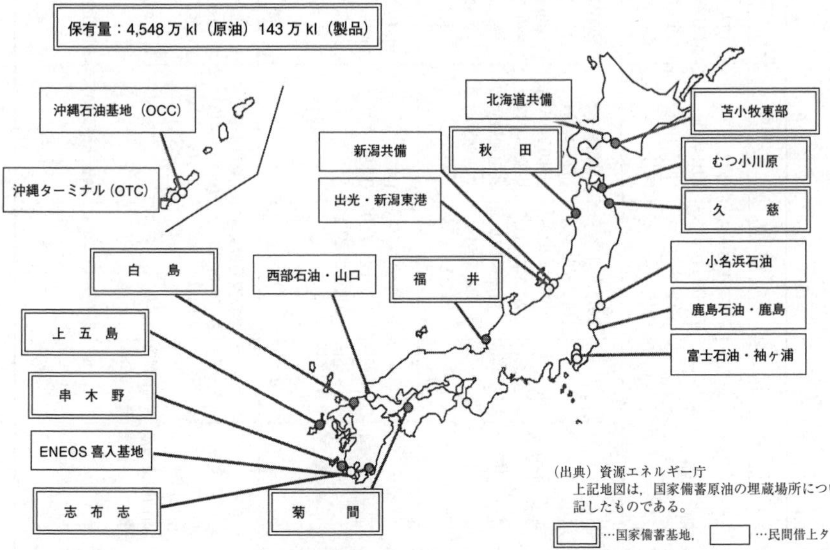

（出典）資源エネルギー庁

上記地図は，国家備蓄原油の埋蔵場所について記したものである。

4. 備蓄に対する政府

項目		年度 2015	2016	2017
1. 備蓄日数		備蓄法ベース 70日維持 融資ベース 80日	（同左） 70日維持 （同左） 80日	（同左） 70日維持 （同左） 80日
2. 備蓄石油購入資金融資	(独)エネルギー・金属鉱物資源機構	7,574億円 （利子補給： 一律0.1～6.1%） ※2015年度は，追加融資と再融資の区別なし	4,598億円 （利子補給： 一律0.1～6.1%） ※2016年度は，追加融資と再融資の区別なし	2,966億円 （利子補給： 一律0.1～6.1%） ※2017年度は，追加融資と再融資の区別なし
3. 共同備蓄会社資金融資	(独)エネルギー・金属鉱物資源機構	4億円 （10万kℓ当たり限度額20億円）	4億円 （同左）	0億円 （同左）
4. 石油貯蔵施設融資	沖縄振興開発金融公庫	産業開発資金枠（510億円）の内数 融資比率：70%	産業開発資金枠（510億円）の内数 融資比率：70%	産業開発資金枠（600億円）の内数 融資比率：70%

助成措置（石油分）（1）

2018	2019	2020	2021	2022
（同左） 70日維持 （同左） 80日	（同左） 70日維持 （同左） 80日	（同左） 70日維持 （同左） 80日	（同左） 70日維持 （同左） 80日	（同左） 70日維持 （同左） 80日
3,552億円 （利子補給： 一律0.1～6.1%） ※2018年度は，追加融資と再融資の区別なし	4,989億円 （利子補給： 一律0.1～6.1%） ※2019年度は，追加融資と再融資の区別なし	4,443億円 （利子補給： 一律0.1～6.1%） ※2020年度は，追加融資と再融資の区別なし	2,900億円 （利子補給： 一律0.1～6.1%） ※2021年度は，追加融資と再融資の区別なし	4,021億円 （利子補給： 一律0.1～6.1%） ※2022年度は，追加融資と再融資の区別なし
4億円 （同左）	1億円 （同左）	0億円	0億円	0億円
産業開発資金枠（750億円）の内数 融資比率：70%	産業開発資金枠（700億円）の内数 融資比率：70%	産業開発資金枠（660億円）の内数 融資比率：70%	産業開発資金枠（806億円）の内数 融資比率：70%	産業開発資金枠（770億円）の内数 融資比率：70%

項目＼年度		2015	2016	2017
5．石油貯蔵施設維持補修資金融資	沖縄振興開発金融公庫	産業開発資金枠（510億円）の内数 融資比率：70%	産業開発資金枠（510億円）の内数 融資比率：70%	産業開発資金枠（600億円）の内数 融資比率：70%
	(独)エネルギー・金属鉱物資源機構	0億円	0億円	0億円
6．石油貯蔵施設立地対策交付金		56億円 新増設 （800円/kℓ） 既設逓減方式 （1,650万円～/年）	54億円 （同左）	55億円 （同左）

助成措置（石油分）（2）

2018	2019	2020	2021	2022
産業開発資金枠 （750億円） の内数 融資比率：70%	産業開発資金枠 （700億円） の内数 融資比率：70%	産業開発資金枠 （660億円） の内数 融資比率：70%	産業開発資金枠 （806億円） の内数 融資比率：70%	産業開発資金枠 （770億円） の内数 融資比率：70%
0億円	0億円	0億円	0億円	0億円
54億円 （同左）	54億円 （同左）	54億円 （同左）	54億円 （同左）	53億円 （同左）

5. 備蓄に対する政府

項目 ＼ 年度		2015	2016	2017
1. 備　蓄　日　数		（同左） 50日維持 （同左） 50日	（同左） 50日維持 （同左） 50日	（同左） 50日維持 （同左） 50日
2. 備蓄石油ガス購入資金融資	(独) エネルギー・金属鉱物資源機構	972億円 （利子補給：0.2 ～ 6.0%） ※2015年度は，追加融資と再融資の区別なし	581億円 （利子補給：0.2 ～ 6.0%） ※2016年度は，追加融資と再融資の区別なし	386億円 （利子補給：0.2 ～ 6.0%） ※2017年度は，追加融資と再融資の区別なし
3. 共同備蓄会社資金融資（4万t当り）	(独) エネルギー・金属鉱物資源機構	0 （4万t当たり限度額78億円）	0 （同左）	0 （同左）
4. 石油貯蔵施設立地対策交付金		56億円の内数 新増設 (800円／kℓ) 既設・逓減方式（1,650万円～／年）	54億円　〃 （同左）	55億円　〃 （同左）

助成措置（石油ガス分）

2018	2019	2020	2021	2022
（同左） 40日維持 （同左） 40日	（同左） 40日維持 （同左） 40日	（同左） 40日維持 （同左） 40日	（同左） 40日維持 （同左） 40日	（同左） 40日維持 （同左） 40日
383億円 （利子補給： 0.2～6.0%） ※2018年度は， 追加融資と 再融資の区別 なし	457億円 （利子補給： 0.2～6.0%） ※2019年度は， 追加融資と 再融資の区別 なし	360億円 （利子補給： 0.2～6.0%） ※2020年度は， 追加融資と 再融資の区別 なし	287億円 （利子補給： 0.2～6.0%） ※2021年度は， 追加融資と 再融資の区別 なし	471億円 （利子補給： 0.2～6.0%） ※2022年度は， 追加融資と 再融資の区別 なし
0 （同左）	1億円 （同左）	3億円 （同左）	3億円 （同左）	0億円 （同左）
54億円　〃 （同左）	54億円　〃 （同左）	54億円　〃 （同左）	54億円　〃 （同左）	53億円　〃 （同左）

X　石油・天然ガス開発

1. 我が国周辺海域における石油・

事業会社名	設立年月日	資本金(億円)	社　長	主要株主
日本海洋石油資源開発　◎	1971.5.20	59.63	藤田　昌宏	石油資源開発 三菱商事 三菱ガス化学 東北電力 丸紅 三井物産 住友商事
出光興産	1911.6.20	1,683.51	木藤　俊一	日章興産 日本マスタートラスト信託銀行（信託口） Aramco Overseas Company B.V. 出光文化福祉財団 日本カストディ銀行（信託口） 出光美術館 SSBTC CLIENT OMNIBUS ACCOUNT 三菱UFJ銀行 三井住友銀行 三井住友信託銀行
INPEX　◎	2006.4.3	2,908	上田　隆之	経済産業大臣 石油資源開発 日本マスタートラスト信託銀行（信託口） 日本カストディ銀行（信託口） ENEOSホールディングス 日本証券金融 SSBTC CLIENT OMNIBUS ACCOUNT 日本カストディ銀行（信託口7） SMBC日興証券 三菱UFJモルガン・スタンレー証券

天然ガス探鉱開発企業一覧(1)

対　象　海　域	事業参加シェア	作業状況
秋田，山形，新潟北部沖合	(岩船沖) 石油資源開発　46.667% 日本海洋石油資源開発　33.333% 三菱ガス化学　20%	開発：岩船沖油・ガス田，1990年12月生産開始
新潟沖	他社と共同	
秋田，新潟，山形，千葉，山口，島根沖合	単独（一部他社と共同）	南長岡ガス田ほかより生産中。 対象地域にて探鉱・開発作業中。

1. 我が国周辺海域における石油・

事業会社名		設立年月日	資本金(億円)	社長	主要株主
石油資源開発	◎	1970.4.1	142.9	藤田　昌宏	経済産業大臣 INPEX
JX石油開発	◎	1991.6.26	98.15	中原　俊也	ENEOSホールディングス
三井石油開発		1969.7.19	331.334	濵本　浩孝	三井物産 日鉄エンジニアリング JX石油開発
うるま資源開発		1973.11.17	1.0	村上　克一	双日 コスモエネルギー開発 うるま資源開発
三菱ガス化学	◎	1951.4.21	419.7	藤井　政志	日本マスタートラスト信託銀行 日本カストディ銀行 明治安田生命保険 日本生命保険 農林中央金庫

注：◎印は生産中の会社
出所：石鉱連：わが国石油・天然ガス開発の現状と課題

天然ガス探鉱開発企業一覧(2)

対　象　海　域	事業参加シェア	作業状況
知床，オホーツク海，日高，十勝，釧路，根室，礼文，青森，岩手，秋田，山形，新潟，東海，南海，鹿児島，沖縄，尖閣列島沖合	単独（一部他社と共同） (岩船沖) 日本海洋石油資源開発の項を参照	
襟裳，北蒲原，三陸，新潟，四国，西九州沖合	単独（一部他社と共同）	開発：中条油・ガス田，1959年生産開始
北海道沖合	単独	
尖閣諸島周辺沖合	単独	
新潟沖合	(岩船沖) 日本海洋石油資源開発の項を参照	

2. 我が国主要石油・天然ガス開発企業の海外プロジェクト（その1）

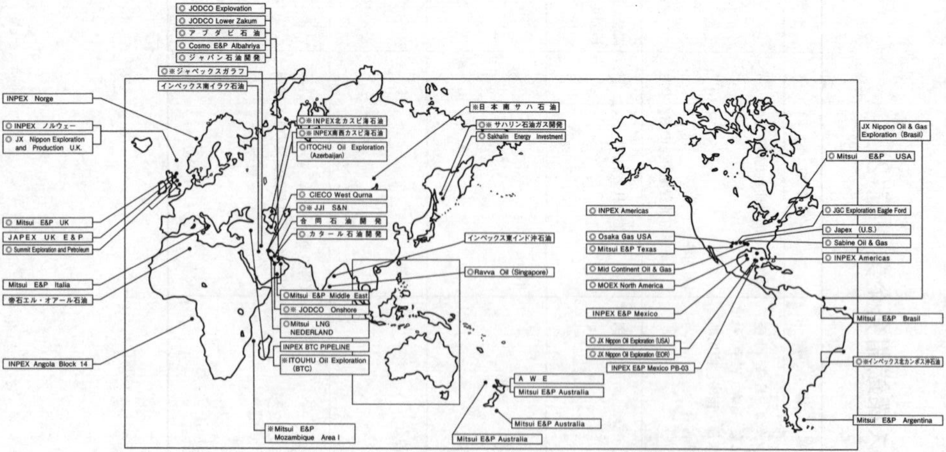

注：◎印は生産中の会社
※印は国又はJOGMECの出資対象会社（含債務保証・融資）

出所：石鉱連，わが国石油・天然ガス開発の現状と課題

2. 我が国主要石油・天然ガス開発企業の海外プロジェクト（その２）

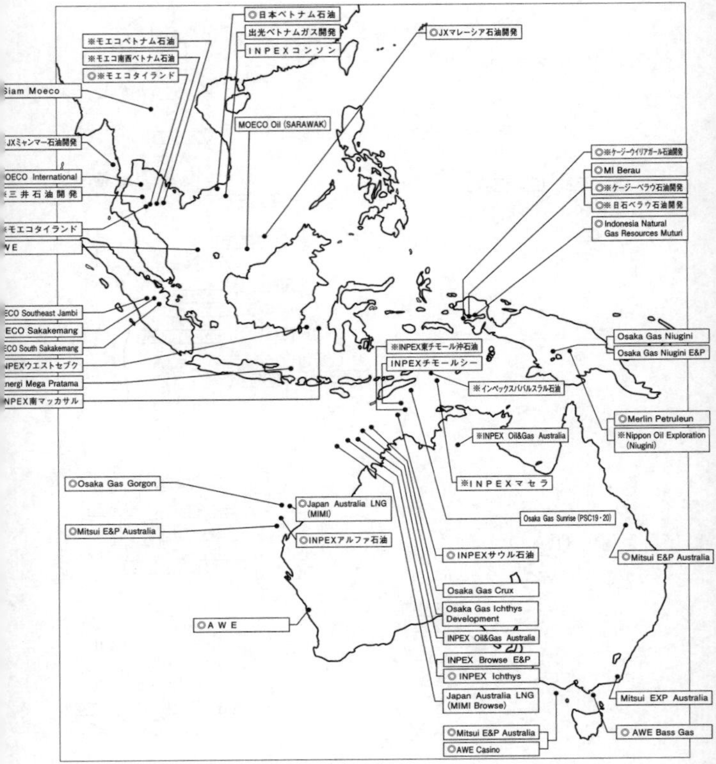

出所：石鉱連，わが国石油・天然ガス開発の現状と課題

3. 国内石油・天然ガス開発の主要プロジェクト

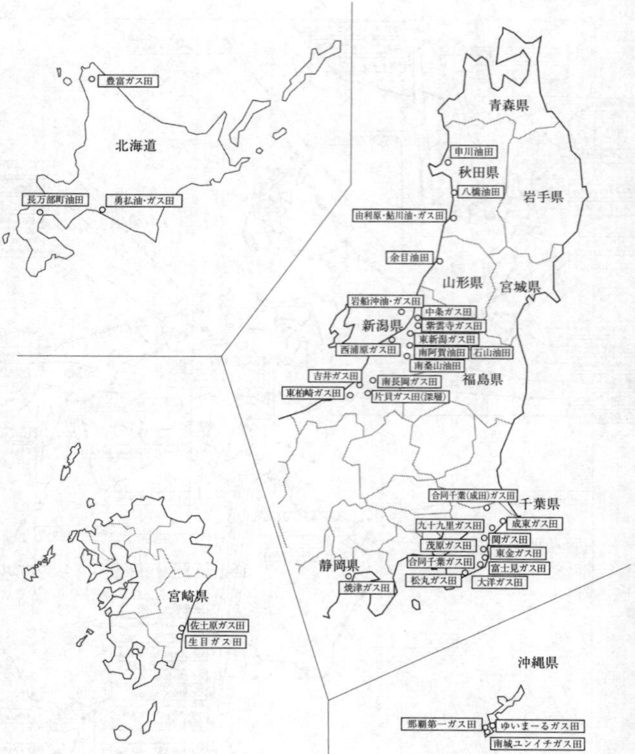

出所：天然ガス鉱業会

4. 我が国のLNG輸入状況

(単位：千トン)

輸入国 / 年度	アメリカ	ブルネイ	UAE	インドネシア	マレーシア	アルジェリア	オーストラリア	カタール	オマーン	ロシア	合計
1999	1,189	5,582	4,690	18,232	10,231	–	7,247	4,940	–	–	52,112
2000	1,260	5,715	4,802	18,123	10,923	–	7,154	6,000	123	–	54,100
2001	1,266	6,004	4,853	16,444	11,296	–	7,489	6,386	681	–	54,421
2002	1,253	6,011	4,633	17,522	10,881	–	7,212	6,640	867	–	55,018
2003	1,242	6,367	5,256	17,490	12,219	–	7,644	6,608	1,656	–	58,538
2004	1,210	6,357	5,107	15,545	13,154	–	8,612	6,762	1,104	–	58,018
2005	1,250	6,165	5,371	13,813	13,136	–	10,456	6,396	1,101	–	57,917
2006	1,127	6,393	5,262	13,951	12,220	184	12,606	7,707	2,864	–	63,309
2007	776	6,641	5,571	13,605	13,252	948	11,816	8,129	3,699	–	68,306
2008	699	6,110	5,549	13,949	13,339	491	12,174	8,095	3,064	–	68,135
2009	563	5,988	5,032	12,746	12,570	60	12,457	8,011	2,785	4,339	66,293
2010	557	5,940	5,085	12,930	14,617	60	13,243	7,720	2,661	5,978	70,562
2011	490	5,791	5,209	11,492	14,781	54	12,862	10,158	3,038	6,625	75,214
2012	208	5,914	5,544	5,775	14,269	171	17,057	15,252	3,794	8,365	86,865
2013	–	4,772	5,282	6,568	15,005	673	–	18,377	4,229	8,584	87,731
2014	253	4,431	5,695	5,184	15,318	–	18,336	16,500	3,002	–	89,074
2015	157	4,072	5,639	6,392	15,002	–	19,123	13,212	2,491	–	85,044
2016	479	4,044	4,863	6,652	15,549	250	23,502	11,907	2,526	7,709	84,749
2017	940	4,013	4,739	6,663	14,239	73	26,826	9,863	2,837	7,061	83,888
2018	2,829	4,320	4,736	4,759	9,960	–	29,449	9,692	2,631	6,386	80,553
2019	4,166	4,249	1,444	3,369	9,938	61	29,970	8,593	2,951	6,314	76,498
2020	30	4,015	1,033	2,139	10,469	–	28,442	9,119	2,395	6,390	76,357
2021	5,606	4,011	1,395	2,170	9,787	35	27,342	7,058	2,229	6,799	71,459

出所：財務省「貿易統計」このほか，2021年度は，ナイジェリア541千トンなど5,027千トン輸入されている。

5. LNG輸入価格推移

（単位：円／トン）

年度＼輸入国	アメリカ	ブルネイ	UAE	インドネシア	マレーシア	アルジェリア	オーストラリア	カタール	オマーン	平均
1999	18,431	18,774	18,062	22,025	19,259	–	20,500	20,162	–	20,306
2000	25,456	25,667	26,390	29,835	26,539	–	26,591	27,788	30,265	27,667
2001	27,447	28,415	29,272	28,013	29,364	–	28,655	28,569	29,124	28,605
2002	27,688	26,953	27,688	27,975	27,933	–	27,509	27,731	26,783	28,090
2003	27,468	26,689	27,582	29,329	27,403	–	27,714	27,726	29,391	28,032
2004	28,549	27,156	27,522	34,097	28,135	–	27,880	28,919	33,388	29,747
2005	35,629	33,024	34,209	46,785	34,812	91,553	34,072	37,458	52,140	37,427
2006	40,453	35,843	41,878	48,408	39,805	60,822	39,415	46,594	51,250	43,209
2007	36,832	43,636	45,687	54,949	51,113	73,603	44,839	51,982	49,423	50,893
2008	40,532	72,791	61,169	54,866	69,073	95,464	61,296	74,519	61,959	66,022
2009	46,296	43,598	43,171	39,941	44,173	34,260	42,537	50,785	30,652	42,701
2010	55,553	55,029	53,367	44,353	53,471	34,260	53,089	56,451	32,416	50,092
2011	57,400	59,446	57,458	47,452	59,479	73,233	56,639	62,300	39,539	55,344
2012	64,859	76,105	75,272	78,925	77,091	73,298	66,828	75,140	48,607	71,538
2013	–	86,885	87,691	90,249	89,458	88,616	78,368	87,839	62,320	83,697
2014	85,447	90,205	89,642	92,468	92,598	82,620	86,268	89,761	58,951	85,329
2015	47,887	59,791	52,141	58,508	53,824	55,930	54,653	53,696	48,754	54,418
2016	72,860	43,173	37,361	41,956	38,012	40,589	40,327	35,594	43,553	39,364
2017	61,360	49,944	48,700	50,094	48,112	71,096	49,085	46,442	49,116	48,544
2018	60,256	62,201	64,419	61,458	56,512	–	62,119	60,926	52,960	60,436
2019	50,972	56,648	45,497	55,727	50,864	40,778	54,959	56,059	49,850	53,540
2020	52,384	36,810	39,191	40,881	36,205	–	42,237	37,941	45,016	41,241
2021	77,844	66,108	85,244	76,824	64,065	75,708	69,869	63,027	66,394	70,021

出所：財務省「貿易統計」

6. 我が国の原油・天然ガスの年度別生産量の推移

年度	原油（千kℓ）	天然ガス（百万m³）	年度	原油（千kℓ）	天然ガス（百万m³）
1994	911 〔451〕	2,204 〔424〕	2008	960 〔130〕	3,708 〔190〕
	(593)	(1,386)		(604)	(2,332)
1995	870 〔436〕	2,274 〔490〕	2009	985 〔124〕	3,735 〔191〕
	(547)	(1,443)		(620)	(2,349)
1996	861 〔432〕	2,209 〔406〕	2010	921 〔109〕	3,538 〔188〕
	(542)	(1,389)		(579)	(2,225)
1997	837 〔383〕	2,230 〔379〕	2011	873 〔107〕	3,395 〔190〕
	(526)	(1,403)		(549)	(2,135)
1998	842 〔315〕	2,279 〔349〕	2012	832 〔101〕	3,298 〔196〕
	(530)	(1,433)		(523)	(2,074)
1999	792 〔254〕	2,301 〔333〕	2013	794 〔 97〕	3,276 〔196〕
	(498)	(1,447)		(499)	(1,849)
2000	730 〔220〕	2,280 〔350〕	2014	644 〔108〕	2,822 〔197〕
	(459)	(1,434)		(405)	(1,775)
2001	740 〔195〕	2,453 〔314〕	2015	596 〔99〕	2,715 〔190〕
	(465)	(1,453)		(375)	(1,708)
2002	760 〔158〕	2,521 〔378〕	2016	535 〔88〕	2,795 〔178〕
	(478)	(1,586)		(337)	(1,758)
2003	723 〔186〕	2,571 〔363〕	2017	533 〔90〕	2,926 〔113〕
	(455)	(1,617)		(335)	(1,840)
2004	820 〔162〕	2,844 〔403〕	2018	496 〔113〕	2,656 〔72〕
	(516)	(1,789)		(312)	(1,671)
2005	834 〔138〕	3,140 〔349〕	2019	524 〔118〕	2,467 〔120〕
	(525)	(1,975)		(330)	(1,552)
2006	917 〔115〕	3,120 〔355〕	2020	512 〔99〕	2,290 〔87〕
	(577)	(1,962)		(322)	(1,440)
2007	897 〔118〕	3,302 〔190〕	2021	473 〔93〕	2,263 〔83〕
	(564)	(2,077)		(298)	(1,423)

(注) 〔　〕は海域分で内数，(　) は万 bbl，天然ガスの (　) は万 boe
出所：経済産業省「資源エネルギー統計年報」

7. 世界の石油と天然ガス産出地帯

丸は巨大～超巨大油ガス田
出所：石鉱連 資源評価スタディ

8. 世界の天然ガス需給

（単位：10億 m^3）

		2017	2018	2019	2020	2021
需要	北米	**935.9**	**1,024.9**	**1,056.0**	**1,028.9**	**1,034.1**
	中南米	**175.8**	**168.7**	**162.8**	**147.2**	**163.3**
	欧州	**558.8**	**547.4**	**554.5**	**542.0**	**571.1**
	CIS	**548.7**	**579.8**	**573.5**	**550.1**	**610.8**
	中東	**516.8**	**529.9**	**544.2**	**556.9**	**575.4**
	アフリカ	**144.9**	**154.4**	**155.0**	**153.6**	**164.4**
	アジア太平洋	**772.0**	**830.5**	**860.4**	**866.9**	**918.3**
	世界合計	**3,652.9**	**3,835.6**	**3,906.3**	**3,845.6**	**4,037.5**
	（うちOECD）	**(1,677.8)**	**(1,762.6)**	**(1,803.0)**	**(1,758.6)**	**(1,794.9)**
供給	北米	**955.7**	**1,052.9**	**1,129.2**	**1,112.1**	**1,135.8**
	中南米	**180.9**	**175.4**	**171.8**	**155.3**	**153.3**
	欧州	**262.7**	**251.3**	**234.8**	**218.7**	**210.4**
	CIS	**799.3**	**841.1**	**857.0**	**809.9**	**896.0**
	中東	**639.6**	**662.4**	**674.6**	**687.8**	**714.9**
	アフリカ	**229.5**	**241.7**	**242.9**	**231.2**	**257.5**
	アジア太平洋	**605.7**	**626.8**	**657.4**	**646.4**	**669.0**
	世界合計	**3,673.5**	**3,851.7**	**3,967.7**	**3,861.5**	**4,036.9**
	（うちOECD）	**(3,673.5)**	**(3,851.7)**	**(3,967.7)**	**(3,861.5)**	**(1,503.0)**

出所：BP統計

9. 世界のLNG

◎輸入

	2011	2012	2013	2014
カナダ	3.2	1.6	1.0	0.5
メキシコ	3.8	4.9	7.8	9.3
米国	9.9	4.9	2.7	1.7
北米計	16.8	11.4	11.4	11.5
アルゼンチン	3.7	4.7	6.3	6.2
ブラジル	0.7	3.5	5.2	7.1
チリ	3.7	4.0	3.8	3.5
その他中南米	1.9	2.4	2.8	2.8
中南米計	9.9	14.6	18.1	19.6
ベルギー	6.3	4.1	3.1	2.9
フランス	14.4	9.8	8.3	6.9
イタリア	9.1	7.1	5.8	4.5
スペイン	23.9	21.4	15.7	16.2
トルコ	5.9	7.6	5.9	7.1
英国	24.7	13.9	9.2	11.2
その他EU	4.9	4.4	3.7	3.3
その他欧州	–	※1	–	※1
欧州計	89.2	68.2	51.8	52.1
エジプト	–	–	–	–
クウェート	3.0	2.8	2.3	3.6
UAE	1.4	1.4	1.6	1.6
その他中東・アフリカ	–	–	0.5	0.1
中東・アフリカ計	4.4	4.2	4.3	5.3
中国	16.9	20.1	25.1	27.3
インド	17.4	18.4	18.0	19.1
日本	108.6	119.8	120.4	121.8
マレーシア	–	–	2.0	2.2
パキスタン	–	–	–	–
シンガポール	–	–	1.3	2.6
韓国	47.7	49.7	55.3	51.8
台湾	16.3	17.1	17.2	18.6
タイ	1.1	1.4	2.0	1.9
その他アジア太平洋	–	0.1	–	–
アジア太平洋計	207.9	226.6	241.2	245.2
合計	328.3	324.9	326.8	333.6

出所：ＢＰ統計
※1　0.05 以下

輸出入（1）

（単位：10億m³）

2015	2016	2017	2018	2019	2020	2021
0.6	0.3	0.4	0.6	0.5	0.8	0.7
6.8	5.6	6.6	6.9	6.6	2.5	0.9
2.5	2.4	2.2	2.1	1.5	1.3	0.6
10.0	8.3	9.2	9.6	8.6	4.6	2.2
5.6	5.1	4.6	3.6	1.8	1.8	3.7
6.8	2.6	1.7	2.9	3.2	3.3	10.1
3.7	4.5	4.4	4.3	3.3	3.7	4.5
2.8	3.0	2.8	3.7	4.8	5.1	6.1
18.9	15.2	13.5	14.5	13.1	13.9	24.4
3.6	2.4	1.3	3.3	7.3	6.4	5.5
6.4	9.1	10.9	12.7	23.2	19.1	18.1
5.9	5.9	8.3	8.2	13.5	12.5	9.5
13.7	13.8	16.6	15.0	22.0	20.9	20.8
7.5	7.6	10.9	11.4	12.9	14.8	13.9
13.7	10.7	6.6	7.2	17.1	18.6	14.9
5.2	6.9	10.2	13.4	23.5	23.8	25.5
–	※1	0.1	※1	※1	0.1	0.1
56.0	56.4	64.8	71.2	119.4	116.3	108.2
3.9	10.7	8.3	3.2	–	–	–
4.3	4.7	4.8	4.3	5.1	5.7	7.7
2.9	4.2	3.0	1.0	1.6	1.5	1.7
2.7	4.8	5.3	4.0	2.7	1.9	0.2
13.7	24.5	21.4	12.5	9.4	9.1	9.6
27.0	36.8	52.9	73.5	84.7	94.0	109.5
20.0	24.3	26.0	30.5	32.4	36.7	33.6
115.9	113.6	113.9	113.0	105.5	101.7	101.3
2.2	1.5	2.0	1.8	3.3	3.6	2.5
1.5	4.0	6.1	9.4	11.8	10.6	12.1
3.0	3.2	4.1	4.5	5.0	5.7	5.1
45.8	46.3	51.4	60.2	55.6	55.4	64.1
19.6	20.4	22.7	22.9	22.8	24.3	26.8
3.6	3.9	5.2	6.0	6.7	7.5	9.2
–	–	–	0.8	5.7	6.6	7.6
238.5	253.9	284.5	322.6	333.6	346.3	371.8
337.1	358.3	393.3	430.4	484.2	490.1	516.2

9. 世界のLNG

◎輸出

	2011	2012	2013	2014
米国	1.8	0.8	0.2	0.4
ペルー	5.2	5.1	5.7	5.7
トリニダード・トバゴ	18.2	18.3	18.4	17.6
その他米大陸	0.1	0.5	0.1	0.2
米大陸計	25.2	24.7	24.3	23.9
ロシア	14.3	14.3	14.5	13.6
ノルウェー	4.4	4.6	3.8	4.6
その他欧州	1.7	3.6	5.2	8.4
欧州・CIS 計	20.4	22.4	23.5	26.6
オマーン	11.0	11.1	11.5	10.6
カタール	100.7	104.0	105.8	103.6
UAE	8.3	8.1	7.9	8.6
イエメン	8.8	7.1	9.9	9.4
中東計	128.7	130.3	135.2	132.2
アルジェリア	16.7	14.9	15.0	17.4
アンゴラ	–	–	0.4	0.4
エジプト	9.0	6.9	3.9	0.4
ナイジェリア	25.7	27.9	22.5	26.1
その他アフリカ	5.0	4.6	5.2	5.0
アフリカ計	56.4	54.2	47.0	49.5
豪州	26.0	28.3	30.5	32.0
ブルネイ	9.6	9.2	9.5	8.6
インドネシア	28.7	24.4	23.1	21.7
マレーシア	33.2	31.4	33.6	34.0
パプアニューギニア	–	–	–	5.0
その他アジア太平洋	–	–	0.1	0.2
アジア太平洋計	97.5	93.3	96.8	101.5
合計	328.3	324.9	326.8	333.6

出所：ＢＰ統計
※1　0.05 以下

輸出入 (2)

(単位：10億 m³)

2015	2016	2017	2018	2019	2020	2021
0.7	4.0	17.1	28.6	47.4	61.3	95.0
5.0	5.5	5.5	4.8	5.3	5.0	3.5
16.4	14.3	13.5	16.6	17.1	14.3	9.1
※1	0.6	0.3	0.1	0.1	0.5	0.7
22.1	24.5	36.5	50.1	69.9	81.2	108.3
14.6	14.6	15.4	24.9	39.1	41.8	39.6
5.6	6.1	5.4	6.8	6.9	4.3	0.2
5.4	4.5	2.5	5.0	1.9	2.7	3.6
25.6	25.3	23.4	36.7	47.9	48.8	43.4
10.2	11.0	11.4	13.6	14.1	13.2	14.2
105.6	107.3	103.6	104.9	105.8	106.5	106.8
7.6	7.7	7.3	7.4	7.7	7.6	8.8
1.9	–	–	–	–	–	–
125.4	126.0	122.3	125.9	127.5	127.3	129.7
16.6	15.5	16.4	13.1	16.8	14.6	16.1
–	0.9	5.0	5.2	5.8	6.1	4.7
–	0.8	1.2	2.0	4.7	1.8	9.0
26.9	24.6	28..3	27.8	28.8	28.4	23.3
5.0	4.4	4.8	5.4	5.6	5.1	5.4
48.5	46.2	55.7	53.5	61.6	56.0	58.5
39.9	60.4	76.6	91.8	104.7	106.0	108.1
8.7	8.6	9.1	8.5	8.8	8.4	7.6
21.6	22.4	21.7	20.8	16.5	16.8	14.6
34.3	33.6	36.1	33.0	35.2	32.5	33.5
10.1	10.9	11.1	9.5	11.6	11.6	11.5
0.8	0.5	0.8	0.6	0.5	1.4	1.0
115.5	136.4	155.4	164.3	177.2	176.9	176.3
337.1	358.3	393.3	430.4	484.2	490.1	516.2

XI　予算・税制

1. 2022年度エネルギー対策特別会計

エネルギー対策特別会計（経済産業省分）　　（単位：億円）

	21 年 度 当初予算額 (A)	22 年 度 予 算 額 (B)	うち， 要望枠	21 年度 補正予算額 (C)	増 減 額 (B+C−A)
エネルギー対策特別会計	**7,454**	**7,181**	**1,034**	**3,192**	**2,919**
エネルギー需給勘定	**5,724**	**5,521**	**1,034**	**3,142**	**2,939**
燃料安定供給対策	**2,569**	**2,437**	**112**	**1,012**※	**880**
エネルギー需給構造高度化対策	**3,156**	**3,083**	**922**	**2,130**	**2,057**
電源開発促進勘定	**1,679**	**1,611**	**0**	**50**	**▲18**
電源立地対策	**1,526**	**1,463**	**0**	**30**	**▲33**
電源利用対策	**153**	**148**	**0**	**20**	**15**
原子力損害賠償支援勘定	**50**	**49**	**0**	**0**	**▲1**
原子力損害賠償支援対策	**50**	**49**	**0**	**0**	**▲1**

※予備費300億円を含む。

一般会計（資源エネルギー庁分）　　（単位：億円）

	21年当初予算額	22年度当初予算額
一般会計（資源エネルギー庁分）	**44**	**45**

2. 2022年度資源・

単位：億円

	2021年度 当初予算	2022年度 当初予算	2021年度 補正予算
Ⅰ．福島の着実な復興	**1,057**	**977**	**881**
(1) 廃炉・汚染水・処理水対策の安全かつ着実な実施	－	－	**478**
・福島第一原発の燃料デブリ取り出しの技術開発やALPS処理水分析に必要な設備等の整備	－	－	**176**
・ALPS処理水の海洋放出に伴う需要対策として，水産物の販路拡大等を基金によって支援	－	－	**300**
(2)「原子力災害からの福島復興の加速化のための基本指針」の着実な実施	**470**	**470**	－
(3) 福島新エネ社会構想等の実現に向けた取組の推進	**588**	**507**	**405**
・福島県内の更なる再エネ導入拡大	**52**	**52**	－
・福島水素エネルギー研究フィールド（FH2R）における技術開発や水素社会モデル構築実証	**73**	**73**	－
・福島ロボットテストフィールドを活用したドローンや空飛ぶクルマの技術開発	－	**29**	－
Ⅱ．2050年カーボンニュートラル/2030年GHG排出削減目標の実現に向けたエネルギー基本計画の実現等による「経済」と「環境」の好循環	**6,865**	**6,550**	**3,162**
(1) イノベーション等の推進によるグリーン成長の加速	**4,277**	**4,176**	**2,091**
○エネルギー利用効率の向上	**1,334**	**1,176**	**267**
・先進的な省エネ設備の導入推進	**325**	**253**	**100**
・次世代型ZEHの普及や，大規模建築物のZEB化に向けた実証	**84**	**81**	－
・省エネ技術戦略に基づく2050年を見据えた省エネ技術開発支援	**80**	**75**	－
○安全最優先の再稼働原子力イノベーション	**1,314**	**1,249**	**20**
・原子力立地地域の着実な支援	**1,158**	**1,090**	－
・仏・米と協力した高速炉や小型軽水炉等の技術開発や原子力人材・産業基盤の維持・強化	**93**	**91**	**20**
・高温ガス炉における水素大量製造技術の開発・実証	－	**7**	－
○クリーンエネルギー自動車の導入拡大	**486**	**473**	**1,375**
・クリーンエネルギー自動車の導入加速と充電インフラや水素ステーションの戦略的な整備	**265**	**245**	**375**
・先端的な蓄電池の生産技術等を用いた大規模製造拠点の立地や研究開発を基金によって支援	－	－	**1,000**
・EVの航続距離倍増を実現可能とする全固体電池の2030年実用化等を目指した次世代電池の基盤的技術開発	**50**	**46**	－
○火力脱炭素化に向けたCCUS/カーボンリサイクル技術開発	**479**	**539**	**40**
・2020年代半ばの確立を目指した，CO_2を原料としたコンクリート材料やメタネーション等の技術開発等	**162**	**170**	－
・2030年のCCS商用化に向け，苫小牧CCUS拠点におけるCO_2長距離輸送実証の本格化や，メタノール合成への展開	**60**	**82**	－

エネルギー関係予算

単位：億円

	2021年度 当初予算	2022年度 当初予算	2021年度 補正予算
○再エネの最大限導入	1,147	1,219	379
・（洋上風力）事業実施に必要な気象・海象に関する基礎調査や，着床式を中心とした技術開発，人材育成の支援等	83	75	－
・（地熱）環境省と連携した自然公園等での資源量調査	110	127	－
・（太陽光）用途拡大等に資するタンデム技術開発や需要家主導による導入促進等	33	156	135
・（系統）系統用蓄電池等導入や海底直流送電網整備調査	－	－	180
○水素／アンモニアの社会実装加速化	955	989	485
・2030年を見据えた，水素利用拡大につながる燃料電池・水電解装置の基盤技術開発強化，工場・港湾等での水素社会モデル構築実証	140	152	－
・2020年代半ばの確立を目指した，石炭火力へのアンモニア混焼の実証	162	170	－
(2) 脱炭素化と資源・エネルギー安定供給確保との両立	**2,721**	**2,528**	**1,181**
○分散型エネルギーによる効率的なエネルギー利用・レジリエンス強化	80	54	30
・再エネ導入拡大や電力需給ひっ迫等の緩和に資する蓄電池等の地域の分散型エネルギーリソースを束ねて電力市場等で活用するための技術実証	45	46	－
・地域再エネ等のエネルギーの地産地消とレジリエンス強化に資する地域マイクログリッドの構築を支援	35	8	30
○資源・エネルギーの安定供給確保	2,376	2,266	40
・石油・天然ガスの安定供給確保のためのリスクマネー供給，上流開発の脱炭素化や将来的な水素／アンモニアやCCS適地の確保に向けた技術開発実証，資源国との協力等	595	493	40
・EV用蓄電池や高性能モータ，半導体等，脱炭素化に欠かせない製品の製造に必要なレアメタル・レアアース等の鉱物資源探査	19	19	－
・水素・アンモニアの原料にもなり得る砂層型・表層型メタンハイドレートや海底熱水鉱床等の国産海洋資源の商業化に向けた調査・技術開発	352	366	－
・供給途絶リスクに備えた石油・LPガスの備蓄制度の実施	1,274	1,251	－
○燃料供給体制の強靭化と脱炭素化取組の促進	283	227	1,111
・製油所等における生産性向上やレジリエンス強化に向けた設備投資及び脱炭素化に向けた実証・技術開発等を支援	122	75	70
・地域のエネルギー供給を担うSSを維持するための先進的事業モデル構築や脱炭素社会に向けた設備投資支援，災害対応能力強化に資する地下タンクの入換・大型化及び避難所等の社会的重要インフラへの燃料タンクや自家発電設備等の導入等の支援	69	57	241
・原油価格高騰がコロナ下からの経済回復に水を差さないよう時限的・激変緩和措置として燃料油の負担軽減措置を実施 ※このうち300億円は予備費で計上			800 ※

3. 石　油

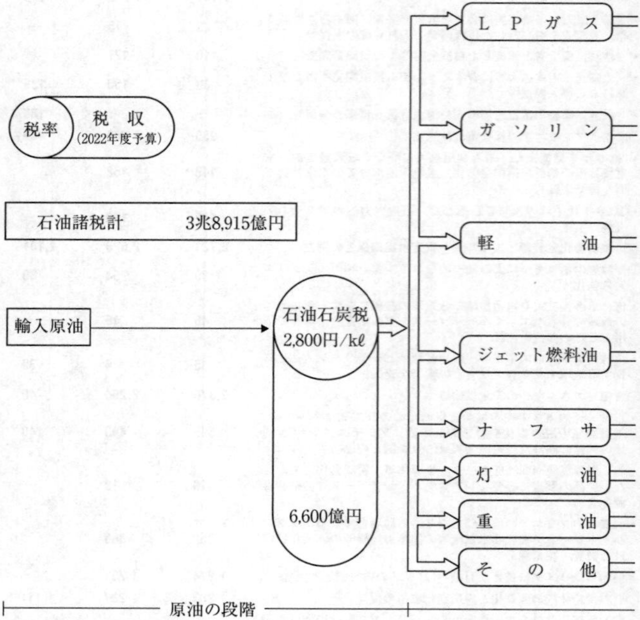

(注) 1. 軽油引取税と航空機燃料税には，Tax on Taxはない。
2. 石油石炭税は原油，石油製品，石炭，LNG，LPGが課税対象となっている。
3. ガソリン税は，揮発油税と地方揮発油税の合算値。
4. このほかに石油製品関税として38億円（石油連盟試算値）がある。

諸　税

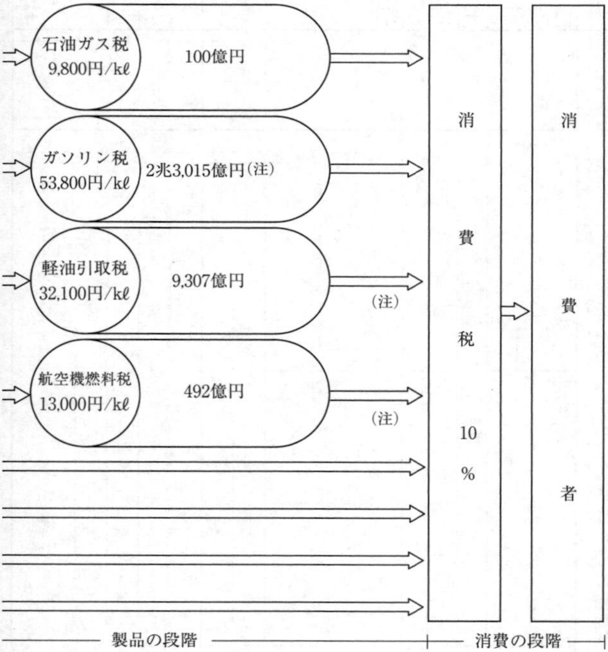
石油ガス税
9,800円/kℓ
100億円
ガソリン税
53,800円/kℓ
2兆3,015億円(注)
軽油引取税
32,100円/kℓ
9,307億円
(注)
航空機燃料税
13,000円/kℓ
492億円
(注)
消費税10%
消費者
製品の段階
消費の段階

4. 石　油　関　税

（1）原油～揮発油

（単位：円/kl）

	施行年月（西暦）	原油											揮発油							
		製油用			重税減税	その他							航空機用		石化用	アンモニア用（肥料用）	燃料用（発電用）	ガス用	LPG用	その他（自動車用等）
						石化用		アンモニア用		ガス用	その他		比重0.8017以下	比重0.8017超						
		開発原油	低硫黄原油	その他		開発原油		開発原油			開発原油									
基本税率	51.5						10%									20%				
	61.6						530						3,370				2,150			
	88.1																			
	89.4						350						3,130				1,910			
	92.4						無税						3,080				1,860			
	93.4																			
	95.4																			
	97.4												3,020				1,830			
	06.4															934				
実行税率	51.5		免税						免税							10%				
	55.8		2%						6.5%											
	61.4		6%				10%		免税		10%					20%				
	61.6		320				530			免税		530	3,370				2,150			
	62.4		530																	
	62.10												3,033	3,370						
	63.4		640				640					640								
	64.4														250					
	66.4															500		500		
	67.6															250			250	
	68.4																	250		
	68.7																			
	69.4														125					
	70.1																			
	70.7				▲300															
	71.1																			
	71.4						免税									125		125	2,150	
	71.11	640	530	640	▲500															
	72.4																			
	72.11																			
	74.4						110										1,075			
	75.4																			
	77.4		750				130					750								
	78.4	640	750							750	640	750								
	78.6	530	640		▲420	90	110	90	110	640	530	640								
	79.4	640					640	110			640									
	81.4				▲300															
	82.4				▲165															
	83.4				廃止															
	85.4															95		95		
	86.1												2,426.4	2,696		76	800	76		1,720
	86.4						110		640											
	88.1																			
	88.4															56		56		
	88.8		530				免税			530						46		46		
	89.4		350							350			2,180	2,450		32	780	32		1,480
	92.4		315							315			2,130	2,400		31	760	31		1,430
	93.4																			
	94.4															25		25		
	95.4																	1,430		
	96.4															19				
	97.4		215				63			215			2,090	2,360		12	750		1,400	
	98.4																			
	99.1																			
	02.4		170				50			170			2,069	2,336		9	1,386		1,386	
	04.4																			
	06.4						無税						1,240			無税			1,240	
	07.4												1,179						1,179	
	08.4												1,117						1,117	
	09.4												1,056						1,056	
	10.4												995						995	
	11.4												934						934	

（注）1．実効税率とは，基本税率，協定税率，暫定税率のうち実際に適用される税率をいう。
2．製油用の重油及び粗油は，原油（その他用）の関税率が適用される。
3．1961年以降，原重油関税は石炭対策財源とされ，1989年度には石油製品関税も同財源に含まれることとなった。

出所：石油連盟

率 の 推 移

(2) 灯油～潤滑油

(単位：円/kl)

	施行年月(西暦)	灯油		軽油		A重油			C重油				LPG			潤滑油				
			石化用		石化用	農林漁業用	その他 1次	その他 2次	1次	2次	1次	2次	アンモニア用(肥料用)	石化用	その他	比重0.8494以下	比重0.8494超 合成ゴム用伸展油	比重0.8494超 焼入油防錆油等	比重0.8494超 切削油絶縁油等	比重0.8494超 その他(潤滑油用)
基本税率	51.5	20%		20%			10%		10%		10%			20%		20%				
	61.6	2,020		1,890			820		630		570									
	88.1																			
	89.4	1,840		1,710			670		480		420					30%				
	92.4	1,790		1,670			650		460		400									
	93.4								420											
	95.4													無税		4.6%				9.6%
	97.4	1,760		1,640			600		390											
	06.4	346		750																
実行税率	51.5	10%		10%		免税			免税		免税			20%		10%	免税	22.5%	20%	22.5%
	55.8								6.5%		6.5%									
	60.4	20%		20%		免税	10%		10%		10%					20%				
	61.6	2,020		1,890			820		630		570									
	62.4																			
	62.10																	20%		20%
	63.4						955		730		660			1,380円/t						
	64.4																			
	66.4																			
	67.6												800円/t							
	68.4												350円/t							
	68.7													1,268円/t		16%		16%	18%	
	69.4																			
	70.1													1,212円/t		14%		14%	15.75%	17%
	70.7																			
	71.1													1,156円/t		12%		12%		16%
	71.4	1,520											350円/t		1,100円/t		10%		11.25%	15%
	71.11																			
	72.4					1次		2,280		2,280		2,280								
	72.11					無税							280円/t		880円/t		8%		9%	12%
	74.4	1,010													550円/t					
	75.4																6%			
	77.4						1,070		835		750									
	78.4																			
	78.6						955		730		660									
	79.4																			
	81.4																			
	82.4						1,640	3,930	1,260	3,930	1,140	3,930								
	83.4																			
	85.4												100円/t		200円/t					
	86.1	808		1,512									80円/t		160円/t		4.6%		4.8%	9.6%
	86.4																			
	88.1																		4.6%	
	88.4													無税						
	88.8																			
	89.4	630		1,330			2,790	3,780	2,600	3,780	2,540	3,780								
	92.4	580		1,290			2,770	3,750	2,580	3,750	2,520	3,750								
						農漁用	低硫黄	高硫黄	低硫黄		高硫黄									
	93.4					無税	2,770	3,750	2,540		3,750									
	94.4																			
	95.4																			
	96.4																			8.7%
	97.4	570		1,270			2,620	3,410	2,400		3,410									
	98.4																4.3%			
	99.1																3.9%			7.9%
	02.4	564		1,257			2,593	3,306	2,376		3,202									
	04.4		26		25															
	06.4	493	無税	1,093	無税		1,902	2,384	1,687		2,246									
	07.4	464		1,024			1,613	1,999	1,400		1,847									
	08.4	434		956			1,325	1,614	1,112		1,447									
	09.4	405		887			1,036	1,229	824		1,048									
	10.4	375		819			748	844	537		648									
	11.4	346		750			459		249											

(注) 1．実効税率とは，基本税率，協定税率，暫定税率のうち実際に適用される税率をいう。
2．製油用の重油及び粗油は，原油（その他用）の関税率が適用される。
3．石油アスファルト及び石油コークスは，いずれも無税（基本税率）。また，グリース，ペトロラタム，パラフィンろう等の特恵関税は無税。
4．1993年度から重油TQ制度の廃止に伴い重油関税の税率の区分は硫黄分（低硫黄は0.3%以下）によって行われることとなり，B重油・C重油の区分は廃止・統合された。
3．1961年以降，原重油関税は石炭対策財源とされ，1989年度には石油製品関税も同財源に含まれることとなった。

5. 石油消費

税別 / 施行年月日	揮発油税，地方揮発油税（国税）（総称，ガソリン税）			軽油引取税（地方税）
	揮発油税	地方揮発油税	計	
1955年8月1日	11,000	2,000	13,000	–
1956年6月1日	↓	↓	↓	6,000
1957年4月7日	14,800	3,500	18,300	↓
4月11日	↓	↓	↓	8,000
1959年4月1日	↓	↓	↓	10,400
4月11日	19,200	↓	22,700	↓
1961年4月1日	22,100	4,000	26,100	↓
5月1日	↓	↓	↓	12,500
1964年4月1日	24,300	4,400	28,700	15,000
1966年2月1日	↓	↓	↓	↓
1967年1月1日	↓	↓	↓	↓
1970年1月1日	↓	↓	↓	↓
1972年4月1日	↓	↓	↓	↓
1973年4月1日	↓	↓	↓	↓
1974年4月1日	29,200	5,300	34,500	↓
1976年4月1日	↓	↓	↓	19,500
7月1日	36,500	6,600	43,100	↓
1978年6月1日	↓	↓	↓	↓
1979年4月1日	↓	↓	↓	↓
6月1日	45,600	8,200	53,800	24,300
1984年9月1日	↓	↓	↓	↓
1988年8月1日	↓	↓	↓	↓
1993年12月1日	48,600	5,200	↓	32,100
2003年10月1日	↓	↓	↓	↓
2005年4月1日	↓	↓	↓	↓
2007年4月1日	↓	↓	↓	↓
2008年4月1日	24,300	4,400	28,700	15,000
5月1日	48,600	5,200	53,800	32,100
2011年4月1日	↓	↓	↓	↓
2012年10月1日	↓	↓	↓	↓
2014年4月1日	↓	↓	↓	↓
2016年4月1日	↓	↓	↓	↓
2021年4月1日	↓	↓	↓	↓
2022年4月1日	↓	↓	↓	↓

（注） 1．1904年から1924年まで，灯油を対象とした石油消費税があり，1937年4月軍事目的で創
2．1949年5月に復活した揮発油税は，従価税（100%）であり，当時の公定価格で従量税率に換
3．石油税は，1988年7月31日までは従価税で，その課税標準はCIF＋関税，同年8月1日以降は従量
4．ガソリン税（1972年4月1日以降），軽油引取税（1976年4月1日以降）の税率は暫定税率。
もって廃止されたが，当分の間，現行の税率（暫定税率廃止前の税率）が維持される。また，
ともに本則税率を適用する規定が講じられたが，2011年4月27日より東日本大震災の復旧及び復
5．上記のほか，1991年度1年間の時限措置として，石油臨時特別税（税率は石油税の1/2）が
6．2009年4月より，地方道路税は地方揮発油税と改称された。
7．2012年10月より，石油石炭税に地球温暖化対策のための税率の特例が設けられ，CO_2排出量に
8．航空機燃料税は，2011年4月より2014年3月末まで税率が軽減されている（2014年4月以降は，
9．航空機燃料税は，新型コロナウイルスの影響をふまえ，2021年度は9,000円／kℓに減免，22年度

税 率 の 推 移

(単位：円／kℓ)

石油ガス税(国税)	航空機燃料税(国税)	石油石炭税(国税) 原油及び輸入石油製品	輸入LPG	国産天然ガス及び輸入LNG	石炭
円／kg(円／kℓ)	−	−	−	−	−
−	−	−	−	−	−
−	−	−	−	−	−
−	−	−	−	−	−
−	−	−	−	−	−
−	−	−	−	−	−
−	−	−	−	−	−
−	−	−	−	−	−
−	−	−	−	−	−
5(2,800)	−	−	−	−	−
10(5,600)	−	−	−	−	−
17.50(9,800)	−	−	−	−	−
↓	5,200	−	−	−	−
	10,400	−	−	−	−
	13,000	−	−	−	−
	↓	−	−	−	−
		−	−	−	−
		3.5%	−	−	−
	26,000	↓	−	−	−
			−	−	−
		4.7%	1.2%	1.2%	−
		2,040円／kℓ	670円／t	720円／t	−
			↓	↓	−
			800円／t	840円／t	230円／t
			940円／t	960円／t	460円／t
			1,080円／t	1,080円／t	700円／t
	↓	↓	↓	↓	↓
	18,000				
		2,290円／kℓ	1,340円／t	1,340円／t	920円／t
		2,540円／kℓ	1,600円／t	1,600円／t	1,140円／t
	↓	2,800円／kℓ	1,860円／t	1,860円／t	1,370円／t
	9,000				
↓	13,000	↓	↓	↓	↓

設された旧揮発油税は，1943年7月廃止された。
算すると16,450円／kℓ，同年6月10日から1950年12月31日までは，公定価格の変更に従い16,890円／kℓとなる。
税。2003年4月以降は石油石炭税に改められた。
2008年4月1日～4月30日は，暫定税率の期限切れにより本則税率が適用された。暫定税率は2010年3月末を
2010年度より，レギュラーガソリン小売物価平均が3ヶ月連続で160円／ℓを上回った場合，ガソリン，軽油
興の状況等を勘案し別に法律で定める日までの間，当該規定は停止されている。
あった。

応じて段階的に税率が引き上げられる。
航空機燃料税法に定められた税率に戻る場合を想定)。
は13,000円／kℓに減免する。

6. 石油諸税

年度＼項目	石油製品関税	石油消費税：揮発油税	石油消費税：地方揮発油税 ※	石油消費税：小計	石油消費税：軽油引取税	石油消費税：石油ガス税
1991	**971**	**20,719**	**3,726**	**24,444**	**8,717**	**308**
1992	**904**	**21,159**	**3,805**	**24,964**	**9,011**	**304**
1993	**821**	**21,993**	**3,543**	**25,536**	**9,809**	**302**
1994	**867**	**24,081**	**2,577**	**26,658**	**13,004**	**308**
1995	**821**	**24,627**	**2,635**	**27,262**	**13,322**	**306**
1996	**853**	**25,456**	**2,724**	**28,180**	**13,553**	**300**
1997	**588**	**25,831**	**2,764**	**28,594**	**13,307**	**293**
1998	**518**	**26,636**	**2,850**	**29,486**	**12,841**	**289**
1999	**536**	**27,423**	**2,934**	**30,357**	**12,626**	**287**
2000	**550**	**27,686**	**2,962**	**30,648**	**12,076**	**283**
2001	**497**	**28,136**	**3,010**	**31,146**	**11,904**	**279**
2002	**380**	**28,442**	**3,035**	**31,400**	**11,851**	**283**
2003	**421**	**28,854**	**3,087**	**31,941**	**11,283**	**285**
2004	**442**	**28,982**	**3,101**	**32,083**	**10,999**	**287**
2005	**380**	**29,084**	**3,112**	**32,196**	**10,859**	**285**
2006	**33**	**28,567**	**3,057**	**31,624**	**10,507**	**279**
2007	**50**	**28,204**	**3,018**	**31,222**	**10,339**	**273**
2008	**47**	**25,719**	**2,856**	**28,575**	**9,188**	**260**
2009	**22**	**27,152**	**2,905**	**30,057**	**9,083**	**246**
2010	**29**	**27,501**	**2,942**	**30,443**	**9,180**	**238**
2011	**50**	**26,484**	**2,834**	**29,318**	**9,318**	**226**
2012	**52**	**26,219**	**2,805**	**29,024**	**9,249**	**214**
2013	**33**	**25,742**	**2,754**	**28,496**	**9,432**	**205**
2014	**32**	**24,864**	**2,660**	**27,524**	**9,356**	**193**
2015	**25**	**24,660**	**2,638**	**27,298**	**9,246**	**200**
2016	**21**	**24,342**	**2,605**	**26,947**	**9,332**	**174**
2017	**26**	**23,962**	**2,564**	**26,526**	**9,487**	**165**
2018	**28**	**23,478**	**2,512**	**25,990**	**9,584**	**152**
2019	**33**	**22,808**	**2,440**	**25,248**	**9,449**	**135**
2020	**33**	**20,582**	**2,202**	**22,784**	**9,101**	**93**
2021	**33**	**20,762**	**2,221**	**22,983**	**9,265**	**96**
2022（予算）	**38**	**20,790**	**2,225**	**23,015**	**9,307**	**100**

・各省庁等のデータをもとに作成（一部石油通信社推計）

収入の推移

（単位：億円）

費	税		
航空機燃料税	石油石炭税	石油消費税計	収入総額
815	4,883	39,168	40,139
861	5,054	40,194	41,098
907	4,907	41,461	42,282
965	5,243	46,178	47,045
1,011	5,131	47,032	47,853
1,038	5,252	48,323	49,176
1,039	4,967	48,201	48,788
1,065	4,767	48,448	48,966
1,031	4,859	49,160	49,696
1,040	4,890	48,937	49,487
1,044	4,718	49,091	49,588
1,065	4,634	49,233	49,613
1,075	4,783	49,367	49,789
1,040	4,803	49,212	49,654
1,047	4,931	49,318	49,764
1,069	5,117	48,596	48,629
1,040	5,129	48,003	48,053
988	5,110	44,121	44,168
937	4,868	45,191	45,213
886	5,019	45,766	45,795
595	5,191	44,648	44,698
635	5,669	44,791	44,843
671	5,995	44,799	44,832
670	6,307	44,049	44,082
656	6,280	43,817	43,842
660	7,020	44,133	44,154
671	6,908	43,757	43,783
677	7,014	43,417	43,445
653	6,383	41,868	41,901
109	6,078	38,165	38,198
450	6,355	39,149	39,224
492	6,600	39,514	39,552

（注）

1．四捨五入の関係で，計と一致しない場合がある。
2．原重油関税は1961年以降，石炭対策財源とされており，1989年度には石油製品関税も同財源に含まれることになった。
3．決算税収は減免額控除後の納付税額。石油税には，石油臨時特別税（1991年度：2,019億円，1992年度：175億円）が含まれている。
4．1989年以降の関税収入の内訳は不明。また，2007年度以降の関税収入は石油連盟試算値。
5．2003年４月より，石油税は「石油石炭税」と改められた。また，2009年４月より，地方道路税は「地方揮発油税」に改められた。
6．2012年度税制改正により，石油石炭税に「地球温暖化対策のための課税の特例」が設けられ，CO_2排出量に応じた税率が段階的に上乗せされる。
7．石油製品関税は石油連盟による試算値。

7. 石油諸税の収入と

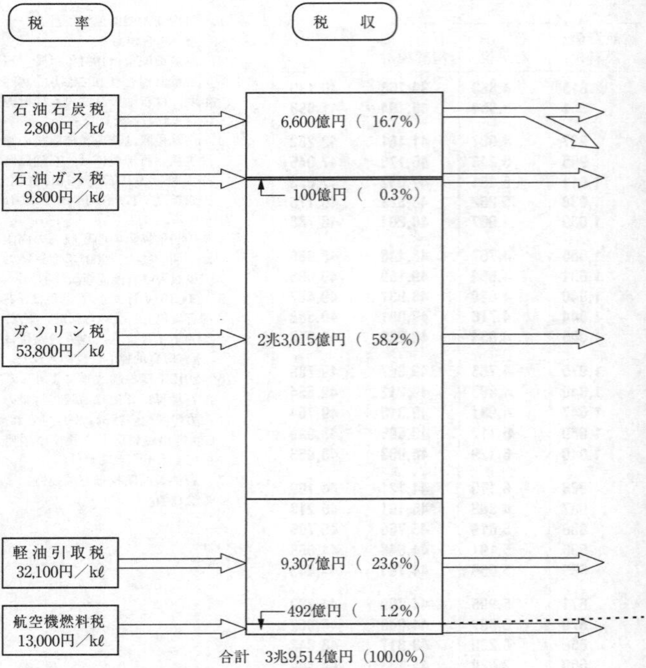

(注) 1．四捨五入の関係により，計が合わない場合がある。
2．税収と使途の合計額が合致しないのは，石油石炭税収の一部が一般会計に留保される一方，エネルギー対策特別会計が上記税収以外に剰余金等を財源としているためである。
3．空港整備等には，空港関係都道府県・空港関係市町村への譲与分を含む。
4．2008年度で道路特定財源が廃止されたため，道路整備予算は参考値として掲載した。
5．資源・燃料対策の内容は，重複する項目などを含むため，各項目の合計を石油・天然ガス関連予算全体の数値は一致しない。
6．使途及び資源燃料対策の費目，数値は，重複する箇所もあり，必ずしも一致しない。
7．航空機燃料税は，新型コロナウイルスの影響をふまえ，2022年度は13,000円/kℓ に減免している。

使途（2022年度予算）

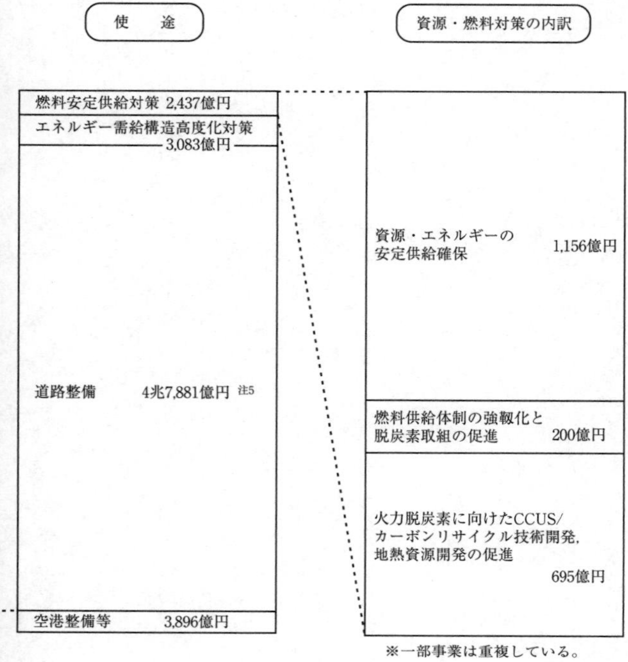
使　途
資源・燃料対策の内訳
燃料安定供給対策 2,437億円
エネルギー需給構造高度化対策
3,083億円
道路整備　4兆7,881億円 注5
空港整備等　3,896億円
資源・エネルギーの
安定供給確保　1,156億円
燃料供給体制の強靱化と
脱炭素取組の促進　200億円
火力脱炭素に向けたCCUS/
カーボンリサイクル技術開発,
地熱資源開発の促進
695億円
※一部事業は重複している。

XII その他

1. 大 気 汚 染 に

	環境基準	測定方法
二酸化硫黄	1時間値の1日平均値が0.04ppm以下であり，かつ，1時間値が0.1ppm以下であること。	溶液導電率法又は紫外線蛍光法
一酸化炭素	1時間値の1日平均値が10ppm以下であり，かつ，1時間値の8時間平均値が20ppm以下であること。	非分散型赤外分析計を用いる方法
浮遊粒子状物質	1時間値の1日平均値が0.10mg/m^3以下であり，かつ，1時間値が0.20mg/m^3以下であること。	濾過捕集による重量濃度測定方法又はこの方法によって測定された重量濃度と直線的な関係を有する量が得られる光散乱法，圧電天びん法若しくはベータ線吸収法
二酸化窒素	1時間値の1日平均値が0.04ppmから0.06ppmまでのゾーン内又はそれ以下であること。	ザルツマン試薬を用いる吸光光度法又はオゾンを用いる化学発光法
光化学オキシダント	1時間値が0.06ppm以下であること。	中性ヨウ化カリウム溶液を用いる吸光光度法若しくは電量法，紫外線吸収法又はエチレンを用いる化学発光法
ベンゼン	1年平均値が0.003mg/m^3以下であること。	キャニスター又は捕集管により採取した試料をガスクロマトグラフ質量分析計により測定する方法又はこれと同等以上の性能を有すると認められる方法

(注) 1. 浮遊粒子状物質とは，大気中に浮遊する粒子状物質であって，その粒径が10μm以下のものをいう。

2. 光化学オキシダントとは，オゾン，パーオキシアセチルナイトレートその他の光化学反応により生成される酸化性物質（中性ヨウ化カリウム溶液からヨウ素を遊離するものに限り,二酸化窒素を除く。）をいう。

3. 二酸化窒素に係る環境基準については,「1時間値の1日平均値が0.04ppmから0.06ppmまでのゾーン内にある地域にあっては，原則として，このゾーン内において，現状程度の水準を維持し，又はこれを大きく上回ることとならないよう努めるもの」とされている。

係る環境基準

	環境基準	測定方法
トリクロロエチレン	1年平均値が0.13mg/m^{3}以下であること。	キャニスター若しくは捕集管により採取した試料をガスクロマトグラフ質量分析計により測定する方法又はこれと同等以上の性能を有すると認められる方法
テトラクロロエチレン	1年平均値が0.2mg/m^{3}以下であること。	
ジクロロメタン	1年平均値が0.15mg/m^{3}以下であること。	
微小粒子状物質	1年平均値が15 μg/m^{3}以下であり，かつ，1日平均値が35 μg/m^{3}以下であること。	微小粒子状物質による大気の汚染の状況を的確に把握することができると認められる場所において，濾過捕集による質量濃度測定方法又はこの方法によって測定された質量濃度と等価な値が得られると認められる自動測定機による方法
ダイオキシン類	1年平均値が0.6pg－TEQ／m^{3}以下であること。	ポリウレタンフォームを装着した採取筒をろ紙後段に取り付けたエアサンプラーにより採取した試料を高分解能ガスクロマトグラフ質量分析計により測定する方法

4. 環境基準は，工業専用地域，車道その他一般公衆が通常生活していない地域又は場所については，適用しない。
5. 微小粒子状物質とは，大気中に浮遊する粒子状物質であって，粒径が2.5 μmの粒子を50%の割合で分離できる分粒装置を用いて，より粒径の大きい粒子を除去した後に採取される粒子をいう。
6. ダイオキシンの基準値は，2, 3, 7, 8-四塩化ジベンゾ－パラ－ジオキシンの毒性に換算した値とする。
7. ベンゼン等による大気の汚染に係る環境基準は，継続的に摂取される場合には人の健康を損うおそれがある物質であることにかんがみ，将来にわたって人の健康に係る被害が未然に防止されるようにすることを旨として，その維持又は早期達成に努めるものとする。

2. ガソリン，軽油，灯油の強制規格

	項　目	品 質 規 格	備　考
ガソリン	鉛	検出されない	環境要因
	硫黄分	0.001質量％（10ppm）以下	環境要因
	MTBE	7体積％以下	環境要因
	酸素分*	1.3質量％以下	環境要因
	ベンゼン	1体積％以下	安全要因
	灯油	4体積％以下	安全要因
	メタノール	検出されない	安全要因
	エタノール*	3体積％以下	安全要因
	実在ガム	5 mg ／ 100ml以下	安全要因
	色	オレンジ色	安全要因
軽油	硫黄分	0.001質量％（10ppm）以下	環境要因
	セタン指数	45以上	環境要因
	蒸留性状（90％留出温度）	360℃以下	環境要因
	脂肪酸メチルエステル（FAME）	0.1質量％以下5.0質量％以下*	安全要因
	トリグリセリド（TG）	0.01質量％以下	安全要因
	メタノール*	0.01質量％以下	安全要因
	酸価*	0.13mgKOH/g以下	安全要因
	ぎ酸・酢酸・プロピオン酸*	0.003質量％以下	安全要因
	酸化安定度*（注）	65分以上	安全要因
灯油	引火点	40℃以上	安全要因
	硫黄分	0.008（80ppm）質量％以下	環境要因
	セーボルト色	（色）＋25以上	安全要因
重油	硫黄分	0.5質量％以下	環境要因
	無機酸	検出されない	安全要因

＊E10対応ガソリン車の燃料として用いるガソリンを販売又は消費しようとする場合における規格値は，含酸素率：3.7質量％以下，エタノール：10体積％以下。
＊脂肪酸メチルエステルが0.1質量％を超え，5質量％以下の場合は，＊の項目も満たす必要がある。
注）当分の間，酸価の増加の測定方法において測定した数値が0.12mg KOH/g以下である軽油は，酸化安定度の基準を満たすものとみなす。

3. 我が国における年度別太陽電池出荷量推移

（単位：kW）

年度			2012	2013	2014	2015	2016
総出荷量			4,371,274	8,625,377	9,872,006	7,956,713	6,858,597
種類別	Si単結晶		1,555,349	2,986,349	3,283,969	2,104,737	1,593,717
	Si多結晶		2,013,295	4,741,034	5,588,302	4,830,880	4,574,335
	Si薄膜		802,630	897,994	999,735	1,021,096	690,545
	その他		–	–	–	–	–
仕向先別／用途別	国内		3,809,451	8,545,732	9,216,325	7,136,677	6,340,906
	電力用	住宅用	1,868,969	2,367,037	1,973,187	1,547,317	1,211,445
		産業用	1,937,671	6,178,560	7,241,881	5,556,364	5,125,860
	民生用		295	135	1,257	32,996	3,601
	海外		561,833	79,645	655,681	820,036	517,691

年度			2017	2018	2019	2020	2021
総出荷量			5,670,023	5,914,321	6,430,370	5,311,815	5,133,982
種類別	Si単結晶		2,020,096	※	※	※	※
	Si多結晶		3,013,632	※	※	※	※
	Si薄膜		636,295	※	※	※	※
	その他		–	–	–	–	–
仕向先別／用途別	国内		5,245,892	5,506,902	6,113,054	5,128,013	5,098,561
	電力用	住宅用	1,078,975	1,006,763	1,013,282	871,174	1,001,790
		産業用	4,157,347	4,498,303	5,097,357	4,256,356	4,094,115
	民生用		9,570	1,836	2,415	483	2,656
	海外		424,131	407,419	317,316	183,802	35,420

※ 2018 年度第２四半期以降は「事業者団体の活動に関する独禁法の指針」に従って種類別出荷量調査は中止した。

4. 国内の地熱発電所及び地熱開発地点

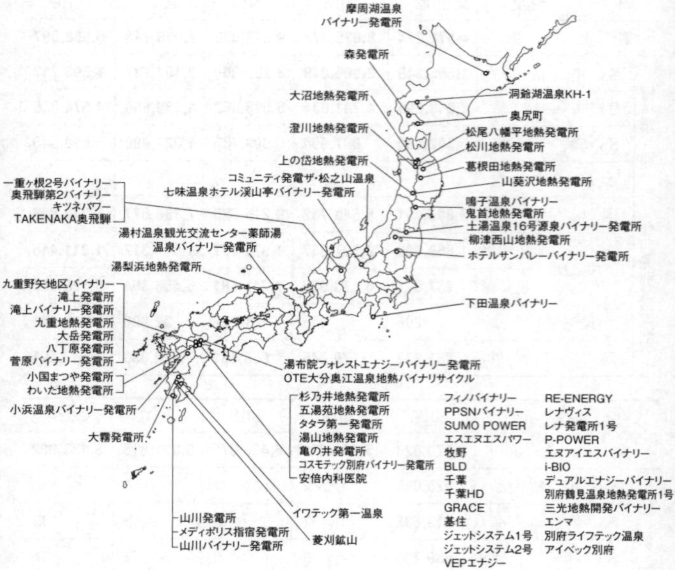
摩周湖温泉
バイナリー発電所
森発電所
大沼地熱発電所
洞爺湖温泉KH-1
奥尻町
澄川地熱発電所
松尾八幡平地熱発電所
松川地熱発電所
上の岱地熱発電所
葛根田地熱発電所
コミュニティ発電ザ・松之山温泉
山葵沢地熱発電所
七味温泉ホテル渓山亭バイナリー発電所
一重ヶ根2号バイナリー
奥飛騨第2バイナリー
キツネパワー
TAKENAKA奥飛騨
鳴子温泉バイナリー
鬼首地熱発電所
土湯温泉16号源泉バイナリー発電所
柳津西山地熱発電所
湯村温泉観光交流センター薬師湯
温泉バイナリー発電所
ホテルサンバレーバイナリー発電所
湯梨浜地熱発電所
九重野矢地区バイナリー
滝上発電所
滝上バイナリー発電所
九重地熱発電所
大岳発電所
八丁原発電所
菅原バイナリー発電所
下田温泉バイナリー
湯布院フォレストエナジーバイナリー発電所
OTE大分奥江温泉地熱バイナリサイクル
小国まつや発電所
わいた地熱発電所
小浜温泉バイナリー発電所
大霧発電所
杉乃井地熱発電所
五湯苑地熱発電所
タタラ第一発電所
湯山地熱発電所
亀の井発電所
コスモテック別府バイナリー発電所
安倍内科医院
フィノバイナリー
PPSNバイナリー
SUMO POWER
エスエヌエスパワー
牧野
BLD
千葉
千葉HD
GRACE
基住
ジェットシステム1号
ジェットシステム2号
VEPエナジー
RE-ENERGY
レナヴィス
レナ発電所1号
P-POWER
エヌアイエスバイナリー
i-BIO
デュアルエナジーバイナリー
別府鶴見温泉地熱発電所1号
三光地熱開発バイナリー
エンマ
別府ライフテック温泉
アイベック別府
イワテック第一温泉
山川発電所
メディポリス指宿発電所
山川バイナリー発電所
菱刈鉱山

出所：火力原子力発電技術協会等の資料をもとに作成

5. 地熱発電所

名称	所在地	発電
摩周湖温泉バイナリー発電所	北海道弟子屈町	（株）国書
洞爺湖温泉 KH-1	北海道洞爺湖町	洞爺湖温泉利用
森発電所	北海道森町	北海道
奥尻町	北海道奥尻町	越森石油電器
松川地熱発電所	岩手県八幡平市	東北自然
松尾八幡平		岩手地熱
葛根田地熱発電所	岩手県雫石町	東北電力（株）
鳴子温泉バイナリー	宮城県大崎市	鳴子ふるさと創生
鬼首地熱発電所		電源
大沼地熱発電所	秋田県鹿角市	三菱マテリ
澄川地熱発電所		東北電力（株）
上の岱地熱発電所	秋田県湯沢市	東北電力（株）
山葵沢		湯沢地熱
柳津西山地熱発電所	福島県柳津町	東北電力（株）
土湯温泉 16 号源泉バイナリー発電所	福島県福島市	（株）元気アップつちや
コミュニティ発電ザ・松之山温泉	新潟県十日町市	松之山温泉合同会社
ホテルサンバレーバイナリー発電所	栃木県那須町	（株）ホテル
七味温泉ホテル渓山亭バイナリー発電所	長野県高山村	（合）やごやま
一重ヶ根 2 号バイナリー（奥飛騨第 1 バイナリー）	岐阜県高山市	奥飛騨自然エネルギー
奥飛騨第 2 バイナリー		奥飛騨自然エネルギー
キツネパワー		キツネパワー
TAKANAKA 奥飛騨		竹中工務店
下田温泉バイナリー	静岡県下田市	JX
湯村温泉観光交流センター 薬師湯温泉バイナリー発電所	兵庫県新温泉町	新温泉町
協和地建コンサルタント湯梨浜地熱発電所	鳥取県湯梨浜町	協和地建コンサルタント（株）
小浜温泉バイナリー発電所	長崎県雲仙市	第 1 小浜バイナリー
小国まつや地熱発電所	熊本県小国町	（合）小国
わいた地熱発電所		（合）わ
杉乃井地熱発電所	大分県別府市	（株）杉
五湯苑地熱発電所		西日本地熱発電
タタラ第一発電所		日本地熱
湯山地熱発電所		西日本地熱
コスモテック別府バイナリー発電所		（株）コスモテック
亀の井発電所		地熱ワールド
安倍内科医院発電所		安倍内科
フィノバイナリー		フィノバイナリー発電所合同会社
PPSN バイナリー		PPSN
SUMO POWER		（株）SUMOPOWER
エスエヌエスパワー		（株）
牧野		牧野海運（株）

運転状況 (1)

蒸気・熱水供給	発電端（認定）出力 (kW)	発電方式	運転開始日	FIT 制度 活用の有無
刊行会	125	B	2016.11.02	F
協同組合	45	B	2017.03.10	
電力（株）	25,000	DF	1982.11.26	
商会	250	B	2017.12.01	F
エネルギー（株）	23,500	DS	1966.10.08	
(株)	7,499	SF	2019.01.29	F
東北自然エネルギー（株）	(1号) 50,000	SF	1978.05.26	
	(2号) 30,000	SF	1996.03.01	
温泉事業合同会社	65	B	2018.08.31	F
開発（株）	15,000	SF	1975.03.19	
アル（株）	9,500	SF	1974.06.17	
三菱マテリアル（株）	50,000	SF	1995.03.02	
東北自然エネルギー（株）	28,800	SF	1994.03.04	
(株)	46,199	DF	2019.05.20	
奥会津地熱（株）	30,000	SF	1995.05.25	F
遊湯つちゆ温泉協同組合	400	B	2015.11.16	F
地・EARTH（ジアス）	210	B	2021.01.15	F
サンバレー那須	20	B	2016.03.18	
ソーラー	20	B	2014.04.03	F
合同会社	72	B	2017.10.19	F
合同会社	250	B	2020.10.15	F
合同会社	49.9	B	2020.06.02	F
奥飛騨宝温泉協同組合	49.9	B	2021.03	F
金属	110	B	2017.03.01	F
新温泉町湯財産区	40	B	2014.04.10	
東郷温泉振興	20	B	2015.10.05	F
発電所（合）	125	B	2015.09.02	F
まつや発電所	60	B	2014.07.29	F
いた会	2,145	SF	2015.06.16	F
乃井ホテル	1,900	SF	2006.04.01	
(株)	144	B	2014.01.17	F
興業（株）	72	B	2014.07.08	F
発電（株）	144	B	2014.10.30	F
(株) 別府スパサービス	500	B	2014.11.30	F
工業（株）	11	T	2015.02.27	F
医院	20	B	2015.12.21	F
(株) 別府スパサービス	250	B	2015.06.30	F
(株) 別府スパサービス	125	B	2016.07.01	F
(株) 別府スパサービス	125	B	2016.07.01	F
エスエヌエスパワー	125	B	2016.10.26	F
(株) 別府スパサービス	125	B	2017.06.30	F

5. 地熱発電所

名称	所在地	発電
BLD		BLD Power Stations (株)
千葉		(株) 千葉ホールディングス
千葉 HD		(株) 千葉ホールディングス
GRACE		(株) GRACE
基住		(株) 基住
ジェットシステム1号		(株) ジェットシステム
ジェットシステム2号		(株) ジェットシステム
VEP エナジー		(株) VEP エナジー
RE-ENERGY		RE-ENERGY 組合
レナヴィス		(株) レナヴィス
レナ発電所1号	大分県別府市	レナ発電所1号 (同)
P-POWER		(株) PPSN
エヌアイエスバイナリー		エヌアイエスバイナリー発電所 (同)
i-BIO		(株) i-BIO
デュアルエナジーバイナリー		デュアルエナジーバイナリー発電所1号 (同)
別府鶴見温泉地熱発電所1号		別府鶴見温泉地熱発電所 (同)
三光地熱開発バイナリー		(有)
エンマ		(有)
別府ライフテック温泉		(株)
アイベック別府		(株)
湯布院フォレストエナジーバイナリー発電所		湯布院フォレスト
OTE 大分奥江温泉地熱バイナリサイクル	大分県由布市	OTE 大分
湯布院フォレストエナジーバイナリー2号		湯布院フォレスト
滝上発電所		九州電力 (株)
滝上バイナリー		出光大分地熱
九重野矢地区バイナリー		(株)
九重地熱発電所		(株) まきのと
大岳発電所	大分県九重町	
八丁原発電所		九州
菅原バイナリー発電所		九電みらいエナジー (株)
大霧発電所	鹿児島県霧島市	九州電力 (株)
イワテック第一温泉		(株)
菱刈鉱山	鹿児島県伊佐市	住友金属鉱山
山川発電所		九州
山川バイナリー発電所	鹿児島県指宿市	九電みらいエバジー
メディポリス指宿発電所		(株) メディ

【発電方式】DS:ドライスチーム, SF:シングルフラッシュ, DF:ダブルフラッシュ, B:バイナリー
T:トータルフロー

運転状況（2）

蒸気・熱水供給	発電端（認定）出力 (kW)	発電方式	運転開始日	FIT 制度 活用の有無
（株）ジェットシステム	270	B	2017.07.31	F
（株）別府スパサービス	250	B	2017.09.04	F
	250	B	2017.09.04	F
	125	B	2017.09.04	F
	125	B	2017.09.04	F
	220	B	–	F
	125	B	2017.09.04	F
	125	B	2017.09.12	F
	125	B	2017.09.12	F
	125	B	2017.09.19	F
	250	B	2017.09.19	F
	250	B	2017.11.13	F
	250	B	2017.12.01	F
	125	B	2018.03.05	F
	250	B	2018.04.09	F
	250	B	2018.10.26	F
三光電機	65	B	2016.04.15	F
辻田建機	51	B	2017.12.06	F
地熱開発	840	–	2019.06	–
アイベック	560	B	2019.08.01	F
エナジー（株）	105	B	2015.07.30	F
（株）	60	B	2017.06.24	F
エナジー（株）	70	B	2017.06.24	F
出光大分地熱（株）	27,500	SF	1996.11.01	
（株）	5,050	B	2017.03.01	F
タカフジ	50	B	2017.06.20	F
コーポレーション	1,995	SF	2000.12.01	F
電力（株）	13,700	SF	2020.10.05	
	（1号）55,000	DF	1977.06.24	
	（2号）55,000	DF	1990.06.22	
	2,000	B	2006.04.01	
九重町	5,000	B	2015.06.29	F
日鉄鉱業（株）	30,000	SF	1996.03.01	
イワテック	68	B	2018.06.05	F
（株）	–	B	2021.02	F
電力（株）	30,000	SF	1995.03.01	
九州電力（株）	4990	B	2018.02.23	F
ポリスエナジー	1,580	B	2015.02.18	F

【FIT 制度活用の有無】F：固定価格買取制度認定発電所

出所：火力原子力発電技術協会

6. 2022年3月末燃料別登録自動車台数

単位：両

局別	車種別 陸運支局等	ガソリン車 合計	ガソリン車 うち乗用車	軽油車 合計	軽油車 うち乗用車	LPG車 合計	LPG車 うち乗用車	HV等その他車 合計	HV等その他車 うち乗用車
北海道	札幌	750,834	700,975	217,725	48,022	3,478	3,380	195,349	181,837
	函館	115,884	109,227	36,292	6,435	616	588	26,704	25,747
	旭川	191,632	178,365	73,730	12,323	526	467	45,698	42,882
	室蘭	142,811	132,318	48,897	8,689	344	335	55,449	39,658
	釧路	100,048	92,892	44,890	8,153	311	302	28,691	23,695
	帯広	118,064	109,244	60,495	9,549	258	226	31,974	29,112
	北見	91,025	84,555	45,426	7,427	279	275	20,787	19,114
	計	1,510,298	1,407,576	527,455	100,598	5,812	5,573	404,652	362,045
東北	青森	318,807	300,503	107,323	14,211	1,235	1,206	90,016	87,597
	岩手	319,295	297,795	101,445	15,719	1,207	1,062	113,410	111,111
	宮城	591,189	548,879	153,363	28,155	2,909	2,691	256,803	250,317
	秋田	247,434	233,685	68,823	10,085	604	582	93,803	92,571
	山形	295,753	278,167	79,194	13,231	643	611	114,389	112,948
	福島	544,819	506,073	150,237	25,775	1,847	1,598	230,720	225,642
	計	2,317,297	2,165,102	660,385	107,176	8,445	7,750	899,141	880,186
関東	茨城	957,590	888,390	233,377	46,280	1,953	1,615	389,740	375,355
	栃木	641,736	600,026	142,684	28,687	1,392	1,247	259,436	253,344
	群馬	627,123	587,003	147,475	30,458	1,246	918	254,108	246,542
	埼玉	1,667,450	1,531,417	332,038	71,101	5,311	4,189	579,344	564,640
	千葉	1,485,858	1,361,260	312,321	70,362	4,819	4,081	538,849	521,493
	東京	1,994,024	1,787,397	383,243	125,961	15,197	13,919	691,152	669,592
	神奈川	1,761,457	1,625,628	320,427	95,417	8,022	6,981	625,551	605,671
	山梨	242,543	226,656	58,649	13,538	748	568	92,942	91,032
	計	9,377,781	8,607,777	1,930,214	481,804	38,688	33,518	3,431,122	3,327,669
北陸信越	新潟	586,197	546,143	155,248	23,658	1,816	1,585	198,229	193,572
	富山	312,596	293,325	76,313	13,935	481	390	116,085	113,915
	石川	331,577	310,711	76,113	15,544	1,060	1,006	125,908	124,100
	長野	591,241	556,941	155,251	36,670	1,417	1,340	202,671	199,275
	計	1,821,611	1,707,120	462,925	89,807	4,774	4,321	642,893	630,862

中部	福井	221,279	206,822	55,885	10,787	584	546	88,843	86,882
	岐阜	552,959	512,331	149,108	33,273	1,525	1,249	252,250	247,629
	静岡	965,181	885,411	229,494	55,373	3,619	3,195	384,927	376,007
	愛知	2,031,407	1,841,775	413,831	104,164	6,227	5,396	972,260	942,413
	三重	492,171	454,536	111,437	24,799	1,045	856	211,526	205,340
	計	4,262,997	3,900,875	959,755	228,396	13,000	11,242	1,909,806	1,858,271
近畿	滋賀	325,305	305,680	80,031	20,258	954	860	139,247	136,109
	京都	456,364	423,160	112,647	27,703	4,542	4,301	181,491	178,286
	大阪	1,439,883	1,301,394	331,862	73,436	12,561	11,853	585,071	561,072
	奈良	269,844	254,124	61,280	16,285	858	763	117,268	115,306
	和歌山	191,259	176,742	52,829	10,074	982	907	84,196	82,212
	兵庫	1,090,876	1,013,498	233,910	62,067	5,600	5,156	459,450	443,737
	計	3,773,531	3,474,598	872,559	209,823	25,497	23,840	1,566,723	1,516,722
中国	鳥取	130,410	122,878	32,986	6,451	388	319	52,067	51,275
	島根	149,612	140,065	38,506	7,123	777	703	63,065	62,211
	岡山	446,245	415,498	124,117	25,630	2,501	2,302	199,036	194,055
	広島	611,668	569,837	165,349	47,500	4,180	3,941	228,652	223,556
	山口	323,901	300,103	76,520	17,381	1,917	1,816	140,547	136,911
	計	1,661,836	1,548,381	437,478	104,085	9,763	9,081	683,367	668,008
四国	徳島	183,646	170,851	46,138	8,893	810	699	70,061	68,326
	香川	226,870	209,543	59,821	10,696	1,539	1,213	98,506	96,052
	愛媛	277,186	256,310	78,009	15,071	1,804	1,507	113,009	107,950
	高知	140,810	130,488	40,979	8,095	902	802	56,909	55,631
	計	828,512	767,192	224,947	42,755	5,055	4,221	338,485	327,959
九州	福岡	1,114,622	1,031,232	290,835	65,390	7,519	7,201	514,806	496,588
	佐賀	177,644	164,843	56,018	10,096	829	741	89,005	86,629
	長崎	232,900	218,448	66,107	12,193	1,604	1,515	105,003	103,495
	熊本	392,132	361,222	117,563	22,179	2,257	2,099	185,011	180,859
	大分	262,211	242,989	70,152	14,961	1,663	1,475	119,960	116,611
	宮崎	250,411	232,147	77,346	13,037	1,577	1,469	111,473	108,175
	鹿児島	342,228	317,333	113,989	16,140	3,262	2,933	158,450	153,178
	計	2,772,148	2,568,214	792,010	153,996	18,711	17,433	1,283,708	1,245,535
沖縄		293,011	269,358	75,673	9,422	3,438	3,079	140,215	135,668
合計		28,619,022	26,416,193	6,943,401	1,527,862	133,183	120,058	11,300,112	10,952,925

出所：自動車保有車両数月報（国土交通省），その他車は電気，ハイブリッド，CNGなど。

7. 運転免許保有

年別	総数	前年比（%）	男	構成比（%）	女	構成比（%）
1972年	29,474,643	105.3	23,675,142	80.3	5,799,501	19.7
1973	30,778,778	104.4	24,477,063	79.5	6,301,715	20.5
1974	32,143,688	104.4	25,338,592	78.8	6,805,096	21.2
1975	33,482,514	104.2	26,106,101	78.0	7,376,413	22.0
1976	35,148,742	105.0	26,956,923	76.7	8,191,819	23.3
1977	37,022,922	105.3	27,769,945	75.0	9,252,977	25.0
1978	39,174,099	105.8	28,730,091	73.3	10,444,008	26.7
1979	41,042,876	104.8	29,548,200	72.0	11,494,676	28.0
1980	43,000,383	104.8	30,408,233	70.7	12,592,150	29.3
1981	44,973,064	104.6	31,212,847	69.4	13,760,217	30.6
1982	46,978,577	104.5	32,024,310	68.2	14,954,267	31.8
1983	48,814,356	103.9	32,789,800	67.2	16,024,556	32.8
1984	50,606,685	103.7	33,542,077	66.3	17,064,608	33.7
1985	52,347,735	103.4	34,277,091	65.5	18,070,644	34.5
1986	54,079,827	103.3	35,036,361	64.8	19,043,466	35.2
1987	55,724,173	103.0	35,752,664	64.2	19,971,509	35.8
1988	57,423,924	103.1	36,483,593	63.5	20,940,331	36.5
1989	59,159,342	103.0	37,244,077	63.0	21,915,265	37.0
1990	60,908,993	103.0	38,028,875	62.4	22,880,118	37.6
1991	62,553,596	102.7	38,773,374	62.0	23,780,222	38.0
1992	64,172,276	102.6	39,482,617	61.5	24,689,659	38.5
1993	65,695,677	102.4	40,143,572	61.1	25,552,105	38.9
1994	67,205,667	102.3	40,793,347	60.7	26,412,320	39.3
1995	68,563,830	102.0	41,406,176	60.4	27,157,654	39.6

出所：警察庁，各年12月末。

者数の年別推移

（単位：人）

年別	総数	前年比（%）	男	構成比（%）	女	構成比（%）
1996 年	**69,874,878**	**101.9**	**41,973,336**	**60.1**	**27,901,542**	**39.9**
1997	**71,271,222**	**102.0**	**42,578,341**	**59.7**	**28,692,881**	**40.3**
1998	**72,733,411**	**102.1**	**43,223,086**	**59.4**	**29,510,325**	**40.6**
1999	**73,797,756**	**101.5**	**43,601,205**	**59.1**	**30,191,551**	**40.9**
2000	**74,686,752**	**101.2**	**43,865,900**	**58.7**	**30,820,852**	**41.3**
2001	**75,550,711**	**101.2**	**44,143,259**	**58.4**	**31,407,452**	**41.6**
2002	**76,533,859**	**101.3**	**44,489,377**	**58.1**	**32,044,482**	**41.9**
2003	**77,467,729**	**101.2**	**44,786,148**	**57.8**	**32,681,581**	**42.2**
2004	**78,246,948**	**101.0**	**45,020,226**	**57.5**	**33,226,722**	**42.5**
2005	**78,798,821**	**100.7**	**45,135,941**	**57.3**	**33,662,880**	**42.7**
2006	**79,329,866**	**100.7**	**45,257,391**	**57.0**	**34,072,475**	**43.0**
2007	**79,907,212**	**100.7**	**45,412,614**	**56.8**	**34,494,598**	**43.2**
2008	**80,447,842**	**100.7**	**45,517,585**	**56.6**	**34,930,257**	**43.4**
2009	**80,811,945**	**100.5**	**45,539,419**	**56.4**	**35,272,526**	**43.6**
2010	**81,010,246**	**100.2**	**45,487,010**	**56.1**	**35,523,236**	**43.9**
2011	**81,215,266**	**100.3**	**45,448,263**	**56.0**	**35,767,003**	**44.0**
2012	**81,487,846**	**100.3**	**45,437,260**	**55.8**	**36,050,586**	**44.2**
2013	**81,860,012**	**100.5**	**45,463,791**	**55.5**	**36,396,221**	**44.5**
2014	**82,076,223**	**100.3**	**45,430,245**	**55.4**	**36,645,978**	**44.6**
2015	**82,150,008**	**100.1**	**45,344,259**	**55.2**	**36,805,749**	**44.8**
2016	**82,205,911**	**100.1**	**45,255,994**	**55.1**	**36,949,917**	**44.9**
2017	**82,255,195**	**100.1**	**45,133,771**	**54.9**	**37,121,424**	**45.1**
2018	**82,314,924**	**100.1**	**44,994,702**	**54.7**	**37,320,222**	**45.3**
2019	**82,158,428**	**99.8**	**44,778,696**	**54.5**	**37,379,732**	**45.5**
2020	**81,989,887**	**99.8**	**44,596,553**	**54.4**	**37,393,334**	**45.6**
2021	**81,895,559**	**99.9**	**44,459,560**	**54.3**	**37,435,999**	**45.7**

8. 関係団体一覧

石油連盟（1955年11月創立）

会　　長	出光興産(株) 社長	木藤　俊一
副 会 長	コスモ石油(株) 社長	鈴木　康公
副 会 長	ENEOS（株）社長	齊藤　猛
専務理事		奥田　真弥
常務理事		吉村宇一郎

独立行政法人エネルギー・金属鉱物資源機構（2004年2月設立）

理 事 長	細野　哲弘
副理事長	和久田　肇
理　　事	西川　信康，浅和　　哲，霜鳥　　洋，石田　修一 五十嵐吉昭，髙橋　健一
監　　事	峯　　幹雄，越川　志穂

(財)石油エネルギー技術センター（1986年5月創立）

理 事 長	出光興産(株) 社長	木藤　俊一
専務理事	髙橋　直人	
常務理事	餅田　祐輔，北原　則夫	

(財)JCCP国際石油・ガス・持続可能エネルギー協力機関（1981年11月設立）

理 事 長	コスモ石油(株)社長	鈴木　康公

全国石油工業協同組合（1951年11月設立）

理 事 長	新日本油脂工業（株）社長	中村　　篤

(社)潤滑油協会（1978年9月設立）

会　　長	中外油化学工業(株)会長	石川　裕二

(社)石油学会（1958年5月設立）

会　　長	東北大学教授	村松　淳司

全国工作油剤工業組合（1974年3月設立）

理 事 長	タイユ（株）社長	四元大計視

日本グリース協会（1955年7月設立）

会　　長	協同油脂(株)副会長	山崎　雅彦

全国石油商業組合連合会（1963年11月設立）

会　　長	(株)富士オイル会長	森　　洋
副会長・専務理事		加藤　文彦

全国石油業共済協同組合連合会（1953年９月設立）

会　　長	(株)富士オイル会長	森　　洋
副会長・専務理事		加藤　文彦

(社)全国石油協会（1953年６月設立）

会　　長	東京大学名誉教授	山冨　二郎
常務理事		渡部　勝典

日本ＬＰガス協会（生産輸入業者，元売販売業者）
（1963年６月設立）

会　　長	ENEOSグループ（株）	江澤　和彦

(社)全国LPガス協会（卸・小売・オートガススタンド業者）
（2012年４月設立）

会　　長	（株）ダイプロ会長	山田　耕司

(財)エルピーガス振興センター（1989年７月設立）

理 事 長	ジクシス（株）社長	野倉　史章

石油鉱業連盟（1961年11月設立）

会　　長	（株）INPEX会長	北村　俊昭
副 会 長	石油資源開発(株)社長	藤田　昌宏
〃	三井石油開発(株)社長	濱本　浩孝
〃	JX石油開発(株)社長	中原　俊也
専務理事		川口　　修

天然ガス鉱業会（1957年10月設立）

会　　長	三菱ガス化学（株）社長	藤井　政志

(財)石油開発情報センター（1992年11月設立）

会　　長	（株）INPEX相談役	椙岡　雅俊

全国オイルリサイクル協同組合（2001年６月設立）

理 事 長	環境開発工業(株)会長	長谷川　徹

石油海事協会（1971年６月設立）

会　　長	ENEOS（株）常務執行役員	忍田　泰彦

9. 総合資源エネルギー調査会 資源・燃料分科会 委員名簿

分科会長	隅　修三	東京海上日動火災保険(株)　相談役
委　員	橘川　武郎	国際大学大学院国際経営学研究科　教授
	島　美穂子	森・濱田松本法律事務所　パートナー
	竹内　純子	国際環境経済研究所　理事・主席研究員
	寺澤　達也	一般財団法人日本エネルギー経済研究所　理事長
	所　千晴	早稲田大学理工学術院　教授 東京大学大学院工学系研究科　教授
	中西　寛	京都大学大学院法学研究科　教授
	縄田　和満	一橋大学社会科学高等研究院　特任教授
	西澤　淳	三菱商事(株)　常務執行役員　天然ガスグループCEO
	平野　正雄	早稲田大学商学学術院　教授
	廣瀬　陽子	慶應義塾大学総合政策学部　教授
	二村　睦子	日本生活協同組合連合会　常務理事
	細野　哲弘	独立行政法人エネルギー・金属鉱物資源機構　理事長
	宮島　香澄	日本テレビ放送網(株)　報道局解説委員
(オブザーバー)		
	有木　和春	日本地熱協会　会長 三菱マテリアル　エネルギー事業部　副事業部長
	金田　祐輔	日本化学エネルギー産業労働組合連合会　副会長
	加藤　文彦	全国石油商業組合連合会　副会長・専務理事
	佐々木敏春	電気事業連合会　副会長
	志村　勝也	石油化学工業協会　専務理事
	木藤　俊一	石油連盟　会長 出光興産（株）　社長
	田中　敏雅	一般社団法人全国LPガス協会　常務理事
	塚本　修	一般社団法人石炭フロンティア機構　理事長
	永塚　誠一	一般社団法人日本自動車工業会　副会長・専務理事
	中原　俊也	石油鉱業連盟　副会長 JX石油開発(株)　代表取締役社長
	納　武士	日本鉱業協会会長，三井金属鉱業（株）　代表取締役社長
	早川　光毅	一般社団法人日本ガス協会　専務理事
	藤井　政志	天然ガス鉱業会　会長　三菱ガス化学（株）　代表取締役社長
	吉田　栄	日本LPガス協会　専務理事

計28名

10. 総合資源エネルギー調査会資源・燃料分科会報告書（抜粋）

2021年５月

総合資源エネルギー調査会　資源燃料分科会

Ⅰ．はじめに

総合資源エネルギー調査会資源・燃料分科会では，2019年7月に，資源・燃料政策を取り巻く国内外の情勢変化を踏まえた資源・燃料政策全体に係る報告書（以下「2019年報告書」という。）を取りまとめた。2019年報告書においては，我が国が一次エネルギーの約9割を占める化石燃料を輸入に頼るという構造的な脆弱性を抱えていることを改めて確認し，資源・燃料政策を取り巻く環境が大きく変化している中で，我が国エネルギー政策の要諦たる「３Ｅ＋Ｓ」原則の下，国内燃料サプライチェーンの維持・強化，カーボンリサイクル技術開発の一層の加速化に加え，国際資源戦略を早期に立案する必要性が示された。その後，資源・燃料分科会において，国際資源戦略として策定すべき事項を検討し，提言として取りまとめた。同提言を踏まえ，経済産業省は，2020年3月に「新国際資源戦略」を策定するとともに，同年6月に独立行政法人石油天然ガス・金属鉱物資源機構法改正を行うなど，同戦略は着実に実行に移されているところである。

一方で，2019年報告書取りまとめや新国際資源戦略策定後に，新型コロナウイルス感染拡大を受け，世界及び日本のエネルギー需給構造は大きく変化している。加えて，気候変動問題への対応の必要性も益々高まっており，我が国も，2020年10月に菅内閣総理大臣が2050年カーボンニュートラル宣言を行った。

このように我が国のエネルギー政策を取り巻く環境が大きく変化する中，資源・燃料政策についても，足下の安定供給確保をしっかり維持しつつ，将来を見据え，そのあり方を見直していくことが必要である。本報告書では，2019年報告書や新国際資源戦略以降の状況変化を踏まえ，今後の資源・燃料政策のあり方・方向性を示す。

Ⅱ．資源・燃料政策を取り巻く国内外の情勢変化

1．カーボンニュートラルに向けた取組

2020年10月，菅内閣総理大臣は，2050年カーボンニュートラル，脱炭素社会の実現を目指すことを宣言し，「パリ協定に基づく成長戦略としての長期戦略（2019年6月閣議決定）」において「今世紀（21世紀）後半のできるだけ早期に実現していくことを目指す」としていたカーボンニュートラル目標を前倒しした。これを受け，同年12月，経済産業省が中心となり，関係省庁と連携して「2050年カーボンニュートラルに伴うグリーン成長戦略」を策定した。同戦略では，洋上風力や燃料アンモニア，水素，カーボンリサイクル等の14の重要分野を設定した上で，予算，税，規制改革，規格・標準化，民間の資金誘導といったあらゆる政策ツールを総動員して推進することにより，2050年カーボンニュートラルへの挑戦を，「経済と環境の好循環」につなげることとしている。また，2021年4月，菅内閣総理大臣は，2050年カーボンニュートラルと整合的で野心的な目標として，2030年度に温室効果ガスを2013年度から46％削減することを目指すこと，さらに，50％の高みに向け挑戦を続けることを表明した。

日本の産業界においても，自らカーボンニュートラルに向けたビジョン等を策定し，事業活動に伴うCO_2等の温室効果ガス（GHG）排出すなわち自社排出のネットゼロカーボンを目指すことや，社会全体のカーボンニュートラル実現に貢献するため，水素や再生可能エネルギー，カーボンリサイクル等の技術開発等を行っていくことを掲げる企業や団体が増加している。その中には，石油やガス，電力業界をはじめ，燃焼するとCO_2を排出する化石燃料の生産や利用等に深く関係する企業等も多く含まれており，気候変動問題への対応が，企業にとっても経営上の重要性を増してきていることがうかがわれる。

海外では，欧米を中心にカーボンニュートラルに向けた機運が更に高まりを見せている。2021年1月20日に発足した米バイデン政権では，気候変動問題への対応と経済・雇用政策を一体的に進める姿勢を示すとともに，気候変動問題への対応が米国の外交政策と国家安全保障に不可欠な要素であると強調している。政権発足初日からパリ協定への復帰に関する文書へ署名した。さらに，4月にはGHG排出を2005年比で50～52％減とする新たな2030年排出削

減目標であるNDC（自国が決定する貢献）を提出するとともに，気候サミットを開催した。

EUでも，気候変動対策への取組が一層加速化している。2019年12月，欧州委員会は，フォン・デア・ライエン欧州委員長のトッププライオリティである「欧州グリーンディール」を発表し，2020年3月に，「2050年カーボンニュートラル」目標を含む長期低排出発展戦略をUNFCCCに提出した。2020年7月に新型コロナウイルスからの復興計画を盛り込んだ総額1.8兆ユーロ規模の次期EU 7か年予算及び復興基金に合意した。経済復興と合わせて，デジタルや気候変動対策の促進，レジリエンスの向上を強調している。復興基金の37%（約35兆円）を気候変動対策に充当することを表明している。また，2020年12月に，2030年目標として少なくとも55%のGHG排出削減（1990年比）との目標を示したNDCを国連に提出した。今後，EU-ETSの対象拡大や省エネ・再エネ法，自動車排出規制といった関連法制の見直しを2021年6月末までに実施することとしている。

また，中国においてもカーボンニュートラルに向けた取組が進んでいる。2020年9月の国連総会において，習国家主席が，2060年までのカーボンニュートラルやNDCの引き上げ，CO_2排出量を2030年以前に頭打ちさせるとともに，2060年までのカーボンニュートラルを表明した。2015年に発表した「中国製造2025」でも省エネルギー・新エネルギー自動車や電力設備が重点分野に含まれている。加えて，政府のNEV（プラグインハイブリット車，電気自動車及び燃料電池車）振興政策により，全世界のNEV販売台数（約185万台）の過半（56%）が中国となり，BYD等の中国自動車メーカーが世界シェアの上位となっている。

2．国際的な資源・エネルギー需給構造の変化

国際的なエネルギー情勢は，世界全体で，石油については2040年まで増加，天然ガスについては新興国の伸びを中心に今後確実に需要が増加していくと見込まれる中で，いくつかの変化が表れている。シェールオイルの増産により米国が2020年に初めて石油の純輸出国化を達成した。米国の自国内の石油・天然ガス等の生産量拡大は，中東への関与低下につながっているという指摘もある。

また，新型コロナウイルスの世界的な感染拡大により，各国で国境管理や

都市封鎖等が実施されたことにより，資源国における生産停止や物流の停滞等による供給途絶リスクが顕在化した事例も発生した。加えて，世界的な経済活動の制限・停滞により資源・エネルギー需要が減少するとともに，資源価格が下落した。特に，原油については，新型コロナウイルス感染拡大による需要減少が価格下落を招く中，2020年3月のOPECプラス閣僚会合において各国の意見が鋭く対立して減産交渉が決裂し，更なる価格競争の激化等が起こった。その後，4月のOPECプラス閣僚会合において減産合意がなされたものの，原油需要が一層減少する中，WTI原油先物価格がマイナス37.63ドルとなり史上最安値を更新した。その後，世界の経済活動の再開等を受けて，原油価格は上昇してきているところである。

長期的に資源価格が下落することにより，上流投資をはじめとした新規投資が減少し将来の需給逼迫につながるとともに，メンテナンスへの投資が過小となりサプライチェーンの維持が困難になることも懸念される。そのため，原油市場の安定化は重要であり，生産国・消費国がこの認識を共有し，協力していくことが必要である。

また，エネルギー需要が大幅に高まっている中国やインド等が消費国として存在感を高めている。特に中国は，石油・LNGの輸入量が増大しており，2019年において，2010年比で石油が約2倍，LNGが約6.5倍まで増加し，石油輸入量が世界一となっており，LNG輸入量世界一も目前となっている。一方で，2020年末から2021年始においては，寒波に伴う日中韓等によるLNG需要増加や世界各地のLNG供給設備のトラブル多発による供給量低下，パナマ運河の通峡船の渋滞による輸送日数長期化等が重なり，LNGのスポット価格が急騰した。多量の在庫を持つことが困難なLNGの新たなリスクが顕在化した。

加えて，レアメタルの資源ナショナリズムの高まりによって，金属鉱物資源の安定供給に対するリスクも顕在化してきている。インドネシアは鉱業法改正により事実上の鉱石輸出禁止措置を2014年より講じている。このような動きは，フィリピン，アフリカ諸国にも広がりつつあるところである。また，中国では，昨年12月以降，輸出管理法の改正や希土管理条例案の公表を相次いで行っており，輸出管理の強化やサプライチェーン全体でレアアース産業への統制を強めつつある中，将来的にレアアースが輸出管理対象となった場合には，日本企業への深刻な影響も懸念される。日本は各国と連携しながら供給源の多角化を図り，特定国に依存しないサプライチェーン構築を進めることが重要である。

また，新型コロナウイルス感染拡大により，中南米やアフリカ南部等の一部資源国においては，ロックダウン等の影響により，鉱山の一時的な操業の停止や稼働率の低下，物流の停滞等も生じた。このような状況が長期化した場合には供給に支障を及ぼす可能性もある等，新たなリスクが顕在化した。

3．国内の化石燃料需要の減少

人口減少や化石燃料から再生可能エネルギーをはじめとした他のエネルギー源への転換，省エネルギー化の進展等により，我が国の化石燃料の需要は，今後も減少していくものと見込まれる。これに加え，2020年以降の新型コロナウイルス感染拡大による経済活動の制限・停滞等により，例えば2020年度の燃料油の消費量は，2019年度比で6.5％減と見込まれており，特に消費量の減少したジェット燃料油は2019年度比で42.8％減と見込まれているなど，エネルギー需要の更なる減少も起きている。

加えて，2035年乗用車新車販売電動車100％目標が表明されたほか，再生可能エネルギーの導入拡大，省エネルギー化の更なる進展，CO_2排出量の少ない燃料への転換等が見込まれるなど，2050年カーボンニュートラルに向けて，将来的に化石燃料の需要減少は加速する見通しである。

このような状況は，化石燃料の大半を輸入に依存する我が国にとって，国際資源マーケットにおける購買力や存在感の低下につながることが懸念される。また，化石燃料需要の先行きが不透明な中で，国内におけるサプライチェーンをいかに維持するかといった課題への対応も急がれる。

4．頻発・激甚化する災害

資源・燃料政策の検討に際しては，昨今頻発・激甚化する災害への備えという観点も重要である。2019年9月には台風15号が，同年10月には台風19号が上陸し，各地に甚大な被害をもたらした。特に台風15号では，送配電設備への被害が大きく，停電が長期化した。停電が長期化する中で，石油・LPガスは，エネルギー供給の最後の砦として，病院等の重要施設の自家発電機や電源車の稼働等のために利用され，また，2020年12月中旬から翌1月上旬にかけて，北日本から西日本の広範な地域が豪雪に見舞われた。暖房や除雪車・除雪機のために多くの石油・LPガスが利用される，また，一部の地域では，停電や高速道路等における自動車の立ち往生が発生し，ＳＳが自治体や自衛隊と連携して停電地域や自動車への燃料給油に貢献した。このように頻発・激甚化する災害に伴い，石油・LPガス，さらにはＳＳ等の燃料サプライチェーンの災害時における強靭性や重要性が改めて認識されている。

カーボンニュートラルを目指す中でも，３Ｅ＋Ｓのバランスを取りながらエネルギーの安定供給を確保することは極めて重要であり，引き続き，平時のみならず災害時，特に南海トラフ地震や首都直下地震等の大規模災害の可能性も見据えて，資源・燃料政策を検討することが求められている。

Ⅲ．今後の資源・燃料政策の重点

１．資源・燃料政策の拡大と一体的な推進

エネルギー政策を進める上では，安全性を大前提とし，日々の国民生活や産業活動に支障をきたさないよう，いかなる状況においても，エネルギーの安定供給が確保されることが重要である。また，安定的なエネルギー供給を維持し，国民の信頼を得つつ，カーボンニュートラルへの移行を確実に進めるためにも，資源の安定供給の確保は不可欠である。特に，昨今の中東情勢の変化やアジア域内におけるエネルギー調達行動の変化，さらには戦略物資を巡る国際的な緊張の高まりといった地政学・地経学的状況の変化によって海外からの調達が不安定化したことや，自然災害・異常気象等によって国内におけるエネルギー供給が不安定化したことなどにも留意が必要である。

2019年度時点で，日本の一次エネルギー供給の85%，電源構成の76%は化石燃料であり，今後，日本の化石燃料需要は減少することが予想されるが，引き続き化石燃料は重要なエネルギー源であることに変わりはない。また，2050年カーボンニュートラルに向け，電化や再生可能エネルギー機器等で需要が拡大する金属鉱物資源の重要性は更に増大していくことが予想される。

こうした状況を踏まえ，我が国が2050年に向けて「カーボンニュートラルへの移行」という大きなチャレンジを円滑に実現するためには，以下の３点を資源・燃料政策の柱として取り組んで行くことが必要である。

- 足元で必要な石油・天然ガス等の安定供給をこれまで以上にしっかり確保していくこと
- 電化や再生可能エネルギー機器等で需要が拡大していくレアメタル等の金属鉱物資源の安定供給をこれまで以上にしっかり確保していくこと
- 脱炭素化に向けてあらゆる選択肢を追求していくこととし，脱炭素燃料・技術の導入・拡大に向けたイノベーションを推進していくこと

また，３Ｅ＋Ｓの原則の下で，これら３つの柱を一体的に推進するため，石油・天然ガス・金属鉱物資源等の安定供給確保や緊急時の対策を充実させることは大前提であるが，以下の２つの方向で，資源・燃料政策を拡大し，一体的に政策を推進することが必要である。

- 化石燃料及び金属鉱物資源だけでなく，脱炭素燃料（水素・アンモニア，合成燃料等）にまで政策の対象を拡大する
- 資源・燃料の上・中・下流だけでなく，脱炭素技術（カーボンリサイクル・CCS等）にまで政策の対象を拡大する

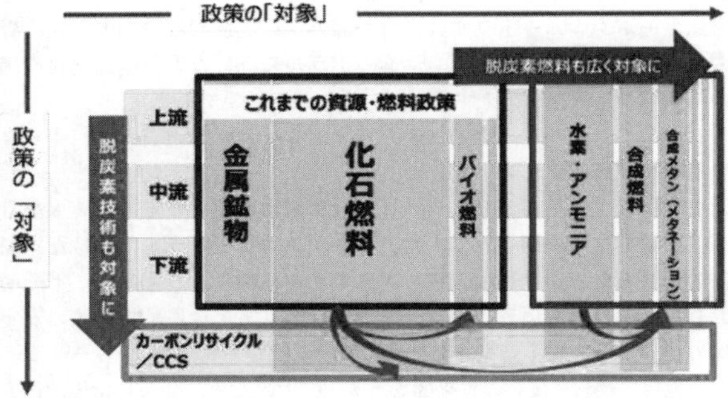

さらに，こうした政策の拡大を踏まえ，資源・燃料政策の実施機関である独立行政法人石油天然ガス・金属鉱物資源機構（JOGMEC）についても，我が国がカーボンニュートラル社会への移行という大きなチャレンジを行うことから，水素・アンモニア，CCS等の脱炭素燃料・技術も視野に，大幅な役割の見直し・機能拡充を検討することが必要である。

2．適切な時間軸を設定した対応

カーボンニュートラルへの移行には，省エネルギーの更なる実施，再生可能エネルギーの導入等に加えて，脱炭素燃料・技術の商用化に向けたイノベーションも含め，あらゆる選択肢を追求することが不可欠であり，中長期的な挑戦が必要とされる。そのため，カーボンニュートラルへの移行に当たっては，有望なイノベーションに挑戦しつつも，特定の技術を決め打ちするのではなく，技術確立の状況や社会環境の変化等を踏まえた上で，適切な時間軸を設定した対応が重要である。

具体的な取組については，まず，燃料利用の更なる高効率化や足元で可能な低炭素燃料・技術への転換・導入を図りながら，研究開発による脱炭素燃料・技術の確立状況やその経済性等に応じて脱炭素燃料への転換や脱炭素技術の導入・拡大を図っていくという形で取組が拡大し，GHGの排出が十分減少した社会に移行していくことが想定される。

他方，カーボンニュートラルに向けた諸外国の実施状況や国際世論，資本市場の動向等を踏まえ，カーボンニュートラルに向けた取組の加速化や国際連携の推進等の見直しを絶えず行っていくことが必要である。

3．包括的な資源外交

これまでは，主に，石油・天然ガスと金属鉱物資源の安定供給確保を目的として，資源外交が展開されてきた。カーボンニュートラルに向けた国際的な動向の影響も受け，世界の資源・エネルギー情勢はより複雑化・不透明化しており，資源に乏しい我が国は，石油・天然ガスと金属鉱物資源の安定供給確保のため，引き続き資源外交を最大限取り組む必要がある。

一方，脱炭素燃料・技術の将来的な導入・拡大のため，今から積極的にカーボンニュートラルへの移行に向けた取組を開始していくことが必要である。例えば，水素・アンモニアのサプライチェーン構築やCCSの適地確保には，これまで石油・天然ガスの資源外交で培った中東やロシア等の産油・ガス国との協力関係，ネットワーク等が重要な基盤となり得るものと考えられる。また，諸外国で生産された再生可能エネルギーについて，石油や天然ガスと同様に資源と捉えて，グリーン水素・グリーンアンモニアに転換して輸入するという新しいコンセプトを強く意識して活動することも必要である。

このため，資源外交は，包括性を強く意識した「包括的な資源外交」に高度化すべきである。

具体的には，石油・天然ガスと金属鉱物資源の安定供給確保，さらには脱炭素燃料・技術の将来的な確保について，これまで以上に，短期から中長期までの広い視野を持ち，SDGsの観点も踏まえ，資源・燃料全体を総合的に捉えて一体的に推進すべきである。その際，従来の二国間の枠組みに加えて，多国間の枠組みを通じた案件組成や国際ルール形成にも積極的に参画し，推進すべきである。

また，世界，特に今後のエネルギー需要増化の中心となるアジアのエネルギーセキュリティに貢献し，これによって我が国の資源・エネルギーの安定供給を実現していくべきである。こうした観点から，例えば，アジア等新興国の実態に即した現実的なエネルギートランジションに向けたLNG導入支援や脱炭素移行政策誘導型インフラ輸出支援，信頼性のある重要鉱物サプライチェーン構築のための米国との連携など，資源供給国のみならず，資源需要国との連携・協力も推進すべきである。また，先進国間においても，各国ごとの事情を踏まえたカーボンニュートラルへの移行に向け，実効的かつバランスの取れた議論を進めるべきである。

Ⅳ. 政策の具体的方向性

1. 資源・燃料の安定供給確保

今後のカーボンニュートラルに向けた移行のスピードが予見できない中で，将来にわたって一瞬の途切れもなく，必要な資源・燃料の安定供給を確保し続けることが，資源・燃料政策の責務である。将来的にCCSやカーボンリサイクル，クレジットによるオフセット等の社会実装により，化石燃料の利用とカーボンニュートラルが両立していくことに十分留意すべきである。そのため，足元で依存している石油・天然ガス等の安定供給を，引き続きしっかりと確保していくことが重要である。

他方，石油・天然ガス等の確保に向けてこれまで通り取り組むだけでは，将来の燃料の安定供給確保の観点からは不十分である。脱炭素燃料・技術の導入・拡大に向け，今から積極的に取組を開始していくことが必要である。エネルギー・レジリエンスを確保しつつ，カーボンニュートラルに円滑に移行していくためには，政府，JOGMEC等の関係機関，石油・天然ガス関係企業の役割も，以下のように転換していくことが求められる。

- ➢ 政府：化石燃料だけでなく，脱炭素燃料・技術も含めた資源・燃料政策を展開する
- ➢ 関係機関：化石燃料だけでなく，脱炭素燃料・技術に係る民間企業の取組も支援する
- ➢ 石油・天然ガス関係企業：既存のアセットや人材，ネットワーク，安全に係るノウハウ等の強みを活用し，化石燃料だけでなく，脱炭素燃料・技術の分野においてもメインプレイヤーを目指す

1.1 石油・天然ガス

①石油の位置付け

国内需要は減少傾向にあるものの，2019年度時点で，一次エネルギーの37％を占めており，運輸・民生・電源等の幅広い燃料用途や化学製品など素材用途があるという利点を持っている。特に，運輸部門の依存は極めて大きく，製造業における材料としても重要な役割を果たしている。そうした利用用途に比べ，電源としての利用は電源構成の7％に留まっている。

調達に係る地政学的リスクは化石燃料の中で最も大きいものの，既に全国的な供給網が整備されており，また，備蓄が整備されている。また，医療機関等の社会的重要インフラや一般家庭においても備蓄可能で，可搬性が高く，停電地域の自家発電機や豪雪で立ち往生した自動車への給油等も可能であるなど，災害発生直後から被災地への燃料供給に対応する機動性があり，加えて，他の喪失電源を代替するなどの役割を果たすことができることから災害時にはエネルギー供給の「最後の砦」となる，今後とも活用されていく重要なエネルギー源である。

国際的には，2020年10月に公表された「IEAWorldEnergyOutlook2020」のStatedPoliciesScenarioにおいては，2040年の世界の石油需要は2019年に比べ増加するとされている。SustainableDevelopmentScenarioにおいては，2030年に2019年比で約9割，2040年に同約7割の水準とされている。

②天然ガスの位置付け

現時点で電源の約4割を占め，熱源としての効率性が高いことから利用が拡大している。石油と比べて地政学的リスクも相対的に低く，化石燃料の中でGHGの排出も最も少なくクリーンで，発電においてはミドル電源の中心的な役割を果たしている。各分野における天然ガスシフトが進行する見通しであることから，長期を展望した環境負荷の低減を見据えつつ，その役割を拡大していく重要なエネルギー源である。

また，エネルギーの安定供給を確保するためには，天然ガスを利用する都市ガスなどエネルギーネットワークの多様性を確保することが必要である。天然ガスを活用して電気と熱を供給できるガスコージェネレーションの利用促進も重要である。これにより天然ガスは，カーボンニュートラルへの移行期の低炭素化にも貢献できる。

加えて，天然ガスは，再生可能エネルギーの導入が進んだ場合の調整電源としても必要となる。また，クレジットでカーボン・オフセットされたLNGの利用が始まっている。さらに，将来的には，燃焼してもCO_2を排出しない水素や燃料アンモニアの主要な原料として期待されており，水素社会の基盤となっていく。

こうしたことを踏まえれば，天然ガス（LNG）は，カーボンニュートラル社会の実現に向けた移行期に加え，カーボンニュートラル社会実現後も，引き続き重要なエネルギー源である。

国際的には，2020年10月に公表された「IEAWorldEnergyOutlook2020」のStatedPoliciesScenarioにおいては，2040年の世界の天然ガス需要は2019年から30%もの増加とされている。SustainableDevelopmentScenarioにおいても，天然ガス需要は，2030年は2019年とほぼ変わらず，2040年も同約9割の水準が維持されるとされている。

（1）上流開発（石油・天然ガス）

①位置付け

石油・天然ガスは，エネルギー政策の大前提となるエネルギーの安定供給を確保していく上で，引き続き，国民生活・経済活動を支える重要なエネルギー源である。中東情勢や新興国の需要拡大等も踏まえると，石油・天然ガスの上流権益確保等の重要性は変わらない。

さらに，カーボンニュートラル実現に資する新たな燃料や技術の導入・拡大には，これまで石油・天然ガスの資源外交で培った中東やロシア等の資源国との協力関係・ネットワーク等が重要な基盤となることが見込まれ，石油・天然ガスの開発を担ってきた企業が，こうした新たな燃料確保のメインプレイヤーとなることが期待される。

②背景・課題

（i）自主開発の重要性

資源のほぼ全量を海外からの輸入に依存する我が国において，エネルギー資源の安定的かつ低廉な調達を行うためには，国際市場から調達するのみならず，我が国企業が海外で資源権益を確保し，直接その開発・生産に携わることで，生産物の引取を行う，いわゆる自主開発の推進を図ることが極めて重要である。

そのため，内閣総理大臣を筆頭とした資源外交やJOGMECによるリスクマネー供給等を通じて，我が国企業による国内外における自主開発を推進してきた。

一方で，2020年前半の急激な油価下落・低迷による同年以降の世界の上流開発投資の減少により，2025年以降の石油・天然ガス生産量は大きく減少し，需給逼迫や価格上昇につながるおそれがある。こうした中で，石油・天然ガスのほぼ全量を輸入に依存する我が国は，輸入依存度が高いことによる資源調達における交渉力の限界や，中東情勢の変化等による供給リスクを抱えるという構造的課題を抱えている。とりわけ，昨今は，ホルムズ海峡における紛争リスクに加え，南シナ海・東シナ海での緊張の高まりが指摘されるなど，石油・LNGの調達におけるシーレーンのリスクが高まっている。引き続きエネルギーの安定供給を確保するためには，将来の需給逼迫リスクに鑑み，供給源の多角化に加え，自主開発の更なる拡大が不可欠である。

また，世界的な脱炭素化の流れの中で，資源国は既存の化石燃料資産の座礁化を避けるため，水素・アンモニア，CCSといった脱炭素燃料・技術への投資を重視していくというメッセージを出している。こうした状況を踏まえ，我が国としても，前述の「包括的な資源外交」を展開することが必要である。

(ii) 我が国及びアジアのエネルギー・レジリエンス向上

昨今の中東情勢の変化や成長著しいアジア地域の域外エネルギー依存度の高まりといった地政学・地経学的状況の変化への対応に加え，自然災害等に対するエネルギー・レジリエンスの向上が不可欠である。

我が国のエネルギー・レジリエンス向上のあり方を考える事象の一つとして今冬の電力需給逼迫がある。今般の電力需給の逼迫は，厳しい寒波による電力需要の大幅な増加と世界各地のLNG供給設備のトラブル等に起因するLNG在庫減少によるLNG火力の稼働抑制が主因とされる。さらに，石炭火力のトラブル停止や渇水による水力の利用率低下，太陽光の発電量変動といった背景事象や石油火力の休廃止等の構造的事象が存在した。それらに加え，再生可能エネルギーの導入拡大に伴い，調整力としての火力の重要性が増し，LNG火力への依存度が増大した一方で，電力自由化に伴う経済効率性の観点から各電力会社はLNG在庫の余剰分を適正化しており，その結果としてkW・kWh双方が不足するリスクが顕在化した。今般のLNGスポット市場の動向が示しているのは，我が国が冬を迎え，長期契約をベースとする供給量では足りない量をスポット市場から調達する時期に，中国・韓国でもLNGの急激な需要が発生する可能性が高くなっており，それによる一時的な価格の急騰，マーケットのタイト化である。また，本年にも中国が日本を抜いて世界一位のLNG輸入国になる可能性があり，国際的なLNGスポット市場における日本のプレゼンス低下や，日本のLNGの安定供給への懸念が指摘されている。

我が国のLNG調達は，原油にリンクした長期契約をベースにした取引が多数を占めており，それ以外についてはLNGスポット市場から調達する必要がある。2016年には，市場の流動性向上を通じたLNG需給と価格の安定化を目指して「LNG市場戦略」を策定し，同戦略に基づいて，第三者への転売等を禁じる仕向地条項の緩和・撤廃や調達先の多角化を進め，LNG市場の流動性は確実に向上してきたが，今冬に北東アジアのLNG価格が乱高下したように，価格の安定化は未だ道半ばといえる。

これまで，我が国及びアジアのLNGセキュリティを高め，流動性の高い市場を構築する観点から，我が国の50年にわたるLNG輸入の知見を活かし，アジアの需要を開拓し，新たな供給プロジェクトを推進するため，2017年及び2019年のLNG産消会議において，我が国の官民合わせて200億ドルのファイナンス支援と1,000人のキャパビル支援をコミットした。また,「新国際資源戦略」において，「2030年度に日本企業の「外・外取引」を含むLNG取引量が１億トン」とする目標を設定し，取組を推進してきた。

さらに，2020年10月に開催された第９回LNG産消会議では，昨今の世界的な脱炭素化の流れを踏まえ，梶山経済産業大臣が「LNGバリューチェーン全体での脱炭素化の取組を日本が主導する」ことを宣言しており，脱炭素化の流れを踏まえた取組も必要である。

(iii) 上流分野における脱炭素化の必要性

世界的な環境意識の高まりにより，資源国政府による上流開発時におけるCCSの義務化やGHG排出量の計測・報告が求められるようになり，メジャーをはじめとした世界の上流開発企業は上流開発のみならず，再生可能エネルギーや植林，CCS等，脱炭素化に向けた様々な取組を強化している。

今後，海外の上流分野では新規開発や既存案件の追加開発時にCCSの実施が義務化されていく可能性が高いが，こうした上流開発におけるCCS実施には，1,000億円～数千億円規模という多大な追加コストが発生する一方で，それだけでは収益を生まない。現状，我が国は，上流開発に伴う海外のCCS事業への直接的な支援策を有していない。我が国企業による上流開発におけるCCS実施に対する政策的支援や，CCS事業そのものに何らかの経済性が付加されなければ，他国の欧米メジャー等と比較して企業規模が小さい我が国企業は，こうした事業リスクを負うことは困難である。結果的に，我が国企業による上流開発への投資意欲が抑制され，我が国のエネルギー安定供給に支障が出るおそれがある。

上記を踏まえると，CCS等脱炭素化の取組を通じたCO_2削減そのものに何らかの形で付加価値を付けることで，上流開発における脱炭素化を支援することが必要となる。

海外における上流開発が大宗を占める中で，特に，CCS等の脱炭素化技術に付加価値を付けるために有効だと考えられる手法が，政府間合意に基づいて実施されるプロジェクトを通じてクレジットが得られる二国間クレジット制度（JCM）である。もう一つが，TSVCM（TaskforceonScalingVoluntaryCarbonMarket）のメンバーでもあるVCS（VerifiedCarbonStandard）やGoldStandardなど民間認証機関が企業のGHG排出削減活動に対してクレジットを発行し，それが取引されるボランタリー・クレジット市場を通じたクレジット取引である。しかしながら，現状では，二国間クレジット制度とボランタリー・クレジット市場のいずれにおいてもCCS事業によるGHG排出削減量の方法論が確立されていないことが課題となっている。また，CCS等脱炭素化の取組により海外で創出したクレジットが，日本国内のCO_2削減目標に貢献できないという課題もある。

(iv) アジアのエネルギートランジションにおける石油・天然ガスの必要性

経済成長に伴い，東南アジアではエネルギー需要が大きく拡大している。IEAのStatedPoliciesScenarioでは，2040年時点においても一次エネルギーの約8割を化石燃料が占める。パリ協定等で定められた目標を達成するため，先進国のみならずアジアを中心とする新興国の低炭素化が求められる。

国際金融にも変化が表れており，欧州投資銀行をはじめとする欧州金融機関が，石油・ガス関連事業のダイベストメントを発表する一方で，欧州復興開発銀行などの一部の欧州金融機関は，SDGsの観点からはグリーンだけではなく，「Secure」かつ「Affordable」なエネルギーが不可欠である点を強調するなどして，ガス火力プロジェクトを含む化石燃料への支援を継続している。各国のエネルギー資源賦存状況や経済実態等を踏まえた，現実的かつ戦略的な対応と言える。

我が国としては，世界のカーボンニュートラル実現に向けて，未だエネルギーの多くを石油・天然ガス等の化石燃料に依存するアジア等の新興国が，今後の経済成長と現実的なエネルギートランジションを両立できるようにするため，それらの新興国とともに，移行期における化石燃料の必要性を示していく必要がある。この考え方は，SDGsの一つである「すべての人が手頃な価格で安定的な発電による持続可能で近代的なエネルギーを使える」(SDGsIndicator7：Ensureaccesstoaffordable,reliable,sustainableandmodernenergyforall.）にも合致するものである。

こうした考えを踏まえて，2020年11月に開催された日ASEAN首脳会議等において，菅内閣総理大臣から「日本として，アジアの事情に即した現実的で持続可能な脱炭素・エネルギー転換の取組を全面的に支援」することを宣言した。

また，2020年12月に決定された「インフラシステム海外展開戦略2025」では，相手国の発展段階に応じたエンゲージメントを強化していくことで，世界の実効的な脱炭素化に責任を持って取り組むべく，「脱炭素移行政策誘導型インフラ輸出支援」を推進するという基本方針が定められており，さらに，同月に決定された「2050年カーボンニュートラルに伴うグリーン成長戦略」では，欧米やアジア新興国等，主要国と連携したグローバルな脱炭素化を促進しつつ，新興国等の海外市場獲得を通じた国内の脱炭素技術産業の強化を進めていくとされている。

（vi）新時代における人材育成・獲得

世界的なカーボンニュートラルの流れの中で，石油・天然ガス業界は，GHGの多排出業界として，就職志望者が減少傾向にある。我が国における上流開発業界に関して言えば，企業側の採用人数自体が例年少ないため，当面は，人材の確保が危機的状況になることは想定されにくいものの，今後も重要なエネルギーの供給を維持し，総合エネルギー産業として発展していくためには，資源工学や地質学を専攻する学生の継続的確保が課題となる可能性がある。

また，石油・天然ガス事業で必要な人材は，必ずしも資源工学や地質学を専攻する学生だけではない。今後，2050年カーボンニュートラル実現に向けて，脱炭素化の取組を積極的に進めて自ら変革を遂げる石油・天然ガス業界こそが，2050年の脱炭素化社会をダイナミックに実現できる「メインプレイヤー」

であり，最もチャレンジングでエキサイティングな産業」といった前向きなメッセージを継続して発信していくことが必要である。これにより，文理問わず多様かつチャレンジ精神あふれる学生を確保していくことが必要となる。

我が国にとっても，足下の石油・天然ガスの安定供給確保と将来的な水素・アンモニアの導入やCCS適地の確保に向けた体制構築を進めていくための中心的な担い手が現在の石油・天然ガス業界であることを鑑みれば，こうした取組を通じて，多様かつチャレンジ精神あふれる人材の獲得は，我が国のエネルギー安定供給及びカーボンニュートラルへの移行に資するものと考えられる。

③政策の方向性

（ｉ）石油・天然ガスの自主開発の更なる推進

2050年カーボンニュートラルに向けても，石油・天然ガスの安定供給確保が引き続き重要な柱であることに鑑み，国際情勢の変化への対応力をより一層高めるため，JOGMECによるリスクマネーの供給や内閣総理大臣を筆頭とした資源外交の推進等を引き続き行い，海外権益の獲得や中東内での供給源の更なる多角化を図ることが重要である。また，我が国企業の権益に基づく引取量拡大と国内資源開発の推進を通じて，現状の自主開発比率目標を可能な限り高めることが重要である。このため，現状のエネルギー基本計画（2018年７月閣議決定）で「石油・天然ガスの自主開発比率を2030年に40%以上に引き上げること」を目指すとしている現在の目標を更に高く引き上げつつ，2040年以降の目標についても，新しいエネルギー基本計画の検討状況等を踏まえて，新たに具体的な数値を定めるべきである。なお，今後の水素・アンモニアの国内需要や国内外の水素・アンモニア関連の上流開発プロジェクトの立ち上がり状況も踏まえて，水素・アンモニアを自主開発目標の対象とすべきかどうか，今後の検討事項とすべきである。

国内資源開発については，世界で第６位の広さを誇る我が国の管轄海域には，海洋由来のエネルギー資源の賦存が確認されており，陸域に存在するものも含め，これら国内資源の開発を進めることで，地政学リスクに左右されない安定的なエネルギーの供給が可能となることから，引き続き重要である。このため，後述するブルー水素・ブルーアンモニアの原料としての利用も見据えつつ，なるべく早く成果が得られるよう，引き続き国内資源開発を推進するべきである。

具体的には，石油・天然ガスについては，現状のエネルギー基本計画等において位置付けられているとおり，三次元物理探査船「たんさ」を用いて，2028年度までに概ね50,000平方キロメートルの探査を実施するという目標の達成に向けて，国内石油・天然ガスの探査を着実に実施するとともに，民間企業等による探査に同船を活用するなど，より効率的・効果的な探査を実現し，市場競争力を高めることで，国内のみならず海外でも石油・天然ガスの探査を実施すべきである。

また，メタンハイドレートについては，海洋基本計画に基づき策定された「海洋エネルギー・鉱物資源開発計画（2019年2月経済産業省策定）」において「2023年度から2027年度の間に民間企業が主導する商業化に向けたプロジェクトが開始されることを目指す」という目標の中で，なるべく早く成果が得られるよう，技術開発等を引き続き着実に実施すべきである。

（ii）産油・産ガス国等との資源外交

石油・天然ガスといった従来資源に加え，将来的な水素・アンモニア，CCS適地等の獲得も見据え，資源国との関係を強化するため，資源国における経済構造改革や財政基盤の強化，さらには資源需要国も含めて，水素等の分野における協力案件の組成に貢献していくべきである。その際，従来の二国間枠組みに加えて，同志国間の緩やかなネットワークや，多国間の枠組みを通じて，脱炭素燃料・技術に関する協力案件組成や国際ルール形成にも貢献していくべきである。

（iii）アジアLNG市場の創出・拡大，「新LNG戦略」の策定

LNGは，原油と同様の方法で備蓄を保持することが困難なことから，調達先の多角化，LNG市場の拡大によるエネルギーセキュリティを高めることが重要である。国際LNG市場における我が国の影響力を維持するために，引き続きアジア各国のLNG需要の創出・拡大に積極的に関与し，流動性が高く厚みのある国際LNG市場の形成に貢献していくことが重要である。加えて，我が国企業が我が国以外の取引にも積極的に関与し，ビジネスチャンスを拡大させることも重要である。このため，JOGMECによるリスクマネー供給等を通じ，引き続き積極的に我が国企業の天然ガス田開発・LNG事業を支援して

いくべきである。

さらに，2016年に策定した「LNG市場戦略」を刷新し，昨今の世界的なカーボンニュートラルの流れを踏まえつつ，電力・ガス市場の自由化の中で，いかにLNGの安定調達を図り我が国のエネルギーセキュリティを確保するか，といった方針を含めた「新LNG戦略」を早期に策定すべきである。同戦略の策定に当たっては，LNG市場の流動性向上を目的として2017年に公正取引委員会から発表されたレポート（「液化天然ガスの取引実態に関する調査について」）により，どの程度仕向地フリーの契約が増加したかについて評価を行うべきである。また，更なる仕向地柔軟化や契約多様化等を通じた市場の流動化に資する施策や，「2030年度に日本企業の「外・外取引」を含むLNG取引量が1億トン」とする目標の達成に向けた具体的取組の検討，LNGインフラへのファイナンス支援・人材育成等を通じたアジアLNG市場の拡大策，安定的かつ効果的なLNG調達体制のあり方等について検討すべきである。

(iv) 我が国企業が海外で創出したクレジットの付加価値化

JOGMECによるリスクマネー供給や技術開発，実証，人材育成等を通じた我が国企業の上流開発におけるCCS等脱炭素化対策への支援に加えて，CCSプロジェクトの形成を通じた二国間クレジット制度（JCM）における更なるパートナー国の拡大に向けた環境作り，ボランタリー・クレジット市場におけるCCSのクレジット対象化に向けた環境整備，日本企業が海外で創出したクレジットの国内制度における位置付けの検討・明確化等を通じて，日本企業が海外で創出したクレジットの付加価値化を図るべきである。

(v) アジアの現実的なエネルギートランジション

世界のカーボンニュートラルへの移行に向けて，アジア等の新興国のエネルギー資源の安定供給確保と持続的な経済成長を実現しつつ，現実的なエネルギートランジションの取組を加速すべく，各国による自主的な取組を我が国として支援すべきである。

具体的には，各国の経済成長に向けたニーズや，経済的・地理的多様性，化石燃料の重要性，再生可能エネルギーのポテンシャル等を踏まえた多様なエネルギートランジションの道筋(ロードマップ)の策定を支援するとともに，その実現に向けて，アジア版のトランジション・ファイナンスの普及や，個別プロジェクトに対する実証事業やファイナンス支援，制度整備，人材育成等を実施すべきである。

(vi) 新時代における人材育成・獲得

今後，石油・天然ガス業界を取り巻く環境が大きく変化していく中で，「総合エネルギー産業」としての業界をリードする多様かつチャレンジ精神あふれる人材を獲得していくため，経済産業省と上流開発企業，エンジニアリング会社等が連携して，他の関連業界も含めた検討枠組みを創設し，学生等に向けた情報発信等，カーボンニュートラル社会における新たな人材育成・獲得のための具体的方策を検討すべきである。

（2）石油備蓄

①位置付け

石油備蓄は，国が保有する「国家備蓄」，石油備蓄法に基づき石油精製業者等が保有する「民間備蓄」，UAE（アラブ首長国連邦），サウジアラビア及びクウェートとの間で実施する「産油国共同備蓄」で構成されている。

石油備蓄の数量については，IEAにより石油輸入量の90日分とされていることに加え，石油備蓄法に基づき，現在，国家備蓄については産油国共同備蓄の2分の1と合わせて輸入量の90日分（IEA基準）程度に相当する量，民間備蓄については消費量の70日分に相当する量，をそれぞれ下回らないこととされている。2021年2月末現在，国内消費量の244日分（IEA基準では輸入量の192日分）に相当する石油備蓄を保有している。

②背景・課題

(i) 中東情勢の緊迫化

我が国の原油輸入に占める中東依存度は約90％であり，中東情勢の不安定化等により，原油調達の不確実性が高まるリスクに常にさらされている。特に昨今では，日本関係船舶を含むタンカー等の船舶への襲撃（2019年6月）やサウジアラビアの石油施設への攻撃（2019年9月）をはじめ，ホルムズ海峡を含めアラビア半島周辺において多数の事案が発生するなど，中東地域における情勢が緊迫化しており，引き続き中東地域を中心に石油の供給制約が発生するリスクを抱えていることに変わりはない。

緊急時においても石油の安定的な供給を継続するためには，石油備蓄の放出を円滑かつ迅速に行うことが重要であり，これまで，官民の連携体制の強化や，国家備蓄基地における緊急放出訓練等を実施している。

（ii）アジア大でのエネルギー・レジリエンス向上の重要性

アジア諸国は，今後も石油需要が増加し世界の石油需要の回復を牽引することが見込まれる一方，原油の中東依存度が高く，十分な備蓄を保有していない国も多い。アジア，とりわけASEAN諸国には，製造業をはじめとした多くの我が国企業が進出しており，同地域における石油途絶は，我が国のサプライチェーンの途絶にも直結するおそれがある。このため，石油備蓄を通じたアジア全体のエネルギー・レジリエンス向上は非常に重要である。

ASEAN諸国では石油備蓄に関する知識が十分ではなく，石油備蓄の実施に必要な総合的な戦略策定のためのノウハウの提供が我が国に対して求められている。また，各国が自国で石油備蓄タンクを新造することは大きな負担となることから，こうした負担を回避する形での緊急供給枠組みなど，各国と我が国との協力体制の構築が求められている。さらに，アジアへの最大の原油供給元である中東産油国は，一大消費地であるアジア地域に対してマーケット面で大きな関心を有し，共同備蓄は中東産油国にとって平時のアジア地域向けの供給拠点としてのメリットがあるとともに，平時の供給過剰なマーケット状況においては備蓄原油としての供給は供給先の確保というメリットもあることから，中東産油国を巻き込んだ形でのアジアのエネルギー・レジリエンス向上に向けた枠組みの構築も有効であると考えられる。

③政策の方向性

（i）石油備蓄の確保・機動性向上

我が国の原油輸入における中東依存度の高さや供給途絶リスクを踏まえ，現状の石油備蓄水準を維持すべきである。あわせて，緊急時に石油備蓄を一層迅速かつ円滑に放出できるよう，備蓄放出の更なる機動性向上に向け，石油精製・元売各社との連携強化，必要に応じた油種入替，放出訓練や机上訓練，国家石油備蓄基地における必要な設備修繕・改良等を継続すべきである。また，長期的には燃料の移行の状況等を踏まえ，タンクの有効活用も含め，燃料備蓄のあり方について検討すべきである。

（ii）アジア各国への知見の提供及び中東産油国を巻き込んだ協力体制の構築

フィリピンやベトナム等のASEAN諸国に対して，相手国の石油備蓄に関する総合的な戦略策定支援をJOGMEC等の知見を活用しながら引き続き行っていくとともに，中東産油国を巻き込んだ形で産油国共同備蓄を活用することによって，アジア諸国，日本，中東産油国の３者のメリットとなるような協力体制の構築を目指すべきである。

（３）石油精製

①位置付け

石油精製業は，石油の上流（開発）・中流（精製）・下流（流通）のうち，主に中流（精製）機能を担い，中東等の産油国から原油を調達し，製油所において原油からガソリン・軽油等の石油製品に精製することを通じて，石油の国内安定供給の中心的な役割を果たしている。

現在存在している21の国内製油所（精製設備能力約350万BD）の多くは，戦後の高度成長期に運転を開始し，臨海部の石油コンビナートの中核に立地している。国内の石油精製業は過去15社以上存在していたが，国内石油需要の減少や規制緩和が進む中，業界再編が進み，現在では5社（グループ）に集約され，上位3社で国内市場シェアの9割以上を占めている。現在，約2万人の雇用を支えている。

石油精製業は，人口減少等による国内石油需要の減少や，アジアを中心とした世界の石油精製能力の拡大に伴う国際競争の激化など，厳しい事業環境に直面しているが，平時のみならず緊急時にも対応できる強靱な石油供給体制を確保することの重要性は変わらない。また，今後，カーボンニュートラルへの移行に伴う更なる国内需要の減少への対応も求められる。

②背景・課題

（ｉ）自然災害の頻発化

石油精製業においては，東日本大震災で製油所等が被災し長期にわたり生産・出荷能力が低下した経験や，2018年北海道胆振東部地震による停電で一時的に出荷能力が低下した経験等を踏まえ，これまで製油所や油槽所における地震・津波対策や非常用発電設備の増強を進めてきた。

近年では，大型台風をはじめとする特別警報級の大雨・高潮等の頻発化や，新型コロナウイルスをはじめとする感染症の蔓延といった新たな脅威が顕在化している。こうした状況下においても，石油製品の安定供給を継続することが求められることから，今後，製油所の大雨・高潮対策や感染症対策にも取り組むことが必要である。

(ⅱ) 国内石油需要の減少と国際競争の激化

人口減少や自動車の燃費性能の向上等により，国内の石油需要は1999年をピークに減少傾向にある。こうした中，石油精製業は，企業再編や製油所の統廃合等を進め，事業基盤の強化を図ってきた。2021年4月に示された石油需要見通しにおいて，石油製品全体で2022年度以降，年率１～2％程度の減少を見込んでいる。その結果，2025年時点では2021年比で5.7％程度，石油製品の国内需要が減少する見通しとなっており，こうした燃料需要の減少傾向は燃費向上等に伴い，それ以降も続く見通しとなっている。

国外の石油製品の事業環境もますます厳しくなっている。BP統計によると，2010年の世界の石油精製能力は合計9,323万BDだったが，2019年には合計10,134万BDと約1.1倍に拡大している。特に，中国やインド，中東地域の石油精製能力が拡大している。これらの地域では石油需要も増加傾向にあるが，供給能力はそれを上回る拡大であり，これらの国々から国際市場に石油製品が供給される状況の中，我が国の石油精製業にとって，国際市場への輸出環境が厳しくなっている。

我が国の石油精製業は，こうした状況下でも競争力を確保するため，一層の高効率化・高付加価値化が重要である。

(ⅲ) カーボンニュートラルへの移行に伴う構造変化

2050年カーボンニュートラルに向けて，今後，自動車の電動化など，ますます脱炭素化の流れが加速し，国内の石油需要の減少も更に加速することが見込まれる。こうした中にあっても，石油精製業は，エネルギー供給企業として，カーボンニュートラルへの移行に伴う新たな燃料供給ニーズをチャンスとして捉え，例えば水素や合成燃料等の新たな燃料ニーズにも対応した燃料供給体制を構築するといった事業基盤の再構築を進めていくことが求められる。また，製油所における更なる省エネルギー化に取り組むとともに，脱炭素燃料を活用するなどして，製油所の脱炭素化に一層取り組むことが重要である。こうした構造転換を進めていくことは，国内の石油需要が減少していく中でも，引き続き石油の安定供給を継続することにもつながる。

③政策の方向性

（i）レジリエンス強化

災害時も含め石油の安定供給を確保するため，これまで実施してきた地震・津波対策に加え，特別警報級の大雨・高潮対策を想定した製油所の排水設備の増強等を推進し，製油所・油槽所のレジリエンスを更に強化していくべきである。また，感染症蔓延下における石油の安定供給を確保するため，オペレーターの省力化を実現するデジタル技術の導入など，製油所操業の持続性を高める取組を後押しすべきである。

（ii）事業基盤の再構築

コンビナート内外の事業者間連携，デジタル技術の一層の活用，重油分解能力の向上を通じた原油の有効活用等の生産性向上・競争力強化を引き続き後押しすべきである。また，需要増加が見込まれるアジア等の海外市場への事業展開を引き続き進めていくことも必要である。さらに，これまで石化シフトや再生可能エネルギー事業への展開等により，石油精製業は総合エネルギー企業化に向けた取組を進めてきたが，より積極的な新事業展開を行い，事業基盤の再構築を推進することが重要である。

加えて，2030年半ばの自動車の電動化，航空（ICAO）・海運（IMO）規制等が，石油需要減少を加速させる要因になっているが，石油精製業にとっては，こうした運輸分野への新たな燃料供給の機会と捉えるべきである。既存の燃料インフラや，これまで培ったネットワーク，人材を活かして，バイオ燃料，水素，燃料アンモニア，合成燃料等の新燃料供給にチャレンジするための構造改革やイノベーションを後押しすべきである。特に，CO_2と水素を合成して製造される合成燃料は，ガソリン，軽油，ジェット燃料，重油等の石油製品を代替する脱炭素燃料として期待されており，商用化に向けて，積極的に研究開発・実証を推進することが必要である。

(iii) 製油所の省エネルギー化・脱炭素化

石油精製プロセスの省エネルギー化については，従来から取り組まれてきたところであるが，2050年カーボンニュートラルに向けて，例えば，高効率熱交換器の導入による熱の有効利用，高度制御機器の導入による運転条件の最適化，蒸気タービンから高効率モーターへの置き換え等を一層推進すべきである。

また，製油所において，CO_2フリー水素の活用，自家発電の再生可能エネルギー化，トッパーや分解装置におけるボイラーの脱炭素燃料の活用など，製油所の脱炭素の取組を後押しすべきである。さらに，廃プラスチック焼却時のCO_2排出削減に向けて，精製プロセスにおいて廃プラスチック等をリサイクルする取組も後押しすべきである。

（4）石油販売（ＳＳ）

①位置付け

ＳＳは，石油供給網において，自動車へのガソリンや軽油の給油，灯油等の需要家への配送等のサービス提供を担っている。

また，中核ＳＳ[1]，住民拠点ＳＳ[2]，小口燃料配送拠点[3]及び緊急配送用ローリーを整備することにより，災害時における停電リスクに対応し，緊急車両や一般車両への給油，医療機関や電源車等への燃料緊急配送を担う地域の燃料供給拠点を全国的に確保している。加えて，各都道府県の石油組合は，47都道府県等の地方自治体と災害時燃料供給協定を締結し，各地域において災害時の燃料供給要請に対応する「最後の砦」の役割を果たす体制を構築している。

このように，平時のみならず緊急時においても，石油製品の安定的な供給により，我が国の国民生活や経済活動を支えているＳＳは，2050年カーボンニュートラルを目指す中においても，ハイブリッド車等への給油や灯油の配送等により，引き続き石油製品の供給等を担う重要かつ不可欠な社会的インフラである。さらに，今後ＳＳが，ＥＶやFCVへのエネルギー供給や合成燃料等の新たな燃料の供給も担っていくことが期待される。

1 非常用発電機を備えて災害時に緊急車両への優先給油を担うＳＳ
2 非常用発電機を備えて災害時に一般車両への燃料給油を担うＳＳ
3 非常用発電機を備えて災害時に医療機関や電源車等への燃料配送を担う拠点

②背景・課題

（ｉ）石油製品需要の減少・人手不足

これまでも自動車の燃費改善等を背景としてガソリン等の石油製品の需要は減少してきたところであるが，ガソリン需要は2021年度から2025年度にかけて年平均2.4%減少する見通し[4]であることに加え，今後，カーボンニュートラルへの移行に伴い，減少の加速も見込まれる。

また，人材確保については従来からＳＳの経営課題としてあげられてきたところであるが，カーボンニュートラル宣言以降，ＳＳの従業員が離職する事例も生じており，今後，人手不足が深刻化することが懸念[5]されている。

（ⅱ）ＥＶやFCVへのエネルギー供給等によるカーボンニュートラルへの貢献

ＳＳは，引き続き石油製品を供給しながら，ＥＶやFCVへのエネルギー供給を担っていくことが期待されるが，ＥＶ向けの充電サービスやFCV向けの水素ステーションについては，ビジネス性の向上や設置コスト等が課題となっており，2020年12月末時点において，ＥＶ向け充電器を設置するＳＳは81箇所，水素ステーションを併設するＳＳは20箇所に留まっている。また，引き続き必要とされる石油製品の供給を継続しながらも，省エネルギー化等の取組により，カーボンニュートラルに貢献することも必要である。

（ⅲ）燃料配送遮断リスク等への対応

これまでに，東日本大震災や熊本地震等の教訓を踏まえ，災害時の停電リスクに対応するために中核ＳＳ，住民拠点ＳＳ，小口燃料配送拠点等を整備してきたところである。

しかしながら，近年頻発する災害等を踏まえれば，豪雪，土砂災害等によるＳＳへの燃料配送の遮断リスクへの対応，東日本大震災の際のような津波

4　2021～2025年度石油製品需要見通し（総合資源エネルギー調査会資源・燃料分科会石油・天然ガス小委員会石油市場動向調査ＷＧ）

5　政府のカーボンニュートラル宣言を受けて，全国石油商業組合連合会が令和３年１月12日から27日までの間，加盟する石油販売業者に対して，今後のＳＳ経営に関するアンケート（全石連アンケート：1,194社を対象）を実施した結果によれば，石油製品の販売減少による懸念は，１位経営状況の悪化（79.6%），２位今後の人材確保（51.3%），３位従業員のモチベーション維持（37.5%）

被害によりＳＳを喪失した地域における燃料供給体制の確保，豪雨に伴う浸水による計量機等の燃料供給設備の損壊への対応，自治体等からの燃料供給要請への確実な対応，ＳＳ従業員の更なる災害対応能力の強化や自治体や自衛隊等の関係機関との連携強化等も必要である。

（iv）地域内のＳＳの燃料供給体制の維持

地域内における更なる石油製品需要の減少や後継者不足の問題等により，地域内のＳＳの経営が困難になるケースがある。市町村内のＳＳの数が3箇所以下である自治体（ＳＳ過疎地）は，288市町村（2015年度末）から332市町村（2019年度末）に増加している。このうち9市町村においては，経営者の高齢化等を理由に廃業するＳＳを自治体が承継する公設民営形式でＳＳを保有し，2市町村において公設民営形式のＳＳを検討・建設中である。

周辺市町村におけるＳＳの所在状況等にもよるが，市町村内のＳＳの減少により，地域の需要に応じた燃料供給体制を確保することが困難になるリスクがあることに留意することが必要である。

③政策の方向性

（ｉ）ＳＳの経営力向上・経営多角化／デジタル化

石油製品需要の更なる減少が見込まれる中で，ＳＳは，石油製品の販売以外の事業収益を拡大することが必要である。また，人手不足対策や新たな事業展開のツールとして，デジタル技術を活用することも重要である。

これまでもＳＳは自動車の点検整備・洗車等のカーケアサービスに取り組んできたが，こうした取組に加えて，フィジカル空間において消費者に対して多様なサービスを提供し得る拠点であるというＳＳの「強み」を活かして，カーシェア等のモビリティサービスの展開や，ランドリー等の地域のニーズに応じた生活関連サービスを展開していくことが期待される。

また，既にタブレット式の給油許可システムや灯油タンクのスマートセンサー等のデジタル技術が活用されているＳＳも出てきているところ，今後も，ＡＩを活用した給油許可システム等，新たなデジタル技術の活用による効率的な事業運営や燃料配送，デジタル技術を活用したMaaS等の新たな事業展開への取組も期待される。

そのため，経営多角化等の事業再構築やデジタル技術の活用による収益向上や人手不足対策につながる取組等を後押しすることにより，ＳＳが「マルチファンクションＳＳ（多機能ＳＳ）」や「デジタル・トランスフォーメーションＳＳ（ＤＸ・デジタル化に対応したＳＳ）」として発展することを目指すべきである。

（ii）ＳＳの総合エネルギー拠点化・省エネルギー化

2050年カーボンニュートラルに向けて，ハイブリッド車，ＥＶ，PHEV，FCVが普及していく中で，各自動車の利用者が，ガソリン車と同様に円滑にエネルギーを補給できることが重要である。

また，ＳＳはこれまでもガソリン車等への給油を担ってきたが，引き続き，地域のエネルギー供給拠点としての社会的価値は大きく，電動車の普及に対応した取組が期待される。

そのため，ＳＳにおけるＥＶ向け充電器や水素ステーションの併設を後押しすることで，ＳＳが地域の「総合エネルギー拠点」として発展することを目指すべきである。ＥＶ向け充電器については，ＳＳにおける充電時間の短縮化の観点から，急速充電器だけではなく，超高速充電器の整備も重要である。

また，石油製品の供給を継続しながらもカーボンニュートラルに貢献できるよう，設備の省エネルギー化や再生可能エネルギー導入を後押しすべきである。

（iii）レジリエンス強化

様々な自然災害リスク等に対応したＳＳの取組を後押しするとともに，災害時等に得られた教訓や経験等を活かして，レジリエンス強化に向けて不断に見直しを行い，必要な措置を講じていくべきである。

具体的には，燃料配送遮断リスクへの対応としてＳＳの地下タンクの大型化等の在庫増強対策，津波リスクへの対応として災害時専用臨時設置給油設備の配備，水害リスクへの対応として防水型計量機の開発・配備，燃料供給要請等に備えたＳＳの災害対応能力の強化や自治体等の関係機関との連携強化としてＳＳと自治体等関係機関の定期的な訓練や緊急配送用ローリーの整備等が期待される。

(iv) 地域のエネルギー安定供給

石油製品の需要減等の環境変化の中でも，燃料供給体制を維持・強化し，効率的・安定的な石油製品の供給を確保することが重要であり，引き続き，公正かつ透明な石油製品取引構造の確立に取り組む必要がある。

また，今後の石油製品の需要の減少のスピード・規模等を踏まえ，地域内の燃料供給体制を確保するために必要な施策を検討することが必要である。

地域内の石油製品需要の減少等により，民間事業者単独によるＳＳの事業存続が困難なケースにおいては，まずは，民間事業者同士の「協業化」，「経営統合」，「集約化」による安定供給の確保が重要である。しかし，こうした民間事業者の経営努力によってもＳＳの維持が困難な場合には，自治体によるＳＳの承継や新設による「公設民営」の形で地域内の燃料供給を確保していくことが適切である。国は，ＳＳの事業転換等を伴う集約化等による地域内の燃料供給体制の合理化に加えて，自治体と地域内のＳＳとの平時からの連携強化や，自治体によるＳＳ承継等に向けた取組を後押しすべきである。

また，都市部以外の地域においては，石油製品供給だけではなく，高齢者向けサービス等の社会的ニーズに対応する担い手も不足していることが多く，こうした社会的機能を担って新たな収益源を確保することを後押しすることにより，ＳＳが「地域コミュニティ・インフラ」として発展することを目指すべきである。

(v) 政策当局と業界団体の連携

上記を中心としたＳＳの前向きな取組等を後押しするため，政策当局と業界団体が緊密に連携すべきである。

1.2 LPガス

①位置付け

従来は中東依存が高く，地政学的リスクの高い供給構造であったが，米国から安価なシェール随伴のLPガスの輸入が増加したことで，中東依存が低下するとともに，近年では，カナダ，豪州からの調達も増加し，輸入の多角化が進んでいる。LPガスは，約4割の家庭に供給されており，全国的な供給体制が整備されていることや，緊急時に供給を維持できる備蓄体制もあり，さらに，可搬性や長期間の保管で品質が劣化しないという利便性があるため，引き続き国民生活・経済活動に不可欠なエネルギーである。そのため，停電時等の災害時に備え，自家発電設備等を有する中核充填所の整備や避難所への燃料備蓄を進めてきた。昨今の自然災害の激甚化・頻発化を踏まえると，引き続き，石油とともにエネルギー供給の「最後の砦」として，平時のみならず緊急時にも対応できる強靱なLPガス供給体制確保の重要性は変わらない。

また，LPガスは，燃焼時のCO_2排出が比較的低いという特性を有しており，低炭素に貢献できるエネルギーでもある。

②背景・課題

今後，長期的には，家庭用エネルギーの電化の進展や地方での人口減，省エネルギー機器の普及等により，国内需要の減少の可能性があるものの，LPガスは化石燃料の中ではGHGの排出が比較的低いため，中期的には，低炭素化推進の観点から，ボイラーや発電機等での石油燃料からLPガスへの燃料転換による需要増も期待できる。

LPガスは災害に強い分散型エネルギーであり，平時においても国民生活にとって必要なエネルギーである。そのため，緊急時に円滑に国家備蓄放出ができる体制の整備が不可欠である。また，避難所等における燃料備蓄等，災害時の燃料供給に万全の体制を確保することが必要である。

一方で，LPガス販売事業者は人手不足が深刻化している状況であるとともに，低炭素化を図る観点から，サプライチェーンにおける省エネルギー化を進めていく必要がある。

また，LPガスの料金透明化の観点からは，標準的な料金の公表については店頭公表が多く，ホームページで料金を掲載している事業者が少ないという問題等がある。消費者が料金情報にアクセスし易い取組の更なる深化が期待される。

③政策の方向性

（i）LPガスの安定供給確保等への対応

緊急時の供給維持のためのLPガスの備蓄体制については，引き続き，LPガス備蓄の日数を維持すべきであり，また，業界やJOGMECと連携しつつ，国家備蓄放出の業務オペレーションを具体化していくべきである。

また，避難所や医療・福祉施設等の重要施設における自衛的備蓄や災害時にも供給が維持できる中核充填所の新設・機能拡充を引き続き後押ししていくべきである。

なお，LPガスの取引適正化のため，国の小売価格調査・情報提供を継続するほか，特に集合賃貸住宅における料金透明化を進めるため，不動産業界等の関係業界と連携した取組を促進していくべきである。

(ii) LPガス産業の脱炭素化・省エネルギー化

2050年カーボンニュートラルに向けては，バイオLPガスや合成LPガス（プロパネーション，ブタネーション）等のグリーンLPガスの研究開発や社会実装に取り組む産業界の取組を後押ししていくべきである。また，CO_2排出削減や収益力向上を目指し，省エネルギーにも資するスマートメーターの導入促進により，配送合理化等を後押ししていくべきであり，大企業のみならず中小企業の参画も重要である。

1.3 石炭

①位置付け

GHGの排出量が大きいという問題があるが，地政学的リスクが化石燃料の中で最も低く，保管が容易で，熱量当たりの単価も化石燃料の中で最も安いことから，現状において安定供給性や経済性に優れた重要なベースロード電源の燃料として評価されている。ただし，再生可能エネルギーの導入拡大に伴い，適切に出力調整を行う必要性が高まると見込まれる。今後，石炭の活用においては，2050年カーボンニュートラルに向けて，IGCC（石炭ガス化複合発電）への改修等の火力発電の高効率化・次世代化，脱炭素燃料の混焼の推進やCCUS/カーボンリサイクル等の脱炭素化技術の導入・拡大を図っていくとともに，よりクリーンなガス利用へのシフトと非効率石炭のフェードアウトに取り組むなど，長期を展望した環境負荷の低減を見据えつつ活用していく必要がある。

また，主に製鉄用に使用されている原料炭は，現時点で代替が困難であるが，高品位炭・原料炭の生産量が近年は減少する傾向にある。一方，褐炭については，水素原料としての活用も考えられている。

こうした状況を踏まえ，CO_2排出を低減するための技術開発を推進する点に重点を置きつつ，自主開発比率目標60％の下で，必要な石炭の安定供給を確保するべきである。

②背景・課題

（ｉ）上流開発

上流開発については，これまでJOGMECによる探鉱支援や，資源外交等を通じた産炭国との関係強化を図ることにより，我が国企業による石炭権益の確保を後押しし，石炭の安定供給に取り組んできた。現在，我が国の石炭輸入量の約6割が豪州に集中しており，更なる安定供給確保の観点から供給国の多角化が課題となっている。また，今後はカントリーリスクや事業リスクを低減した石炭供給源の確保が必要である。

（ii）高効率火力技術開発等

火力の技術開発については，発電効率の向上及び環境負荷の低減に向け，IGCCやIGFC（石炭ガス化燃料電池複合発電）等の高効率火力及び燃料アンモニアやバイオマスといった脱炭素燃料の混焼に必要な技術開発，実証試験，影響評価等を実施してきた。引き続き，これら発電技術を確立し，早期実用化を進めることが必要である。

（iii）海外展開

途上国の実効的な脱炭素化支援のため，2020年12月の「インフラシステム海外展開戦略2025」において，世界の実効的な脱炭素化に責任をもって取り組む観点から，今後新たに計画される石炭火力輸出支援の厳格化を行った。今後，この方針に従い，石炭火力の輸出支援を行っていくこととしている。

③政策の方向性

（ｉ）上流開発

引き続きJOGMECが，豪州その他の産炭国政府等と共同で探鉱を実施することを通じ，供給国の更なる多角化を実現すべきである。また，JOGMEC等を通じて，現地ニーズも踏まえたセミナーや人材育成を共同で実施することにより，産炭国政府との関係強化を図り，カントリーリスクや事業リスクを低減することを目指すべきである。

（ⅱ）高効率火力技術開発等

発電効率向上に向けたIGFCの実証試験を実施するとともに，環境負荷の低減に向け，アンモニア混焼の実機での実証試験や実用化，バイオマス混焼の促進，高混焼率化に取り組むべきである。また，CO_2分離回収技術（DAC含む）やカーボンリサイクル技術について，基礎技術開発，実証試験による低コスト化，実用化を進めていく必要がある。

（ⅲ）海外展開

厳格化したインフラ輸出支援方針に則り，火力の高効率化といった脱炭素社会実現に向けた支援を実施していくべきである。また，国際会議，国際展示会，バイ会談等を通じて，カーボンリサイクル技術を周知し，関係国との共同研究等を実施すべきである。

1.4　地熱

①位置付け

地熱は，CO_2の排出量がほぼゼロであり，また，国内で生産できることからエネルギーセキュリティにも寄与できる再生可能エネルギーであり，天候等の自然条件に左右されず，設備利用率が約80％と他の再生可能エネルギーと比べて格段に高いベースロード電源である。

また，エネルギーの多段階利用により地元経済・社会への好影響が期待できることなど，多くの利点を有する。

②背景・課題

第五次エネルギー基本計画においても，地熱発電は，「地域との共生を図りつつ緩やかに自立化に向かう」電源として，引き続き開発リードタイムの短縮やコスト低減，地域と共生した持続可能な開発の促進に向けた取組を進めて行くこととされており，長期エネルギー需給見通しでは，2030年時点の設備容量を，現行の約3倍である約140～155万kWまで拡大する目標が掲げられている。2021年3月時点の地熱発電の導入量は約60万kWに留まっているが，我が国は世界第3位の地熱資源量を有しており，2050年カーボンニュートラルに向けて，更なる導入拡大が期待されている。

2019年5月には，出力10,000kWを超える大型案件としては実に国内23年ぶりとなる，山葵沢地熱発電所（湯沢地熱（株），出力46,199kW）が商業運転を開始するなど，着実に進展が見られるが，2030年エネルギーミックスの達成に向けては，更なる導入促進が求められる。

一方，地下資源開発の特性でもある，長い開発リードタイムや開発コストの高さ，試掘の結果として期待した規模の地熱資源量が確認できないリスク，開発の競合や地熱貯留層の減衰等の事後的な状況変化により既存投資や長期安定的な事業運営が脅かされるリスク等を有し，投資回収に時間を要する大型開発は敬遠される傾向がある。

新規地点の開拓については，国立・国定公園をはじめとした高いポテンシャルが期待されるものの，開発難易度の高い地点については，JOGMEC自らが先導的資源量調査を実施している。

また，無秩序な地熱開発に対して，温泉事業者等による温泉資源への影響を懸念する声も多く，地元の理解が不可欠である。

加えて，地熱開発の際に適用される各種規制手続や運用について，地域によっては過大な対応が求められるなど，未だ障害になっているとの声が事業者から挙げられている。

③政策の方向性

（i）開発リスク・コストの低減

地熱の探査や開発に伴うリスクやコストの低減のため，JOGMEC自らが行う先導的資源量調査をより積極的に実施すべきである。また，地表・掘削調査事業への補助や出資・債務保証等のリスクマネー供給を通じ，事業化に向けた事業者の取組を継続的に支援すべきである。

（ii）地元理解の促進

地域と共生した持続可能な地熱開発を促進すべく，自治体主催の情報連絡会等の開催に対する支援や有識者の派遣，地熱シンポジウムの開催等，地元理解のための取組を継続するとともに，地熱資源を活用し，農林水産業や観光業等の産業振興に取り組む自治体を「地熱モデル地区」として積極的に選定・発信を行うべきである。

(iii) 規制の運用改善

我が国の地熱資源の約8割が賦存するとされている国立・国定公園内については，これまでの規制緩和により，条件付きで地熱開発が可能となっているが，地域によっては過大な対応が求められるなど，未だに順調に開発が進んでいるとは言い難い状況である。引き続き，関係省庁が連携し，規制の撤廃や緩和，基準の明確化等を行っていくべきである。

(iv) 革新的な技術開発

地表調査や掘削調査による高コスト化やリードタイムの長期化に対応するため，継続的な技術開発を実施していくべきである。加えて，地熱発電の抜本的な拡大を図るため，革新的な技術を利用した地熱開発（EGS：EnhancedGeothermalSystem）についても国内のポテンシャル調査や技術検討を行うべきである。

(v) 海外展開

国際的に見ると，アジア・アフリカ等においても地熱開発のポテンシャルは大きく，我が国と類似の海外の火山帯において地熱資源調査や大規模発電事業等を行うことで知見を蓄積し，国内の探査や開発に活かしていくことも重要である。また，我が国企業は，地熱発電設備の世界シェアにおいて約7割を占めており，我が国が強みを持つ脱炭素技術の海外展開や，それを通じた世界のカーボンニュートラルへの貢献という観点からも，地熱発電の海外展開を促進していくことが重要であり，JOGMECの役割も含めて政策的支援の強化について検討すべきである。

2．鉱物資源の安定供給確保

2050年カーボンニュートラルに向けて，電力部門では再生可能エネルギーや水素等の導入・拡大，非電力部門では脱炭素化された電力による電化等を進めていくことが重要となる。こうした取組の鍵となる蓄電池やモーター，半導体等の製造には，銅やレアメタル等の鉱物資源が不可欠である。今後，風力発電や太陽光発電，ＥＶ等の導入・拡大が進展し，カーボンニュートラルへの移行が進むにつれて，鉱物資源とエネルギーとの関係性はますます強くなることが見込まれる。

カーボンニュートラルへの移行を円滑に行うためには，それを支える十分な鉱物資源の安定的な供給が必要であるが，鉱物資源には多数の鉱種が存在し，それぞれ埋蔵・生産の偏在性，中流工程の寡占状況，価格安定性等が異なっており，上流の鉱山開発から下流の最終製品化までのサプライチェーン上に，多様な供給リスクが存在する。

このため，鉱物資源の安定供給確保に当たっては，サプライチェーン上の脆弱性を克服するため，上流・中流・下流の各工程における課題や横断的な課題を整理し，それぞれ必要な対応を行っていくことが必要である。

（1）横断的取組

①背景・課題

カーボンニュートラル社会では，銅等のベースメタルのみならず，レアアース，コバルトといったレアメタルがますます重要となることが見込まれる。レアメタルを安定的に確保するためには，従来の供給国との二国間協力に加え，さらなる国際協力を推進していくことが必要である。

上流権益の獲得・維持に向けて，これまで首脳・閣僚レベルで資源外交を展開し，資源国との二国間協力の強化を図るとともに，日米欧間での情報交換を通じた需要国側の連携等を推進してきた。他方，資源国によるロイヤリティの引き上げや資源の高付加価値化につながる投資要求等の資源ナショナリズムの動きは引き続き高まってきている。さらに，供給国による政治的手段としての輸出制限の発動といったリスクも生じている。

また，銅やニッケル等，ベースメタルに関する国際的な枠組みを通じて，政府間協議や統計データ整備，需給予測等を実施してきた。さらに，国際標準化機構（ISO）において，レアアース等の重要鉱物の持続的な開発や利用に係る国際規格化の議論が進んでいることから，我が国産業が強みを有する技術・プロセスに関する提案等を積極的に実施することも引き続き重要な課題である。

国内鉱山の休廃止や，環境汚染・労働衛生・人権問題意識の高まり等から，学生をはじめとした若年層にとって，鉱物資源産業への関心は必ずしも高くない。その結果，資源系を目指す学生が減少し，大学の資源系学科縮小・再編も進んでいる。

②政策の方向性

（i）自給率目標

ベースメタルの自給率目標については，引き続き2030年までに80%以上を目指すべきである。さらに，リサイクルによる資源循環を促進することによって，我が国企業が権益を有する海外自山鉱等からの調達確保を合わせて2050年までに国内需要量相当のベースメタル確保を目指すべきである。

レアメタルについては，ベースメタル生産の副産物であること，権益比率とは関係なくオフテイク権が設定されることが多いことから，一律の自給率目標は設けず，鉱種ごとに安定供給確保に取り組んでいくことが必要である。

（ii）資源外交・国際協力

レアメタルを安定的に確保するため，これまでの二国間の資源外交のみならず，多国間の枠組みを通じた協力も実施していく必要がある。また，供給側に加え，需要側との鉱種横断的な国際連携も強めていく必要がある。こうした取組を通じ，SDGsを意識した上流開発や公正な取引，信頼できるグローバル・サプライチェーン構築，緊急時における国際連携の強化等を推進していくべきである。

（iii）人材育成

将来の資源分野の人材を確保するため，学生を対象にした鉱物資源産業への関心向上，産学連携による合同寄付講座の創設，大学・学科の横断的連携による総合的な資源講座の創設等の取組を通じ，人材育成を図ることが重要であり，政府としても引き続き必要な対策を講じていくべきである。

（2）上流

①背景・課題

上流権益の確保や供給源の多角化のため，これまでJOGMECによる資源探査やリスクマネー供給支援，資源開発税制等を通じた新規探鉱に対する支援を展開してきた。他方，鉱物資源の品位低下や，開発条件の悪化，資源国における資源ナショナリズムの高まり等により，開発リスク・コストは引き続き増加傾向にある。

また，レアメタルは，市場規模が小さく，需要国の経済情勢等の影響も受けやすいことから，価格の変動幅が大きいといった投資の阻害要因がある。さらに，一部のレアメタルでは，上流の生産工程から中流の製錬工程まで，特定国による寡占化が進みつつあるといった課題もある。

さらに，我が国は鉱物資源のほぼ全量を海外からの輸入に依存しており，鉱物資源の安定供給確保のためには，地政学リスク等に左右されない国産資源開発の推進が不可欠である。我が国領海・EEZ内に確認されている海底熱水鉱床，コバルトリッチクラスト，マンガン団塊，レアアース泥等については，現在，既知鉱床の資源量評価や新規鉱床の発見等において進展がある一方，民間事業者の参入判断に必要な資源量の把握が不十分であることや，海底の多様な鉱床性状に応じた生産技術の開発等が課題となっている。

②政策の方向性

（i）権益確保の更なる取組強化

カーボンニュートラルを実現する上で重要となる鉱物資源の確保に対しては，JOGMECによる継続的な資源探査に加え，出資割合に係る運用の見直し等により，リスクマネー支援を強化すべきである。また，我が国企業が関与する海外鉱山開発等事業における脱炭素化のための取組に対しても，リスクマネー供与の条件を優遇するなど，JOGMECによる支援を更に強化すべきである。

また，サプライチェーンの分業化の進展もあり，上流権益確保に向けた取組だけでは鉱物資源の安定供給確保が達成できない状況にある。このため，上流，中間産業（素材産業），最終製品産業の連携が重要であり，これらの取組を促進するため，JOGMEC等が鉱物資源の開発に係る正確な情報発信を行っていくことが必要である。

(ii) 国産資源開発の推進

海底熱水鉱床，コバルトリッチクラスト，マンガン団塊，レアアース泥等の国産海洋鉱物資源について，引き続き国際情勢をにらみつつ，「海洋基本計画」に基づき，資源量の把握，生産技術の確立等の取組を推進していくべきである。

例えば，コバルトリッチクラストについては，2020年7月にJOGMECが南鳥島海域で実施した掘削性能試験において鉱石片の試験的な掘削・回収に成功しており，同試験の結果に基づく掘削機の改良に向けた検討等を推進すべきである。

(3) 中流

①背景・課題

我が国非鉄製錬所は，高品質な金属地金供給，ベースメタル製錬からのレアメタル回収，メタル・リサイクルによる資源循環等を担っており，鉱物資源サプライチェーンの要である。他方，鉱石品位の低下や中国の需要拡大に伴う国際的な競争激化等を背景として，非鉄製錬所を取り巻く環境は厳しい状況となっている。

鉱物資源の安定供給を確保する観点から，製造等の工程くずや使用済製品からのレアメタル・リサイクルは有効な手段である。特に，コバルトやレアアース等は，資源調達リスクが高いことから，製品の形で社会にストックされている金属物資を回収して，新たな原材料として再利用していくことが望ましい。既に，多くの国内製錬企業がリサイクル原料を効率的に処理するため，グループ製錬所間の金属回収ネットワークを構築している。これにより，多種にわたる金属を回収することが可能となっている。政府としても，優先鉱種の選定や使用済電気製品等からレアメタルを分離・抽出する技術の開発等，マテリアルリサイクルの高度化を推進してきている。他方，依然として，再資源化コストが高く，未回収・廃棄される金属も存在するといった課題がある。

また，国内の非鉄金属鉱業・製錬事業者は，経団連「低炭素社会実行計画」に基づきCO_2排出量削減に向けた取組を実施中であるが，2050年カーボンニュートラルに向け，国内非鉄製錬所の脱炭素化も課題である。

鉱物資源のグローバル・サプライチェーンの強靭化に向け，2020年のJOGMEC法の改正において，鉱山に附属しない海外の製錬所単独案件へのリスクマネー供給機能をJOMGECに追加した。他方で，レアアース等の一部鉱種では，中流工程における特定国の寡占化等による供給途絶リスク等が引き続き存在している。

②政策の方向性

（i）製錬工程やメタル・リサイクルの強化

レアメタル等のリサイクルの推進に向けては，各製錬所の得意分野を活かして，企業間の連携を促進するなど，複合的ネットワークによりリサイクル資源が最大限に活用されるよう支援していくことが必要である。また，我が国非鉄製錬所がグローバルなリサイクル・サプライチェーンにおいて中核的な位置付けとなるよう，国際機関等の活用を含め検討していくべきである。

二次原料の調達においては，スクラップや使用済製品の資源循環量（フロー）や国内外の資源貯蔵量（ストック）についても，マテリアルフローを調査し，循環型経済への転換に向けた課題分析を行うことが重要である。このため，原料調達，中間処理，製錬等のプロセス改善・技術開発による回収率向上や，企業間連携による生産性向上のための投資を促進していくべきである。

また，国内非鉄製錬所の脱炭素化に向けて，関係団体と連携し，取組を後押ししていくべきである。

（ii）サプライチェーンの強靭化

特定国に依存しないサプライチェーンの確立に向け，国内製錬所における原料鉱石の調達リスクや需要の急激な変動リスク等を低減するため，JOGMECのリスクマネー供給等の支援を強化していくべきである。

（4）下流

①背景・課題

レアメタルの短期的な供給障害に備えるため，供給途絶リスクの高い鉱種については，備蓄の増強を実施している。他方，今後，脱炭素技術の開発・

普及に伴い，鉱種ごとの需要が大きく変化する可能性が高い。今後の技術動向が不透明な中においても，真に必要な鉱種を確実かつ十分に提供できる体制を確立することが必要である。なお，短期的な供給障害に加えて，中長期的な供給途絶事態への対応も重要である。

また，レアアース等の希少金属は，鉱石生産・製錬工程が特定国に偏在するため，供給リスクが高く，価格ボラティリティも大きい。特定国による寡占化や特定国への偏在への対応として，それら希少金属を代替する又は使用量を低減する材料・製品の実用化に向けた技術開発が引き続き必要である。また，こうした供給側の対策に加え，需要側の対策も課題である。

②政策の方向性

(ｉ) 緊急時の備蓄

技術動向を踏まえた需要家のニーズや鉱種ごとの供給動向等も踏まえ，「新国際資源戦略」で示されたJOGMECの備蓄日数を確保するとともに，備蓄鉱種を柔軟に入れ替えるなど，引き続き機動的な対応が可能となるよう，不断に制度の改善を行っていくべきである。また，需要家において在庫を積み増すことも重要である。

(ⅱ) 省資源化・代替材料開発

省資源化や代替材料開発は，上流・中流の双方で，海外からの供給リスクを大きく低減できることから，今後も，レアメタルの使用量低減技術や，その機能を代替する新材料開発に向けた取組の更なる支援を行っていくべきである。

3．脱炭素燃料・技術によるイノベーション

2050年カーボンニュートラルの実現は大きなチャレンジであり，これを達成するには，脱炭素燃料や脱炭素技術の導入といったイノベーション追求が必要である。カーボンニュートラルへの移行も，３Ｅ＋Ｓの原則を満たし，エネルギー供給が安定的かつ移行コストが低い形で推進することが必須であり，現時点で予め特定の技術を決め打ちするのではなく，将来的に安定的かつ安価な技術の導入・拡大を可能とすべく，あらゆる選択肢を追求していくことが必要である。

燃料分野での対応には，以下の二つに大別できるが，いずれも，導入や拡大に向けたイノベーションの実現が鍵となっている。

- 脱炭素燃料：燃焼しても大気中のCO_2を増加させない燃料
  ＜主な例＞バイオ燃料，水素，燃料アンモニア，カーボンリサイクル燃料（合成燃料，合成メタン，合成プロパン）
- 脱炭素技術等：化石燃料を利用しながらも大気中のCO_2を増加させない技術等
  ＜主な例＞CCS，カーボンリサイクル，DAC，クレジット

そのため，今後，まずは有望な技術ごとに，「2050年カーボンニュートラルに伴うグリーン成長戦略」で定めた工程表等の計画に沿って，イノベーションの実現に向けた技術開発・実証等を推進することが必要である。

その上で，イノベーションの加速に向けた計画の深堀りや，技術開発の進捗等に応じた海外のみならず国内も含めたサプライチェーン構築，カーボンリサイクルをはじめとしたカーボンマネジメント産業の後押し等についても検討していくことが必要である。なお，その際，エネルギーセキュリティや日本の雇用確保等の視点も重要である。

さらに，各種脱炭素燃料のCO_2回収・排出量カウントについて考え方を整理し，国際的にルール化等を図っていくとともに，化石燃料とボランタリー・クレジットの国内での発行との関係等について研究を行うことが必要である。

また，例えば，水素やアンモニアは，まず製造プロセスでのCO_2処理がないグレーも含めて導入・普及を図ることで市場を拡大し，技術確立やコスト低減等に応じ，ブルーやグリーンに転換していくというアプローチも重要である。

（1）バイオ燃料

①位置付け

バイオ燃料は，植物や廃棄物等を原料とし，ゼロエミッションとみなされる脱炭素燃料であり，我が国を含めて，世界で導入が進められている。

陸上輸送分野では，自動車用ガソリンに混合するバイオエタノールは，エネルギー供給高度化法に基づき導入され，2017年度以降は，原油換算で毎年50万klが導入されている。

また，バイオマス発電については，エネルギーミックス（602～728万kW）の水準に対して，2019年末時点のFIT前導入量＋FIT認定量は1,080万kW，導入量は450万kWとなっている。

航空分野では，ICAO（国際民間航空機関）の規制により，2021年から，国際航空分野においてCO_2排出削減が義務化（2019年比でCO_2排出量を増加させない）されており，欧米企業をはじめとして，各国企業におけるバイオジェット燃料（持続可能な航空燃料（SAF：SustainableAviationFuel）の一種）の開発が活発化している。

②背景・課題

（i）安定供給の確保及びコスト低減

世界的にカーボンニュートラルの実現に向けた機運が高まる中で，世界中でバイオ燃料の利用が活発化している状況である。他方，バイオ燃料の原料は，植物や廃棄物等が中心であるため，その供給量には限界があり，今後，国際的なバイオ燃料の原料確保競争が見込まれる。バイオ燃料の導入拡大に向けては，国内外の原料の安定確保や供給拡大，持続可能性の考慮が課題となっている。

さらに，例えば，バイオエタノールはETBE加工前で66.2円／Lであり，また，バイオマス発電は3％混焼で石炭専焼比1.2倍のコストがかかるなど，既存の化石燃料と比べて高コストとなっており，コスト低減が課題である。

（ii）ICAO規制への対応

ICAOによるCO_2排出削減義務の達成に効果が高いとされるSAFについては，今後，需要の増大に伴い世界・国内ともに供給不足の懸念が出てくる。

足元では，新型コロナウイルス感染症拡大の影響により，国際航空需要は落ち込んでいるものの，今後の需要の回復・拡大に備えて，我が国の重要インフラに対し，適切に国内でSAFを供給できるよう，体制構築を行うことが重要である。

③政策の方向性

（i）バイオ燃料のコスト低減・供給拡大

バイオ燃料について，競争力のあるコストで安定的な供給を実現すべく，大規模実証等を推進すべきである。

例えば，SAFとなるバイオジェット燃料については，既に製造に係る要素技術は実証段階へ移行している。藻類の培養によるバイオ燃料では，「グリーン成長戦略」で定めた，2030年に既存のジェット燃料と同価格（100円台／L），他国に先駆けて2030年頃には実用化，との目標の達成を目指すことが必要である中，原料の価格変動等に対応しつつ安定供給を達成することが重要である。また，SAFの製造で生じるエネルギー消費量等を算出し，従来の化石燃料由来のジェット燃料に比べてCO_2の排出が抑制されているかどうかの検証も必要である。ICAO規制への対象燃料として登録するためには，製造したSAFのCO_2排出削減効果等を示す必要があるため，よりCO_2排出削減効果の高いSAFの製造技術の確立が必要である。

（ii）バイオ燃料の適切な供給に向けたインフラ整備

現在，海外のSAF製造事業者からSAFを輸入し，本邦航空会社の航空機に給油する取組が始まっているが，今後，国内における輸入SAFや国産SAFの流通拡大に備え，その円滑な流通・利用を促進するため，国内のジェット燃料の取扱いに関する規則等の見直しを行うことが必要である。

具体的には，石油業界が作成するSAFに関する取扱い指針等の改定・明確化や，SAF製造事業者向けのSAFの取扱い手引きの作成等，官民での調整を加速化すべきである。

（2）水素

①位置付け

水素は，発電・産業・運輸など幅広く活用が見込まれるカーボンニュートラルのキーテクノロジーであり，日本が先行し，欧州・韓国も戦略等を策定して追随している。今後は新たな資源と位置付けて，自動車用途だけでなく，幅広いプレーヤーを巻き込んでいくことが必要である。

②背景・課題

（i）水素の安定供給確保のための体制構築

水素は，将来的には，製造時においてもCO_2を発生しない再生可能エネルギー由来の水素（グリーン水素）の利用も期待されるが，グリーン水素のコスト低減を待つことなく，グリーン水素と比較してコスト競争力を有すると見込まれる天然ガス由来の水素（ブルー水素）（現在，ブルー水素の製造コストはグリーン水素と比較して最大値で約1/4）の導入を図り，利用体制を整えていくべきである。実際，IEAでは2070年時点においても，世界の水素製造量の約4割は天然ガスを中心とする化石燃料由来と予想されている。

2050年カーボンニュートラルの実現に向けては，水素やアンモニアの活用による火力燃料自体の脱炭素化と並行して，2050年以降でも一定量活用される火力発電にCCUS/カーボンリサイクルを活用してオフセットする方向性が想定されており，そのために現在，CO_2の分離回収技術のコスト低減やカーボンリサイクル技術の実用化に向けて，研究開発が実施されているところである。また，当面はブルー水素が大宗を占めることを踏まえると，天然ガス等の資源国との関係維持・強化や地政学リスクがない国内資源も活用した水素の供給体制の構築に向けた取組が重要となる。また，将来的なグリーン水素の利用も見込んで，再生可能エネルギーのポテンシャルを多く有する国との関係構築・強化も必要になる。

（ii）水素の輸送における課題

水素の国際取引は，ドイツ等が水素の輸入に関心を示すなどしており，今後の立ち上がりが期待されている。我が国は当初から輸入水素の活用を前提としており，アンモニアのキャリアとしての利用，液化水素やMCH（メチルシクロヘキサン）を用いた，海上輸送技術・インフラの技術開発・実証を国も支援してきた。その結果，世界で初めて液化水素運搬船を建造している。今後はいかに早期の商用化を図っていくかが課題となっている。一方で，水素はこれまで海上輸送を行うことが想定されておらず，各国の法規制が不統一になる懸念がある。

（iii）水素の製造における課題

水素製造で長期的にイノベーションが期待されるのは，水素を水の電気分解から作る水電解装置である。再生可能エネルギーや水電解装置のコスト低下に伴い，2050年には競争力のあるグリーン水素を製造することが可能となる地域が出てくると想定されている。こうしたことから，域内への再生可能エネルギー導入に積極的な欧州等は，水電解装置の導入も併せて実施することを目指している。日本は世界最大級の水電解装置を建設するとともに，要素技術でも世界最高水準の技術を有している。しかし，更なる大型化を目指すための技術開発等では欧州等，他国企業が一部先行する構図となっている。

③政策の方向性

（i）水素導入量の拡大

導入量拡大を通じて，2050年には，水素発電コストをガス火力以下に低減（水素コスト：20円/Nm^{3}程度以下）することで，2050年に化石燃料に対して十分な競争力を有する水準を目指すべきである。また，導入量は2030年に最大300万トン，2050年に2,000万トン程度を目指すべきである。

また，国際競争力の観点から，内外一体の産業政策として，国境調整措置のあり方を検討すべきである。

（ii）水素輸送技術の開発・普及促進

水素輸送コスト低減のための輸送関連設備の大型化を，研究開発や実証，国内需要の創出等の様々な手段で支援し，2030年を目途とした商用化の達成を目指すことが重要である。こうした取組を通じ，2030年に30円/Nm^{3}の供給コストの実現を目指すべきである。

また，クリーン水素の定義付けを国際的に標準化することは，共通の指標で水素の持つ価値を適切に評価することを可能とし，透明かつ流動的な国際水素市場の形成に寄与する。関係国と連携しながら，日本の将来の選択肢を狭めないような国際標準を推進することが重要である。加えて，液化水素運搬船から受入基地に水素を移すローディングアームなどの関連機器についても，国際的な機器の安全性・互換性を担保することで，将来世界に機器や技術等を輸出する基盤を整備すべく，国際標準化を推進することが必要である。

(iii) 水素製造のコスト低減

水電解装置の大型化や優れた要素技術の装置への実装等を集中的に支援し，装置コストの一層の削減や，耐久性向上による国際競争力の維持・強化を目指すことが必要である。加えて，欧州等と同じ環境で水電解装置の性能評価を行える環境を国内でも整備することで，国内で開発を行い，製品等を輸出することを志向する企業の海外市場への参入障壁を低下させることを目指すべきである。さらに，国内でも中長期的には余剰再生可能エネルギーが増大することなどを見越し，上げDR（ディマンドレスポンス）を適切に評価し，安価な電力の積極的な活用促進策も併せて検討すべきである。

(iv) 水素の安定供給確保のための体制構築

水素の供給体制構築について，ファイナンスや技術開発，実証，人材育成等について，JOGMEC等を通じた支援の検討が必要である。

また，水素の原料の確保も見据えて，天然ガス等の資源国や再エネポテンシャルを多く有する国との具体的案件の実施等を通じた関係維持・強化を図る。

（3）燃料アンモニア

①位置付け

燃焼してもCO_2を排出しないアンモニアは，火力発電での混焼やその後の専焼など，カーボンニュートラルに向け，重要な脱炭素燃料である。石炭火力1基にアンモニアを20%混焼（カロリーベース）した場合，20%のCO_2排出減となる。

利用面では，燃焼を安定化させNOxを発生させない技術は，20%混焼では既に完成しており，2020年代後半には実用化を開始し，2030年代には国内で年間300万トンのアンモニア需要を想定する。将来的には混焼率の向上や専焼化，発電用バーナー（混焼・専焼）の東南アジア等への展開や，利用用途の拡大も期待される。

②背景・課題

（i）アンモニア利用における課題

石炭火力への混焼技術については，内閣府戦略的イノベーション創造プログラム（SIP）においてNOxを発生させない20％混焼バーナーの開発を行い，NEDOにおいて大容量燃焼試験設備での混焼試験を実施した。今後，実機においても上記の混焼バーナー技術でNOx発生が抑制可能かどうかなどの検証が必要である。さらに，アンモニアは石炭に比べ燃焼時の火炎温度が低く輻射熱が少ないことから，アンモニアの混焼率を高め，さらには専焼化を目指していく上では，発電に必要な熱量を確保するための収熱技術の開発も必要となる。

（ii）アンモニア供給における課題

アンモニアは，既に肥料用途や工業用途といった原料用市場が国内外に確立されている一方，その規模が限られる中で，今後新たに燃料用途での活用を進めていくに当たっては，市場価格の高騰を防ぎつつ，安定的に必要量を確保していくことが必要となる。

今後，石炭火力発電にアンモニアの20％混焼を実施すると，1基（100万kW）につき年間約50万トンのアンモニアが必要となる。例えば，国内の大手電力会社のすべての石炭火力発電で20％の混焼を実施した場合，年間約2,000万トンのアンモニアが必要となり，現在の世界全体の貿易量に匹敵する。そのため，これまでの原料用アンモニアとは異なる燃料アンモニア市場の形成とサプライチェーンの構築が課題となる。

また，製造（ハーバーボッシュ法）・輸送・貯蔵というサプライチェーンの各段階で既存の技術を活用することが可能であることから，アンモニア同様にゼロエミッションである水素と比較して，一定の仮説に基づくと，現時点では専焼や混焼時の発電価格を抑えることが可能となっている。石炭火力発電に20％のアンモニア混焼を行った場合の発電価格は石炭火力の発電価格の1.2倍程度となっており，現在の我が国の発電価格と比較してもアンモニアによる発電コストは一定程度の競争力を持つものと考えられるが，当然ながら，そのコスト負担を下げる取組は更に求められる。

③政策の方向性

（i）アンモニア利用の促進

短期的（～2030年）には，石炭火力への20％アンモニア混焼の導入や普及を目標とすべきである。そのため，実機を活用した20％混焼の実証を推進し，技術を確立させ，その後，NOxを抑制した混焼バーナーの既設発電所への実装等を目指すべきである。

また，今後も電源の相当程度が石炭火力で占められる東南アジアをはじめ世界のカーボンニュートラルへの移行に貢献するため，バーナー等の混焼技術の展開を検討すべきである。我が国の独自技術である混焼技術の国際的な認知向上と海外展開を促進するため，東南アジア等の各国政府やIEAやERIA等の国際機関との連携等を行うべきである。また，NEXIやJBICによるファイナンスの活用や，アンモニアの燃焼や管理手法に関する規格や国際標準化を主導することで，海外展開に向けた環境整備を進めるべきである。

その他，船舶を含む輸送や工業での活用等の新たな用途についても検討を進めるべきである。

他方，長期的（～2050年）には，混焼率の向上（50％～）や専焼化技術の開発を積極的に進め，既存の石炭火力のリプレースによる実用化を目指し，これによって火力発電の脱炭素化に向けた取組を加速させるべきである。

（ii）アンモニア供給の拡大

燃料アンモニア市場の形成とサプライチェーンの構築に向け，短期的には2030年に向けて，製造プラントの新設を促進し，必要な燃料アンモニアを安定的に供給できる体制を構築すべきである。また，積出港においてアンモニア輸出に対応した岸壁・供給設備等の環境整備を行うとともに，国内港湾において必要な燃料アンモニアの輸入・貯蔵等が可能となる環境を整備すべきである。

同時に，燃料アンモニア供給の安定化を図るため，調達先国の政治的安定性・地理的特性に留意した上で，生産国と消費国（我が国含むアジア）との有機的な連携を通じて，燃料アンモニアを重要な資源と捉え，我が国がコントロールできる調達サプライチェーンの構築を目指していくべきである。

長期的には，東南アジアをはじめとする世界全体で燃料アンモニアが広く普及することを想定して，2050年に国内含む世界全体で1億トン規模の我が国企業による調達サプライチェーンの構築を目指すべきである。

また，競争力のある燃料アンモニアの導入に向け，燃料アンモニアの調達，生産，輸送・貯蔵，利用，ファイナンス等において，コスト低減を図るべきである。特にファイナンスにおいては，大規模なプラント投資等の事業リスクに対応したJOGMECやJBIC，NEXIの支援の検討が必要である。さらに，各工程における高効率化に向けた技術開発や，燃料アンモニアの普及後には，生産時に排出されるCO_2のより効率的な抑制を図るための技術開発及び環境整備を進めていくべきである。他方，我が国のバーゲニングパワーを確保するための取組も求められる。

なお，2050年カーボンニュートラルに向けてアンモニア専焼（アンモニア火力発電）の実現を目指していくが，ステップ・バイ・ステップでの移行が現実的である。第一段階としては火力発電へのアンモニア混焼の実現であるが，製造国との関係（製造国の法制度等）にも留意しつつ，当面は製造プロセスでのCO_2の処理がなくとも，燃料アンモニアの導入・普及を図っていくべきである。その上で，一定の導入・普及後には，生産時に排出されるCO_2については，EOR（CO_2注入による石油増進回収），CCS，カーボンリサイクル，植林，ボランタリー・クレジットによるオフセット等から適切な手段を通じて，合理的な形でCO_2の処理を行うことが重要であり，グリーンアンモニアの導入についても検討を行うことが必要である。また，非化石価値の顕在化等を通じて，アンモニア由来の電気が評価され，事業者の投資予見性が確保される環境整備を図るべきである。

（4）合成燃料

①位置付け

合成燃料は，CO_2と水素を合成して製造される燃料であり，排出されたCO_2を再利用することから脱炭素燃料とみなされるべきである。特にガソリン・灯油・軽油等の混合物である液体合成燃料は，複数の炭化水素化合物の集合体，いわば「人工的な原油」である。既存の燃料インフラや内燃機関が活用可能であることから，水素など他の新燃料に比べて導入コストを抑えることが可能となる。

特に液体合成燃料は，化石燃料と同様にエネルギー密度が高く，可搬性があるという特徴がある。例えば，大型車やジェット機が電動化・水素化した場合，液体燃料と同様の距離を移動する際，液体燃料よりも大容量の電池・水素エネルギーが必要となる。こうした液体燃料は，電気・水素エネルギーへの代替が困難なモビリティ・製品がある限り存在し続けると考えられる。

②背景・課題

（i）自動車用燃料

自動車は，グリーン成長戦略において，電動化を推進することとされており，「遅くとも2030年代半ばまでに，乗用車新車販売で電動車100％を実現できるよう，包括的な措置を講じる。」とされている。他方で，電動車の普及には，車両，蓄電池やインフラなど様々な課題への対応が必要となる。特に，電動化のハードルが高い商用車等については，合成燃料を代替燃料として利用するなど燃料の脱炭素化の取組も追求すべきである。

（ii）航空機・船舶用燃料

航空機・船舶分野においては，国際機関の要請により，CO_2削減目標が定められており，航空機についてはバイオジェット燃料・合成燃料，船舶については水素・アンモニア等の代替燃料の技術開発がそれぞれ推進されている。特に航空機については，ICAOにおいて，2021年以降，国際航空に関してCO_2排出量を増加させないとの目標を採択しており，この目標を達成するための手段としてバイオジェット燃料に加え，合成燃料等の代替燃料の活用が期待されている。既に商用化されているバイオ燃料が先行して活用されることが見込まれるが，バイオ燃料の原料不足に対する懸念がある一方で，合成燃料の原料はCO_2と水素であるため，工業的に大量生産することが可能であるという観点から，SAFとしてのポテンシャルを評価すべきである。

（iii）石油精製業にとっての合成燃料のポテンシャル

石油精製業は，国内の石油需要の減少に伴い，精製設備能力の削減が求められるとともに，削減で余剰となったアセット（タンク，土地，人材等）を活かした新規事業への取組が迫られている。こうした中で，既存インフラを活用できる合成燃料の導入は石油精製業にとってもメリットがあると考えられる。

（iv）エネルギー・レジリエンス上の優位性

合成燃料は，当然のことながら，化石燃料同様，可搬性があり，積雪により停電が発生した地域への燃料配送の継続や，高速道路で立ち往生した自動車に対しても給油することなどが可能である。また，災害等に備えて長期間の備蓄が可能であるという性質，エネルギー・レジリエンスの観点からも有効である。

③政策の方向性

（i）研究開発の加速化

合成燃料の技術開発・実証は，欧米を中心に急速に広がりを見せている。こうした中，合成燃料の製造技術について我が国の優位性を確立するため，合成燃料の研究開発・実証を推進すべきである。

具体的には，合成燃料の製造技術の確立に向け，様々な製造プロセス（逆シフト反応，共電解等）の技術開発を行うと同時に，大規模製造を実現するための設計開発や製造実証を行うことが必要である。その際，追加的な設備投資に対応した支援のあり方を検討すべきである。

合成燃料に係る技術開発・実証を今後10年で集中的に行うことで，2030年までに高効率かつ大規模な製造技術を確立し，2030年代に導入拡大・コスト低減を行い，2040年までの自立商用化（環境価値を踏まえたもの）を目指すべきである。

（ii）脱炭素燃料としての国際的評価と枠組みの構築

合成燃料は，燃焼時にCO_2を排出するものの，製造時にCO_2を再利用していることから，脱炭素燃料とみなすことができる。合成燃料の導入拡大のためには，合成燃料が脱炭素燃料であるとの国際的評価を確立すること等が重要であり，今後，国際的議論に積極的に参画していく必要がある。

また，合成燃料の製造場所が海外である場合，海外で回収されたCO_2を消費国のCO_2削減分としてカウント（オフセット）しなければならない。合成燃料が国内のみならずグローバルなサプライチェーンの中で製造される可能性が高いことを踏まえれば，カーボンクレジット制度を通じて，合成燃料製造時に回収されるCO_2のオフセットの枠組みを構築していく必要がある。

（５）合成メタン（メタネーション）

①位置付け

合成メタンは合成燃料の一類型であり，メタネーション技術により，水素とCO_2から製造される燃料である。

合成メタンは，カーボンリサイクルされたメタンを都市ガス等として供給することによりカーボンニュートラルに貢献するとともに，都市ガス導管等の既存インフラ･既存設備を有効活用できるため投資コストを抑制でき，また，電力以外のエネルギー供給の確保や高い強靭性を有する既存インフラ等を活用可能であるため，３Ｅの観点から大きなポテンシャルを有している。

②背景・課題

要素技術の開発が進展しており，既に実証が行われている。現状では，エネルギー効率が限定的で反応時に発生する熱の有効利用や，耐久性の高い触媒開発等による生産性の向上が課題である。また，コスト低減に向けて，エネルギー効率の更なる向上や水素の供給コスト低減が課題である。

また，合成燃料等と同様に，海外においてCO_2フリー水素とCO_2から製造した合成メタンを国内で利用した場合や，国内の火力発電所から排出されるCO_2から製造した合成メタンを国内で利用した場合における，CO_2吸収量・排出量のカウントについて考え方を整理し，国際的にルール化を図っていくことが必要である。

③政策の方向性

（ｉ）大規模実証を通じたコスト低減

2050年に既存製品と同価格（40～50円/Nm^3）を目指すとのコスト目標の実現に向け，生産性の向上に向けた技術開発や大規模実証を推進すべきである。

さらに，共電解等の革新技術の開発により，エネルギー効率の更なる向上や水素の供給コスト低減を目指すとともに，国内外の供給サプライチェーン構築に向けた取組を後押しすべきである。その際，追加的な設備投資に対応した支援のあり方を検討すべきである。

（６）CCS（CO_2の分離・回収・貯留）

①位置付け

CCSは，CO_2を地下に貯留することから，大気中へのCO_2排出を削減し，カーボンニュートラルの実現に向けて鍵となる技術である。カーボンリサイクルと同様に，CO_2の分離・回収設備を設置することで，既存の化石燃料の調達体制や設備を活用しつつCO_2排出削減に貢献できるという利点も有している。また，DACやバイオマス発電等と組み合わせることで，ネガティブ・エミッションも実現することができる。

CCSに関しては，我が国でのカーボンニュートラルの実現の観点から，火力発電所等様々なCO_2排出源で発生するCO_2を処理するCCSについての検討が必要である。他に，前述のとおり，石油・天然ガスの上流開発と一体となったCCSや，化石燃料からブルー水素・ブルーアンモニアを製造する過程で発生するCO_2を処理するCCSへの対応は始まっている。他方，CO_2の貯留先についても，国内外における油ガス田及び油ガス田以外のCCS適地といったように複数の選択肢が存在する。現在，世界で稼働している大規模CCUSプロジェクトの太宗は，経済性の観点から原油の増産等で収益が見込まれるEOR案件であり，CO_2の地下貯留のみを目的とするCCS案件は非常に限られているのが現状である。

なお，IEAによると，パリ協定に基づいて各国が現在表明している削減目標に基づく排出量から，2100年までに世界の気温上昇を2℃以内とする場合（2070年にカーボンニュートラル）に必要な追加の削減量のうち，CCSを含むCCUSの貢献量は世界全体の排出量の約19%に当たる年間約69億トンと試算されている。

②背景・課題

国内では，「パリ協定に基づく成長戦略としての長期戦略」等に基づき，商用化を前提とした2030年までの導入を見据え，苫小牧における大規模CCS実証，CO_2長距離輸送実証，カーボンリサイクルとの連携，貯留・モニタリング技術の研究開発及びCO_2の貯留適地の調査を実施してきたところ。

こうした取組を通じ，CCSに必要となるCO_2の分離・回収・輸送・貯留について，一貫した基礎技術は確立している。ただし，化石燃料から排出されるCO_2に見合ったCCSを確保するためには，技術的課題の克服・低コスト化が課題である。例えば，火力発電に対する足下のCCSコストによる価格上昇は，石炭火力で約7～9円／kWh，ガス火力で約3～4円／kWhであるとの試算もあり，足下の太陽光発電以下の価格水準とするためには，CCSコストを半分以上低減することが必要と試算される。

次に，貯留適地の確保も課題である。国内の貯留可能な貯留ポテンシャルは約1,500～2,400億トンとの試算もあるが，CCSを社会実装するには，コスト面や社会的受容性も踏まえつつ，探査・調査井の掘削等を通じて，より確実な貯留適地を特定することが課題である。他方，世界全体では約7兆トン以上の貯留ポテンシャルが存在するとの試算もあり，特に東南アジアは，ポテンシャルが大きく，安価に貯留が可能な地域が多いと見込まれる。

さらに，CCSは，様々な法律を適用法規とするため手続きが煩雑であることや，CO_2が貯留されている限り実施者が監視を続ける長期的責任が生じることなどから，CCSの事業化に向けた環境整備も課題である。

③政策の方向性

2050年カーボンニュートラルを目指すために，CCSが極めて重要であることから，以下の項目について，CCSが効果的・効率的に社会実装されるよう，先行する海外における上流開発や水素・アンモニア製造に係るCCSの知見も活用し，海外のCCS事業の動きにも対応した，長期のロードマップを策定した上で，その進捗・結果を公開し，関係者と共有していくべきである。

（ⅰ）CCSの技術的確立・コスト低減

CCSの大規模化や商用化に向けて，海上からの海底下貯留技術や，モニタリングの精緻化・自動化，掘削・貯留・モニタリングのコスト低減等の研究開発を推進すべきである。

また，CO_2排出源と貯留地の柔軟性確保に向けて，低コストなCO_2長距離輸送技術の開発・実証を推進すべきである。さらに，将来のCO_2大規模輸送を見据え，CO_2排出源の集積と幹線ネットワーク（ハブ&クラスター）の研究も必要である。

（ⅱ）事業化に向けた環境整備

国内のCO_2貯留適地の選定のため，貯留層のポテンシャル評価等の調査を引き続き推進すべきである。

また，国内におけるCCSの事業化に向けた事業者の検討を促進すべく，CCS事業の経済性確保等に向け，CO_2排出事業者を含めたコスト負担のあり方や，インセンティブ設計のあり方，関係法令の整理等について検討を進めるべきである。

さらに，JOGMECのリスクマネー供給や技術開発，実証，人材育成等の支援策や「たんさ」を国内外でCCS適地探査に活用することなどを通じて，上流開発を伴うCCS事業やCCS適地の確保につながる事業への支援を検討すべきである。また，上流開発を伴わないCCS事業など現状の支援策では対応できない事業についても，支援策の検討が必要である。

（ⅲ）国際協力等の推進

諸外国のCCSも視野に入れ，2020年11月のEASエネルギー大臣会合において歓迎されたCCS導入促進を目指す「アジアCCUSネットワーク」の構築に向け，アジア各国との協力を強化していくべきである。また，同ネットワークを通じて，アジア各国とのネットワーク強化，アジア域内におけるCCS関連制度作りへの関与の強化，CCUSに関する知識・経験の共有，ポテンシャル調査の実施，CCS関連制度共通ルールの検討，具体的なプロジェクト形成等を図っていくことが重要である。

（7）カーボンリサイクル（含：DAC）

①位置付け

カーボンニュートラル社会においても，国民生活・経済発展やエネルギーセキュリティの観点から，化石燃料を一定程度使わざるを得ない産業・地域が存在する。その観点を踏まえると，カーボンリサイクルは，CO_2を資源として捉え，鉱物化や人工光合成等により素材や燃料へ再利用することにより，大気中へのCO_2排出を抑制することから，カーボンニュートラル社会の実現に必要な技術である。また，CO_2の分離・回収設備を設置することで，既存の化石燃料の調達体制や設備を活用しつつCO_2排出削減に貢献できるという利点も有している。

また，DACについては，あらゆる部門において脱炭素に向けた課題が存在する中で，その課題を克服するためのイノベーションの不確実性を考慮した際，DACをCCSやカーボンリサイクルと組み合わせ，ネガティブ·エミッションを実現するという方策として必要な選択肢となっている。

②背景・課題

（i）技術開発・社会実装における課題

技術によるブレークスルーが必要であるが，各々の分野での可能性を追求し，可能なものから社会実装に取り組むべき。代表的分野の状況は以下の通りである。

（ア）コンクリート

現状のCO_2吸収型コンクリートはコスト高であり，既存コンクリートの約3倍（100円/kg）であるため，コスト低減が課題である。また，CO_2吸収量が限定的であるとともに，コンクリートの中の鉄骨が錆びやすく（CO_2吸収により酸化しやすくなるため）用途が限定されているため，用途拡大を図る必要がある。

（イ）化学品（人工光合成によるプラスチック原料）

光触媒を用いて太陽光によって水から水素を分離し，水素とCO_2を組み合わせてプラスチック原料を製造する人工光合成の技術は，基礎研究（ラボレベル）は成功しており，実証を進めることが重要である。現状の光触媒では太陽光の変換効率が限定的で，生産性が低く，コスト高になるため，コスト低減が課題である。

（ウ）分離回収設備（排気中CO_2の分離回収）

EORや化学用途向けに，発電所からの高濃度CO_2の分離回収設備は，既に商用化されている。様々な濃度や特性を持つ排出源から低コストでCO_2

を回収するための技術が，今後の開発課題である。

（エ）大気中からのCO_2直接回収（DirectAirCapture（DAC））

DAC技術については，世界的にも要素技術開発の段階である。国内でも，ラボレベルでの開発を2020年から開始している。現状，エネルギー効率が低く，大気中からのCO_2回収コストが高いことが課題である。しかしながら，社会全体でのカーボンニュートラルを実現するためには，長期かつ計画的に取組を進めることが必須である。

（ii）海外展開

2019年から毎年カーボンリサイクル産学官国際会議を開催し，非連続なイノベーションを通じた「経済と環境の好循環の実現」に向けたカーボンリサイクルの意義と取組の進捗を世界に向けて発信している。

同会議によるマルチの枠組みに加え，2019年9月に豪州，2020年10月に米国，2021年1月にUAEと，それぞれ二国間でカーボンリサイクルに係る協力覚書を締結し，社会実装に向けた開発・実証に取り組むことを確認した。今後，カーボンリサイクル技術の開発・実用化を加速させるため，国際連携の更なる強化が必要である。

③政策の方向性

（i）社会実装に向けた技術開発・実証等の推進

カーボンリサイクル技術の社会実装を早期に実現すべく，分野ごとに以下のとおり，技術開発・実証等の取組を推進すべきである。その際，「カーボンリサイクル技術ロードマップ」が2019年に策定されて以降，我が国における2050年カーボンニュートラル目標の宣言，各種技術の進展，国内外の企業によるカーボンリサイクルに係る取組の拡大等の環境変化があったことを踏まえ，技術の追加等，同技術ロードマップを必要に応じて見直すべきである。

（ア）コンクリート

2030年に需要拡大を通じて既存コンクリートと同価格（=30円/kg），2050年に防錆性能を持つ新製品を建築用途にも使用可能とするとの目標の達成に向けた取組を推進すべきである。

具体的には，新技術に関する国交省データベース（NETIS）へのCO_2吸収型コンクリートの登録等を通じ，国・地方自治体による公共調達を拡大すべきである。なお，2025年大阪万博でも導入を検討すべきである。

また，防錆性能を持つ新製品を開発し，建築物やコンクリートブロックへの用途拡大を後押しすべきである。民間部門での需要拡大に向けた標準化等の導入，アジアへの販路拡大に向けた国際標準化等の取組を後押しすることも必要である。

（イ）化学品

変換効率の高い光触媒を開発することで2030年までに製造コスト2割減，2050年に既存のプラスチック製品と同価格（=100円/kg）を実現するとの目標の達成に向け，大規模実証や社会実装を推進すべきである。

これを実施するため，保安・安全基準に関する検討を2030年までに行う。光触媒から発生する水素・酸素混合低圧ガスから水素と酸素を分離する際の安全性確保の観点から，今後の技術動向を予測しながら先見性のある新たな保安・安全基準の策定，高圧ガス保安法等の関連規制の対応等に取り組むべきである。

（ウ）分離回収設備（排気中CO_2の分離回収）

2030年に分離回収技術の更なる低コスト化とEOR以外への用途拡大，2050年に世界の分離回収市場で年間10兆円の3割シェア実現（約25億CO_2トンに相当）との目標の達成に向け，低コスト化につながる高効率なCO_2分離回収技術の開発を推進すべきである。

（エ）大気中からのCO_2直接回収（DirectAirCapture（DAC））

未だ不確実な面が多いが，長期的・計画的に大気中からの高効率なCO_2回収方法について技術開発を進め，低コスト化を実現し，2050年までのできるだけ早期の実用化を目指すべきである。

（ii）国際連携の強化

カーボンリサイクルの技術開発・実証から，将来的な社会実装に向けて，米国，オーストラリア，UAEとのカーボンリサイクル協力覚書を皮切りとして，アジアをはじめとした各国とも国際連携を強化すべきである。また，それらを通じ，カーボンリサイクル製品の国際市場の拡大を図ることが必要である。

（8）クレジット

①位置付け

クレジットは，CO_2等のGHG削減に価値を付けて，市場ベース等でやりとりを行うものであり，GHG排出を回避・削減あるいは吸収するプロジェクトを通じて発生する。事業者が自らプロジェクトを実施し，クレジットを発生させる場合だけでなく，他者からクレジットを購入し財政的にGHG削減プロジェクトを支援することにより自社のGHG排出を相殺（カーボン・オフセット）する場合もある。

クレジットの取引は，効率的にCO_2等が削減・吸収する取組に対し，経済や技術が変化する時間軸に沿って，政府の再配分を経ずに民主導で資本が移転されることや，事業計画やファイナンス計画において期待収益として加味することができるようになり，民間資金の流入が促進されるといった意義があるため，社会全体でのGHGの効率的な削減に寄与するものである。

今後，世界的にカーボンニュートラルが目標となり，また，低コストなオフセットが強く求められ，国際的な比較優位が活用されていけば，クレジットは活性化していくと考えられる。

②背景・課題

（i）国際機関や行政が関与するクレジット

国際機関や行政が関与するクレジットには，京都議定書に基づき国連が管理するCDM（CleanDevelopmentMechanism）や日本独自の制度で，日本政府とパートナー国政府との合意に基づき実施する二国間クレジット制度（JCM：JointCreditingMechanism）などがある。JCMについては，現在CCUSプロジェクトへの活用に向け，アジアを中心としてフィージビリティ調査を実施しており，クレジットの対象化に向けた方法論の策定を含む環境整備が課題となっている。

また，日本国内のクレジットとして，Jクレジット等の制度が既に存在しており，温対法や省エネ法への報告等にも活用されている。

（ii）ボランタリー・クレジット

ボランタリー・クレジットは，政府間の合意を経ず，民間認証機関が企業のCO_2排出削減活動に対して発行するクレジットであり，民間市場で取引されているが，海外企業からクレジットを購入した場合も現状では国の排出量削減には加算されていない。現在，世界で最も市場に流通している民間認証クレジットはVCS（VerifiedCarbonStandard）であり，例えば，東京ガス（株）が「カーボンニュートラルLNG」の販売に活用している。ボランタリー・クレジットの扱いについて，国単位での排出権にカウントされるかどうかや将来の規制対応に活用されるかなどが不明確であることや，マーケットのルールや基準が曖昧で，取引情報の透明性も欠如しているものもあり，取引リスクが高いことから，クレジットの質を担保すべきという議論もある。

現在，クレジットは主に海外で発行されているが，国内でクレジットが発行されるべきとの意見もある。

③政策の方向性

現在，クレジット取引を含めた「成長に資するカーボンプライシング」については，経済産業省，環境省が連携して検討を進めているところである。

カーボンニュートラル実現のため，現行のマーケット形成の動きも取り込みつつ，クレジット・マーケットを育てることが重要である。

企業編（順不同）

ENEOSホールディングス株式会社

本社　〒100-8161　東京都千代田区大手町一丁目1番2号
電話 0120(56)8704

設　立　2010年4月1日

資本金　1,000億円

役　員

取締役会長　大田　勝幸
代表取締役社長 社長執行役員　齊藤　猛
代表取締役 副社長執行役員　谷田部　靖，宮田　知秀
取締役 副社長執行役員　椎名　秀樹(CDO)，井上啓太郎
取締役（非常勤）　中原　俊也，村山　誠一
社外取締役　大田　弘子，工藤　泰三，冨田　哲郎
取締役（常勤監査等委員）　太内　義明，西村　伸吾
社外取締役（監査等委員）　西岡清一郎，三屋　裕子，岡　俊子
常務執行役員　田中聡一郎，染谷　喜幸，須永耕太郎
執行役員　矢崎　靖典，君島　崇史，志賀　智，布野　敦子

株主構成

日本マスタートラスト信託銀行(株)（信託口）	16.81%	(株)日本カストディ銀行（信託口）	5.07%
STATE STREET BANK WEST CLIENT-TREATY 505234	1.81%	STATE STREET BANK AND TRUST COMPANY 505001	1.73%
高知信用金庫	1.37%	JPモルガン証券(株)	1.33%
JP MORGAN CHASE BANK 385781	1.19%	STATE STREET BANK AND TRUST COMPANY 505103	1.14%
(株)INPEX	1.03%	ENEOSグループ従業員持株会	0.89%

最近の業績（IFRS・連結・単位億円）

	2020年3月期	2021年3月期	2022年3月期
売上高	100,118	76,580	109,218
営業利益	▲1,131	2,542	7,859
配当	22円	22円	22円

ＥＮＥＯＳ株式会社

本社　〒100-8162　東京都千代田区大手町一丁目１番２号
電話 0120(56)8704

設　　立　1888年５月10日

資本金　300億円

役　　員

代表取締役社長 社長執行役員	齊藤　猛
代表取締役 副社長執行役員	谷田部　靖，宮田　知秀
取締役 副社長執行役員	椎名　秀樹(CDO)，井上啓太郎
監査役（常勤）	太内　義明，西村　伸吾
常務執行役員	横田　宏幸，小野田　泰，小西　徹 加藤　英治，木村　裕之，孫　正利 田中聡一郎，染谷　喜幸，西川　慎二 藤山優一郎，業天　浩二，須永耕太郎 香月　有佐，忍田　泰彦
執行役員	矢崎　靖典，原　敬，寺本　光司 飯塚　修，塩田　智夫，六車　幸哲 松本　啓介，岡　真司，田中　秀明 田中　信昭，天野　寿人，靏　能治 君島　崇史，木村　謙，川崎　靖弘 長島　茂則，杉本　高弘，冨士元宏明 村橋　英二，小池　泰弘，志賀　智 團　徹太郎，布野　敦子

株主構成

ENEOSホールディングス（株）100％

鹿島石油株式会社

本社　〒100-8162 東京都千代田区大手町一丁目1番2号
電話 03(6257)7157

設　　立　1967年10月30日

資 本 金　200億円

役　　員

代表取締役社長（常勤）武藤　潤
常務取締役（常勤）片岡　尚，内野　一人
取締役（非常勤）山下　義治，志賀　智，村橋　英二
岡田　滋敬，筑本　学，岩場　新
監査役（常勤）村樫　裕康，高安　英昭
監査役（非常勤）足立　聡

株主構成

ＥＮＥＯＳ(株) 72.18%　三菱ケミカル(株) 19.88%
(株)ＪＥＲＡ 7.95%

最近の業績（連結・単位百万円）

	2020年3月期	2021年3月期	2022年3月期
売上高	34,009	30,145	32,378
経常利益	1,662	▲124	3,829

出光興産株式会社

本社　〒100-8321 東京都千代田区大手町１－２－１
　　　電話 03(3213)3115（広報部広報課）

設　　　立　（創業）1911年６月20日（設立）1940年３月30日

資　本　金　1,683億円

役　　　員

代表取締役社長	木藤　俊一
代表取締役副社長	丹生谷　晋
取　締　役	平野　敦彦，酒井　則明，澤　　正彦 出光　正和（非常勤），久保原和也（非常勤） 橘川　武郎（社外），小柴　満信（社外） 野田由美子（社外），荷堂　真紀（社外）
監　査　役	吉岡　　勉，児玉　秀文 伊藤　大義（社外），市毛由美子（社外）

株主構成

日本マスタートラスト信託銀行(株)(信託口)	13.68%	日章興産（株）	9.11%
Aramco Overseas Company B.V.	7.76%	（公財）出光美術館	6.85%
(株) 日本カストディ銀行(信託口)	4.75%	（株）三菱ＵＦＪ銀行	1.73%
(株)三井住友銀行	1.73%	三井住友信託銀行(株)	1.73%
出光興産社員持株会	1.72%	STATE STREET BANK AND TRUST COMPANY 505223	1.70%

最近の業績（連結・単位百万円）

	2020年3月期	2021年3月期	2022年3月期
売上高	6,045,850	4,556,620	6,686,761
経常利益	▲13,975	108,372	459,275
配当	160円	120円	170円

東亜石油株式会社

本社　〒210-0866 神奈川県川崎市川崎区水江町３番１号
電話 044(280)0600

設　　立　1924年２月６日

資 本 金　84億1,502万円

役　　員

代表取締役会長	原田　和久
代表取締役社長　社長執行役員	大嶋　誠司
取締役執行役員	宍戸　康行，佐脇　昭一
取 締 役（非常勤）	山本　順三
取締役（常務監査等委員）	小川　宗一
社外取締役（監査等委員）	久保　惠一，角田　和好 高橋　明人
執行役員	和久井輝貴，江口　裕

株主構成

出　光　興　産（株）　100%

最近の業績（連結・単位百万円）

	2020年3月期※	2021年3月期	2022年3月期
売 上	34,596	28,506	26,747
経常利益	▲400	2,699	2,894
配　当	50円	40円	40円

※　2020年３月期は15ヵ月決算。

昭和四日市石油株式会社

本社　〒510-0851 三重県四日市市塩浜町一番地
電話 059(347)5511

設　　立　1957年11月1日

資 本 金　40億円

役　　員

代表取締役社長 社長執行役員	横村　雅
取締役執行役員	槇　啓
取締役執行役員	本村　賢一，林　英樹
取締役	山本　順三，羽場　広樹（社外）
監査役	増田　克己，嶋田　誠 藤田　通敏（社外）

株主構成

出光興産(株)	75.00%	三菱商事(株)	19.68%
(株)三菱UFJ銀行	2.66%	東京海上日動火災保険(株)	2.66%

最近の業績（単位百万円）

	2020年3月期	2021年3月期	2022年3月期
売上高	31,003	33,455	37,215
経常利益	▲1,722	368	1,771
配当	250円	250円	250円

西部石油株式会社

本社　〒101-0053 東京都千代田区神田美土代町 7 番地
電話 03(3295)2600

設　　立　1962年 6 月25日

資 本 金　80億円

役　　員

代表取締役社長	飯田　聡
常務取締役	仁保　享
取　締　役	田辺　譲治，平井　友行
	島谷　智行，山本　順三
常勤監査役	村田　佳之

株主構成

出光興産（株）　100%

最近の業績（単位百万円）

	2020年3月期	2021年3月期	2022年3月期
売上高	464,447	273,465	479,981
経常利益	1,471	▲4,421	3,901
配　当	60円	30円	60円

富士石油株式会社

本社　〒140-0002 東京都品川区東品川二丁目5番8号
電話 03(5462)7761

設　　立　2003年1月31日

資本金　244億6,700万円

役　　員

代表取締役会長　柴生田敦夫
代表取締役社長 社長執行役員　山本　重人
代表取締役 専務執行役員　八木　克典
取締役(社外)　前澤　浩士，松村　俊樹
ムハンマド・シュブルーミー，ハーリド・サバーハ
常務執行役員　寺尾　健一
取締役 常務執行役員　山本　孝彦
常務執行役員　川畑　尚之，岩本　巧
取締役 執行役員　津田　雅之
執行役員　渡邊　厚夫，石塚　俊哉
比佐　大，平野　雅大
常勤監査役　石井　哲男
監査役(社外)　井上　毅，力石　晃一，坂本　倫子

株主構成

(株)シティインデックスイレブンス	9.10%	(株) J E R A	8.85%
日本マスタートラスト信託銀行（株）（信託口）	8.33%	クウェート石油公社	7.52%
サウジアラビア王国政府	7.52%	出光興産(株)	6.66%
住友化学(株)	6.54%	日本郵船(株)	3.56%
(株)日本カストディ銀行(信託口)	2.25%	ENEOSホールディングス(株)	1.74%

最近の業績（連結・単位百万円）

	2020年3月期	2021年3月期	2022年3月期
売上高	462,364	344,612	485,302
経常利益	▲28,777	8,293	16,076
配当	0円	10円	10円

コスモエネルギーホールディングス株式会社

本社　〒105-8302 東京都港区芝浦一丁目1番1号
電話 0570(783)280

設　　立　2015年10月1日

資 本 金　400億円

役　　員

代表取締役社長　社長執行役員	桐山　浩
代表取締役　専務執行役員	植松　孝之
取締役　常務執行役員	山田　茂，竹田　純子
独立 社外取締役	井上　龍子，栗田　卓也
取締役 常勤監査等委員	水井　利行
独立 社外取締役 監査等委員	高山　靖子，浅井　恵一
常務執行役員 CDO	ルゾンカ 典子
執行役員	境　剛太，佐藤　嘉彦 岩井　智樹

株主構成

日本マスタートラスト信託銀行（株）（信託口）	12.73%	(株)シティインデックスイレブンス	9.43%
(株)日本カストディ銀行（信託口）	5.30%	UBS AG SINGAPORE（常任代理人シティバンク，エヌ・エイ東京支店）	4.15%
(株)レノ	3.20%	関西電力(株)	2.24%
MSIP CLIENT SECURITIES（常任代理人モルガン・スタンレーMUFG証券(株)）	2.22%	コスモエネルギーホールディングス取引先持株会	2.02%
(株)みずほ銀行	1.93%	あいおいニッセイ同和損害保険(株)	1.90%

最近の業績（連結・単位百万円）

	2020年3月期	2021年3月期	2022年3月期
売上高	2,738,003	2,233,250	2,440,452
経常利益	16,285	97,370	233,097
配　当	80円	80円	100円

コスモ石油マーケティング株式会社

本社　〒105-8314 東京都港区芝浦一丁目1番1号
電話 0570(783)280

設　　立　2015年2月6日

資 本 金　10億円

役　　員

代表取締役社長 社長執行役員	森山　幸二
取締役常務執行役員	髙山　直樹
取締役執行役員	岡田　　正，新村　正晴
常勤監査役	藤本　倫子
監 査 役	水井　利行

株主構成

コスモエネルギーホールディングス（株）　100%

コスモ石油株式会社

本社　〒105-8528 東京都港区芝浦一丁目1番1号
電話 0570(783)280

設　　立　1986年4月1日

資 本 金　1億円

役　　員

代表取締役社長 社長執行役員	鈴木　康公
取締役常務執行役員	砂野　義充，春井　啓克
取締役執行役員	禰津　知徳， 大塚　宏明，松岡　泰助
常勤監査役	黒田　忠司，細谷　正則
監 査 役	森田多恵子，水井　利行

株主構成

コスモエネルギーホールディングス（株）　100%

コスモエネルギー開発株式会社

本社　〒105-8323 東京都港区芝浦一丁目1番1号
電話 0570(783)280

設　　立　2014年2月28日

資 本 金　1億円

役　　員

代表取締役社長 社長執行役員	西　克司
取締役 常務執行役員	中山　真志
取締役 執行役員	金子　利信
常勤監査役	佐野　和夫，高須　英史
監 査 役	水井　利行

株主構成

コスモエネルギーホールディングス（株）	100%

キグナス石油株式会社

本社　〒100-0004 東京都千代田区大手町二丁目３番２号
電話 03(5204)1600（代表）

設　　立　1972年２月１日

資 本 金　20億円

役　　員

取締役会長	金田　準
代表取締役社長	若澤　雅博
常務取締役	志村　一郎
取　締　役	荒木　久司，山手　雅博
取締役（非常勤）	杉浦　克徳，野中　英一，五十嵐久直 境　剛太
常勤監査役	増田　元男
監査役（非常勤）	山田　茂，上野　篤志

株主構成

三 愛 オ ブ リ (株) 80%　コスモエネルギーホールディングス(株) 20%

最近の業績（単位百万円）

	2020年3月期	2021年3月期	2022年3月期
売 上 高	437,381	283,768	349,521
経常利益	2,022	4,100	3,888

太陽石油株式会社

本社　〒100-0011 東京都千代田区内幸町二丁目2番3号
日比谷国際ビル15F
電話 03(3502)1601（代表）

設　立　1941年2月27日

資本金　4億円

役　員

代表取締役社長執行役員　岡　豊
代表取締役専務執行役員　吉井　伸吾
取締役常務執行役員　荻野　淳，中山　信二
代表取締役常務執行役員　佐々木輝明
監査役　小川　清文，美藤　東，若木　裕
常務執行役員　尾崎　正典，松浦　孝寿
執行役員　公文　英雄，日野　晋吾，村上　幹夫
檜垣　昌司，北島　隆広，渡辺　守
田渕　祐輔，稲田　文，池辺　儀一
船木　保宏，鈴木　崇志，石川　純一
山川　哲央

株主構成（普通株式）
太陽商事(株)　45.63％

最近の業績（単位百万円）

	2020年3月期	2021年3月期	2022年3月期
売上高	633,415	457,623	616,697
経常利益	▲21,575	37,408	49,847

石油関係電話番号一覧

ア

秋田石油備蓄	5931－0024
アストモスエネルギー	050－3816－0700
アブダビ石油	6722－4700
アラビア石油	5463－5005
出光興産	0120－132－015
伊藤忠商事	3497－2121
伊藤忠エネクス	4233－8000
岩谷産業	5405－5711
INPEX	5572－0200
インペックスロジスティクス	025－534－5670
ENEOS	0120－56－8704
ENEOS喜入基地	099－345－1131
ENEOSグローブ	5253－9000
ENEOSホールディングス	0120－56－8704
エルピーガス振興センター	5777－0345
OECD東京センター	5532－0021
大分共備	5217－2566
沖縄出光	098－862－8141
小名浜石油	0246－56－4486

カ

鹿島石油	6257－7157
兼松	5440－8111
鹿島共備	5640－1671
上五島石油備蓄	045－225－6260
カメイ	022－264－6111
キグナス石油	5204－1600
JCCP国際石油・ガス協力機関	5396－6000
コスモエネルギー開発	0570－783－280
コスモエネルギーホールディングス	0570－783－280
コスモ石油	0570－783－280
コスモ石油マーケティング	0570－783－280
合同石油開発	6910－3550

サ

サハリン石油ガス開発	5512－1501
志布志石油備蓄	5931－0026
潤滑油協会	047－433－5181
昭和四日市石油	059－347－5511
ジクシス	5484－5301
ジャパンガスエナジー	6206－6222
白島石油備蓄	6634－2991
新エネルギー・産業技術総合開発機構	044－520－5100
住友商事	6285－5000
西部石油	3295－2600
世界石油会議	5218－2310
石油学会	6206－4301
石油鉱業連盟	3214－1701
石油海事協会	3438－0975
石油エネルギー技術センター	5402－8500
石油資源開発	6268－7000
石油情報センター	3534－7411

石油天然ガス・金属鉱物資源機構	6758－8000
石油連盟	5218－2305
石油化学工業協会	3297－2011
全漁連	3294－9611
全石連	3593－5811
全石工	3437－3081
全国LPガス協会	3593－3500
全国燃料協会	3541－5711
全国石油協会	5251－2201
全農	6271－8111
全国工作油剤工業組合	3553－3019
双日	6871－5000

タ

大東通商	5919－6100
太陽石油	3502－1601
電事連	5221－1440
東亜石油	044－280－0600
苫東石油備蓄	5931－0023
天然ガス鉱業会	5501－9131

ナ

中日本高速道路	052－222－1620
南西石油	098－882－9555
西日本高速道路	06－6344－4000
日揮	045－682－1111
日本海石油	076－435－1250
日本海洋石油資源開発	6268－7400
日本LPガス協会	3503－5741
日本エネルギー経済研究所	5547－0222
日本グリース協会	3553－6178
日本自動車工業会	5405－6118
日本生協連	5778－8111
日本精蠟	3538－3061
日本船主協会	3264－7171
日本地下石油備蓄	3432－2155
日本鉄鋼連盟	3669－4811
日本貿易振興機構	3582－5511
日本取引所グループ	3666－1361

ハ

パーカー川上	3665－2808
東日本高速道路	3506－0111
PPT Energy Trading	3434－8600
福井石油備蓄	5931－0025
富士興産	6859－2050
富士石油	5462－7761
北海道石油共同備蓄	5333－8421

マ

丸紅エネルギー	6261－8800
丸紅	3282－2111
三井石油開発	5208－5717
三井物産	3285－1111
三菱商事	3210－2121
三菱商事エネルギー	4362－4200
むつ小川原石油備蓄	0175－73－3115

ワ

和歌山石油精製 073－482－5211

政党・官庁

自由民主党	3581－6211	国民民主党	3593－6229
立憲民主党	6811－2301	れいわ新選組	6384－1974
日本維新の会	06－4963－8800	社会民主党	3553－3731
公明党	3353－0111	NHK党	3696－0750
日本共産党	3403－6111	参政党	6807－4228

総務省	5253－5111	国税庁	3581－4161
防衛省	5366－3111	気象庁	6758－3900
文部科学省	5253－4111	消防庁	5253－5111
環境省	3581－3351	海上保安庁	3591－6361
法務省	3580－4111	警察庁	3581－0141
外務省	3580－3311	公取委	3581－5471
財務省	3581－4111	消費者庁	3507－8800
経済産業省	3501－1511	資源エネルギー庁	3501－1511
国土交通省	5253－8111	観光庁	5253－8111
内閣府	5253－2111	原子力規制委員会	3581－3352
会計検査院	3581－3251	衆議院	3581－5111
厚生労働省	5253－1111	参議院	3581－3111
農林水産省	3502－8111	日本銀行	3279－1111

石油専門紙

石油通信	6262－6381	燃料油脂新聞	6667－1031
オイル・リポート	3293－6461	油業報知新聞HELLO	3551－9201

換　算　表

1．度量衡換算表

〔容　積〕

1バーレル＝**158.9873**リットル
＝**42**米ガロン
＝**34.9723**英ガロン

1リットル＝**61.024**立方インチ
＝**0.264172**米ガロン
＝**0.219969**英ガロン
＝**0.035315**立方フィート
＝**0.006290**バーレル

1米ガロン＝**3.785412**リットル
＝**0.832674**英ガロン
＝**0.0238095**バーレル

1英ガロン＝**4.546092**リットル
＝**1.20095**米ガロン

1立法フィート＝**28.317**リットル

2．換算表

（百万kℓ／年）×**1.723**≒（万バーレル／日）
（万バーレル／日）×**58.030**≒（万kℓ／年）
（万バーレル／日）×**52.227**≒（万トン／年）（比重**0.9**）
（千kℓ／月）×**209.667**≒（バーレル／日）（1月＝30日）
（バーレル／日）×**4.770**≒（kℓ／月）（1月＝30日）
（セント／米ガロン）×**42**≒（セント／バーレル）
（セント／米ガロン）×**264.17**≒（セント／kℓ）

3．原油換算表

1）熱量による換算

原油	（1ℓ＝**38.7** MJ）	kℓ＝
NGL	（1ℓ＝**36.4** MJ）	kℓ×**0.876**
ガソリン	（1ℓ＝**35.2** MJ）	kℓ×**0.908**
ナフサ	（1ℓ＝**33.5** MJ）	kℓ×**0.865**
ジェット	（1ℓ＝**36.4** MJ）	kℓ×**0.941**
灯油	（1ℓ＝**37.3** MJ）	kℓ×**0.962**
軽油	（1ℓ＝**38.5** MJ）	kℓ×**0.995**
A重油	（1ℓ＝**38.9** MJ）	kℓ×**1.005**
B重油	（1ℓ＝**40.2** MJ）	kℓ×**1.038**
C重油	（1ℓ＝**41.0** MJ）	kℓ×**1.059**
潤滑油	（1ℓ＝**40.2** MJ）	kℓ×**1.038**
その他石油製品	（1kg＝**42.3** MJ）	t×**1.092**
LPG	（1kg＝**50.2** MJ）	t×**1.297**
天然ガス	（1m^3＝**41.0** MJ）	千m^3×**1.059**
LNG	（1kg＝**54.4** MJ）	t×**1.405**

2）ＩＥＡベースによる換算

（実績）⇨ 〔比重によりトン換算〕 ⇨ 〔製品トンを精製前の原油トンに換算〕 ⇨ 〔総計を出す〕 ⇨ 〔原油の比重によりkℓ換算〕

原油	(kℓ)		×**0.855**	合計（トン） ÷ **0.855**（kℓ）	
ＮＧＬ	(kℓ)		×**0.715**		
ガソリン	(kℓ)	×**0.737**	×**1.065**		
ナフサ	(kℓ)	×**0.737**	×**1.065**		
ジェット燃料油	(kℓ)	×**0.7834**	×**1.065**		
灯油	(kℓ)	×**0.614**	×**1.065**		
軽油	(kℓ)	×**0.843**	×**1.065**		
重油Ａ	(kℓ)	×**0.843**	×**1.065**		
重油Ｂ	(kℓ)	×**0.9**	×**1.065**		
重油Ｃ	(kℓ)	×**0.9**	×**1.065**		
潤滑油	(kℓ)	×**0.891**	×**1.065**		
アスファルト	(t)		×**1.065**		
パラフィン	(t)		×**1.065**		
グリース	(t)		×**1.065**		
ＬＰＧ	(t)		×**1.065**		
オイルコークス	(t)		×**1.065**		

4．比　重

ＬＰＧ　1 kℓ　＝**0.55** t

ＬＮＧ　1 t　≒**1.4** kℓ

2023年 3月13日発行

2022年度　「石　油　資　料」

定価（本体2,500円＋税）

発 行 所　株式会社 石 油 通 信 社
代 表 者　永　野　正　己
東京都中央区日本橋本町１丁目５番17号
電　話　03（6262）6381（代表）
ＦＡＸ　03（3273）3070
印 刷 所　昭 和 情 報 プ ロ セ ス ㈱
東京都港区三田５－14－３